"十三五"高等职业教育计算机类专业规划教材

Web 应用系统开发实践（C#）

李　斌　王　梅　主编

徐人凤　主审

中国铁道出版社

CHINA RAILWAY PUBLISHING HOUSE

内 容 简 介

本书以 C#为编程语言，系统讲授了在 Visual Studio 2013 开发环境下开发 Web 应用系统的一般步骤和方法，所选项目均来自企事业单位的真实项目，突出对学生实际动手能力的培养。

全书分基础篇和提高篇两篇（共分 13 章），其中，基础篇主要介绍 Web 开发的基本知识点，围绕“学生选课系统”来组织内容，由浅入深，力求使学生在完成各个功能模块的同时，逐步熟悉和掌握 Web 应用开发的一般步骤和基本技巧；提高篇从开发人员的角度出发，通过网上商城项目的演练，使学生初步了解企业级应用开发的基本架构，基本掌握三层架构下系统开发的一般过程，完成从量变到质变的飞跃。

本书适合作为高职高专院校计算机相关专业的教材，也可作为编程爱好者的自学用书。

图书在版编目（CIP）数据

Web 应用系统开发实践：C#/李斌，王梅主编. —
北京：中国铁道出版社，2016.2
“十三五”高等职业教育计算机类专业规划教材
ISBN 978-7-113-21309-1

Ⅰ. ①W… Ⅱ. ①李… ②王… Ⅲ. ①网页制作工具－
高等职业教育－教材 ②C 语言－程序设计－高等职业教育－
教材 Ⅳ. ①TP393.092 ②TP312

中国版本图书馆 CIP 数据核字（2016）第 005889 号

书　　名：Web 应用系统开发实践（C#）
作　　者：李　斌　王　梅　主编

策　　划：翟玉峰　　　　**读者热线**：（010）63550836
责任编辑：翟玉峰　彭立辉
封面设计：付　巍
封面制作：白　雪
责任校对：汤淑梅
责任印制：李　佳

出版发行：中国铁道出版社（100054，北京市西城区右安门西街 8 号）
网　　址：http://www.51eds.com
印　　刷：三河市宏盛印务有限公司
版　　次：2016 年 2 月第 1 版　　2016 年 2 月第 1 次印刷
开　　本：787 mm×1 092 mm　1/16　**印张**：17　**字数**：413 千
印　　数：1～3 000 册
书　　号：ISBN 978-7-113-21309-1
定　　价：36.00 元

前　言

本书系统讲授了在 Visual Studio 2013 开发环境下开发 Web 应用系统的一般步骤和方法，所选项目均来自企事业单位的真实项目，突出对学生实际动手能力的培养。

全书围绕两个核心项目展开——学生选课系统和网上商城项目，包括基础篇和提高篇两篇（共 13 章）。

基础篇围绕学生选课系统展开，由浅入深，层层递进，主要讲授 Web 应用系统开发的基础知识。其中，第 1、2、3 章主要介绍了 Web 应用开发的基础知识，包括动态网页基本工作原理、网页布局的主要方式，以及常用的服务器端主要的内置对象；第 4、5 章通过讲解学生登录、注册和修改密码的实现过程，介绍了利用 ADO.NET 访问数据库的一般方式，以及如何实现对数据库的增、删、改、查操作；第 6、7、8 章讲解学生信息维护、选课、评课功能的实现方法，介绍了数据源控件（SqlDataSource）、数据绑定控件（GridView、DetailView、Repeater）的功能和相关深层次的应用；第 9 章通过将前几章中实现的相关模块整合成完整的学生选课系统，讲解了将孤立模块整合为完整系统的方法，以及基本的权限管理技术。

提高篇围绕网上商城项目展开，以开发人员的角度入手，通过对需求分析、数据库设计、前台、后台的实现直至最终功能的测试及发布等一系列开发阶段的讲解，使学生了解项目开发的一般过程和步骤，接触到企业中实际开发常用的一些技术和方法，帮助学生开阔眼界，提升水平。其中，第 10 章主要通过对一个简单的通讯录管理系统的实现，展示了三层架构下，Web 应用系统开发的一般步骤；第 11 章针对网上商城项目进行需求分析和数据库设计；第 12、13 章详细介绍了网上商城项目的后台管理和前台展示功能的实现。

本书由李斌、王梅主编。其中，基础篇由王梅编写，提高篇由李斌编写。全书由李斌负责统稿，由徐人凤主审，感谢范新灿、袁梅冷、肖正兴、赵明、曾建华、杨淑萍等在写作过程中提供的帮助。

本书的开发环境为 Visual Studio 2013，涉及的数据库为 SQL Server 2008。所有实例均调试通过，需要的读者可与编者联系，邮箱为 libin@ szpt.edu.cn。

由于时间仓促，编者水平有限，书中疏漏和不足之处在所难免，恳请专家和各位读者提出宝贵意见。

编　者

2015 年 11 月

目　录

基　础　篇

提　高　篇

基础篇

本篇围绕学生选课系统展开，由浅入深，层层递进，主要讲授Web应用系统开发的基础知识。其中，第1、2、3章主要介绍了Web应用开发的基础知识，包括动态网页基本工作原理、网页布局的主要方式，以及常用的服务器端主要的内置对象；第4、5章通过讲解学生登录、注册和修改密码的实现过程，介绍了利用ADO.NET访问数据库的一般方式，以及如何实现对数据库的增、删、改、查操作；第6、7、8章讲解学生信息维护、选课、评课功能的实现方法，介绍了数据源控件（SqlDataSource）、数据绑定控件（GridView 、DetailView、Repeater）的功能和相关深层次的应用；第9章通过将前几章中实现的相关模块整合成完整的学生选课系统，讲解了将孤立模块整合为完整系统的方法，以及基本的权限管理技术。

第1章 概　述

学习目标：

- 了解.NET Framework。
- 了解 ASP.NET 以及 C#。
- 熟悉 Visual Studio 2013 开发环境。
- 尝试开发一个简单网页，了解开发 Web 应用系统的一般步骤。

随着 Internet 的普及，Web 应用系统因为维护成本低，操作简单，界面美观，获得了广泛的应用。但由于网络上环境复杂，难于调试，开发一个功能完备的 Web 应用系统并不是一件容易的事情。

ASP.NET 的出现，为广大开发人员提供了一个全新的、可视化的开发环境，其简单易用的特性，快速简便的开发体验，以及稳定的性能表现，使越来越多的开发人员开始转向 ASP.NET。

本书围绕“学生选课系统”来组织内容，由浅入深，力求使学生在完成一个个功能模块的同时，逐步熟悉和掌握 Web 应用开发的一般步骤，掌握开发的基本技巧，最后通过综合项目的演练，完成量变到质变的飞跃。

1.1　动态网页与静态网页

假设选课系统发布在本机上，对于一个 Web 应用程序，可以在浏览器中输入相应的网址来进入系统，例如要进行选课，可以在浏览器中输入如下网址 http://localhost: /xuanke/selectCourse.aspx。虽然每次输入的网址一样，但显示选修课程的内容却会因为登录系统的用户不同而不同，这就是所谓的动态网页。既然有动态网页，与之相对应，是不是有静态网页呢？

静态网页就是设计者做好的固定的网页，它显示的内容是固定的，不会发生变化。而动态网页就是可以进行交互的网页，它可以根据不同用户的操作做出不同的反应。比如在选课页面中，如果登录用户是张三，就显示张三所选的课程，如果登录用户换成李四，就要显示李四所选的课程。这要根据不同的用户进行数据处理，从而动态生成网页显示内容。下面通过一个具体的例子，看一下动态网页是如何工作的。

1．动态网页工作原理

这是一个动态网页的运行效果，如图 1-1 所示。当用户输入学生姓名后，单击“提交”按钮，网页会显示“欢迎你，× ×”的信息。例如，输入姓名“张三”，单击“提交”按钮后，网页显示“欢迎你，张三”，如图 1-2 所示。

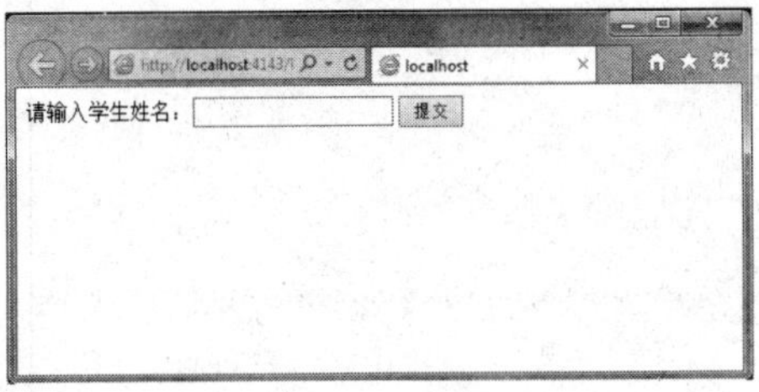

图 1-1 单击“提交”按钮前

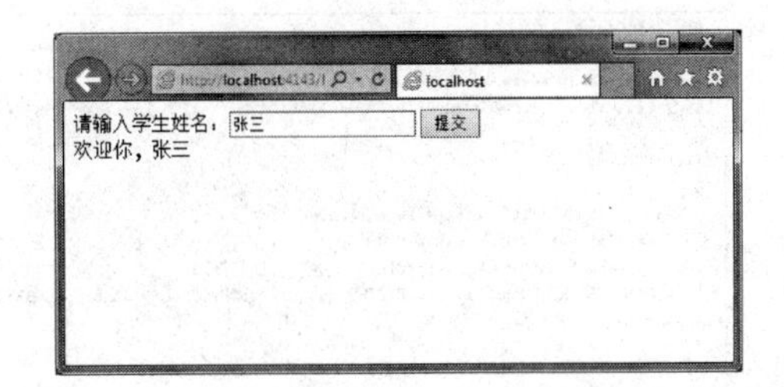

图 1-2 单击“提交”按钮后

在网页上右击，从弹出的快捷菜单中选择“查看源文件”命令，就可以通过记事本查看源代码。图 1-3 所示为单击“提交”按钮前网页的源代码，图 1-4 所示为单击“提交”按钮后网页的源代码。比较两张图可以发现，图 1-4 比图 1-3 多了一行文字“欢迎你，张三”。

而且，仔细观察不难发现，当单击“提交”按钮时，会感觉网页好像重新刷新了，也就是说，重新请求了一次服务器。

综上所述，动态网页实质上就是每次请求网页时，服务器根据相应的条件，重新生成一段 HTML 代码，发送到客户端浏览器上。而这些发送过来的 HTML 代码，与一般静态网页上的几乎没有区别。因此，这种动态网页也叫服务器动态网页，是动态网页的主流。与之对应，还有一种动态网页叫客户端动态网页，它采用 DHTML 技术实现，主要实现一些网页特效功能，一般不与服务器产生交互。本书中所讲的动态网页，没有特别说明，指的都是服务器端动态网页。

```
<!DOCTYPE html>

<html xmlns="http://www.w3.org/1999/xhtml">
<head><meta http-equiv="Content-Type" content="text/html; charset=utf-8" /><title>

</title></head>
<body>
    <form method="post" action="Default.aspx" id="form1">
<div class="aspNetHidden">
<input type="hidden" name="__VIEWSTATE" id="__VIEWSTATE"
value="P4iZD6PPmOcOlNaY6CfdKlyI9Swo3w+I45pphj65G670GXn8ZcoCaiOmvpjm/9zEoIpDgppXLeDY515xr6rDeKV+ptCSplEKw29AeFHIiYk=" />
</div>

    <div>

        <input name="TextBox1" type="text" id="TextBox1" />
        <input type="submit" name="Button1" value="提交" id="Button1" />
        <br />
        <span id="Label1" style="color:Red;"></span>

    </div>

<div class="aspNetHidden">

        <input type="hidden" name="__EVENTVALIDATION" id="__EVENTVALIDATION"
value="Pz8jQxS869DzbwYZ7P1wyV8OYeuWJz70kxifkALwRIvBOMCDjTfPyhiOZOuuQR6UjAxCtPUqe+Ls1LK+VHVXKN35dBkZbICStFyP2SasjHJU7VkHNHaf8NORu1DpHTyQ8tuv9YbGWHq5ZI
I8rwYKXQ==" />
</div></form>

<!-- Visual Studio Browser Link -->
<script type="application/json" id="__browserLink_initializationData">
    {"appName":"Internet Explorer","requestId":"b36c9a85c67d40efbf3e25aa8acd4811"}
</script>
<script type="text/javascript" src="http://localhost:1648/a44430081d3c4d158f7c776f91cfe08f/browserLink" async="async"></script>
<!-- End Browser Link -->

</body>
</html>
```

图 1-3 单击“提交”按钮前网页的源代码

```
<!DOCTYPE html>

<html xmlns="http://www.w3.org/1999/xhtml">
<head><meta http-equiv="Content-Type" content="text/html; charset=utf-8" /><title>

</title></head>
<body>
    <form method="post" action="Default.aspx" id="form1">
<div class="aspNetHidden">
<input type="hidden" name="__VIEWSTATE" id="__VIEWSTATE"
value="AmAMwaSDyRfQFUOHh5bzYzlrwcR7Y7HU3knnGx32k4bMHVOORoLXy+BLAEi8pd6G6BNXyySUcp64Vn22g/T2rheVsx9iPnyzOrbPOSiIhVXo8ULkEmLO5plo3h091e2qW7KJ502IO/Abur
+ZpJNAXg==" />
</div>

    <div>

        <input name="TextBox1" type="text" value="张三" id="TextBox1" />
        <input type="submit" name="Button1" value="提交" id="Button1" />
        <br />
        <span id="Label1" style="color:Red;">欢迎你，张三</span>

    </div>

<div class="aspNetHidden">

        <input type="hidden" name="__EVENTVALIDATION" id="__EVENTVALIDATION" value="6PO8
+PVipjqS80aJn+YGqsDtN6joRWvO1eOugfti21LKkSktnpc4WC9PlokHXyGIn7crsB/mu9THmXYyZD8Gsk6Qh8f1xUQeLPClnVKFYFhiWKSJ5GOVvtkR341POBNO7ikUwKbaDdgax007ZCgPsw=="
/>
</div></form>

<!-- Visual Studio Browser Link -->
<script type="application/json" id="__browserLink_initializationData">
    {"appName":"Internet Explorer","requestId":"64db7e421dd84e7e8c628b4c6c796de6"}
</script>
<script type="text/javascript" src="http://localhost:1648/a44430081d3c4d158f7c776f91cfe08f/browserLink" async="async"></script>
<!-- End Browser Link -->

</body>
</html>
```

图1-4 单击“提交”按钮后网页的源代码

2. 动态网页的开发技术

开发动态网页，目前主流的技术有以下几种：

（1）JSP（Java Server Pages）：Sun公司推出的一种动态网页技术。JSP技术是以Java语言作为脚本语言的，熟悉Java语言的人可以很快上手。

JSP是在传统的网页HTML文件（*.htm,*.html）中插入Java程序段（Scriptlet）和JSP标记（tag），从而形成JSP文件（*.jsp）。优点：JSP技术编写的Web应用程序可以一次编写，到处运行；系统的多平台支持；强大的可伸缩性；多样化和功能强大的开发工具支持。一般大型网站选用JSP+Oracle技术的较多。

（2）PHP（Hypertext Preprocessor）：一种嵌入HTML页面中的脚本语言。它大量借用C和Perl语言的语法，并结合PHP自己的特性，使Web开发者能够快速地写出动态页面。

PHP是完全免费的开源产品，Apache和MySQL也同样免费开源。PHP和MySQL搭配使用，可以非常快速地搭建一套不错地动态网站系统，因此很多主机系统都配有免费的Apache + PHP + MySQL。

（3）ASP.NET：它是用于构建Web应用程序的一个完整的框架，是Microsoft.NET框架的组成部分，同时也是创建动态交互网页的强有力工具。ASP.NET一般运行于微软IIS平台，并与SQL Server配套使用。Windows Server + ASP.NET+ IIS + SQL Server这是一套非常典型的微软架构，有着良好的兼容性与广泛的应用前景。

ASP.NET是一个编译的、基于.NET的环境；可以用任何.NET兼容的语言（包括Microsoft Visual Basic.NET，Microsoft Visual C# 和 Microsoft JScript .NET）编写应用程序；提供真正的面向对象编程（OOP），并支持真正的继承、多态和封装；强大的开发环境，允许设置断点、跟踪代码段和查看调用堆栈。

1.2　创建第一个 ASP.NET 应用

下面在ASP.NET中来实现图1-1和图1-2所描述的网页效果，实际体验一下开发一个ASP.NET应用程序的一般过程。

1. 案例描述

网页显示效果参见图 1-1，当用户输入学生姓名后，单击“提交”按钮，网页会显示“欢迎你，××”的信息。例如，输入姓名“张三”，单击“提交”按钮后，网页显示“欢迎你，张三”（见图 1-2）。

2. 开发步骤

（1）双击桌面上的 Microsoft Visual Studio 2013 图标，打开 Visual Studio 2013 开发环境。

（2）新建网站。在“文件”菜单中选择“新建”→“网站”命令，弹出“新建网站”对话框。单击“ASP.NET 空网站”，在左侧“模板”中选择“Visual C#”，然后选择“Web 位置”下拉列表中的“文件系统”，在右边下拉列表中输入 C:\WebSite1，如图 1-5 所示。

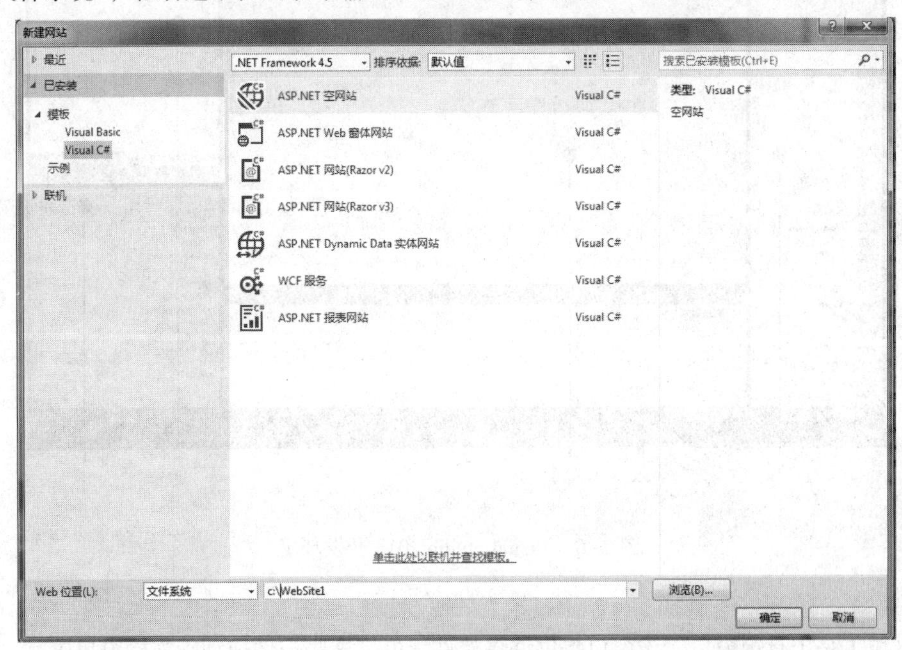

图 1-5　新建 ASP.NET 网站

其中，“Web 位置”用来指定站点存放的方式和具体位置，有 3 种选择：

- 文件系统：系统默认方式，它采用模拟 IIS 服务器的方式，不需要开发者安装 IIS 服务器。但在实际测试 Web 站点性能时，需要将站点发布到 IIS 服务器上进行测试。
- HTTP：将 Web 站点发布到本地 IIS 服务器或远程 IIS 服务器上。必须确保本地或远程计算机上已安装 IIS 5.0 或以上版本；在发布到远程 IIS 服务器时，还必须要具有相应的权限，同时在远程计算机上配置服务器扩展。
- FTP：该方式适用于将 Web 站点发布到已配置 FTP 服务的远程计算机上，需要时以 FTP 方式对站点进行维护或升级。

“模板”选项用来指定开发网站应用程序所使用的编程语言：Visual Basic 或者 Visual C#，这里选择 Visual C#。

注意：ASP.NET 是.NET Framework 的组成部分，它本身不是开发语言，而是提供了一个统一的 Web 开发模型，在其上可以使用 Visual C#、Visual Basic.NET 开发 Web 应用程序。

（3）单击“确定”按钮，显示 Visual Studio 2013 开发环境，如图 1-6 所示。右击新建的项目，在弹出的快捷菜单中选择“添加”→“添加新项”命令。在弹出的窗口中选择添加 Web 窗体（Web 窗体就是平时常见到的网页），单击“添加”按钮。

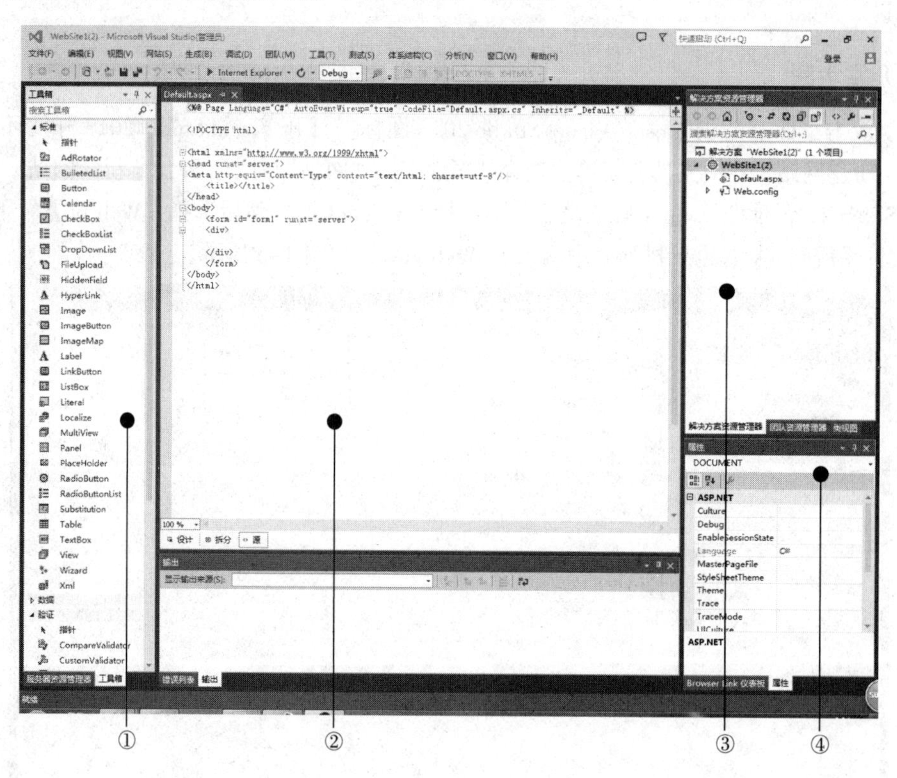

图 1-6　Visual Studio 2013 开发环境

其中：

- 区域①是工具箱窗口，该窗口提供许多控件，可将这些控件拖动到文档窗口中。
- 区域②是用来编辑文档的窗口，默认情况下显示源视图即显示网页的 HTML 源代码。图 1-6 中显示的就是 Default.aspx 网页的 HTML 源代码。单击左下角的“设计”按钮，可切换到设计视图。
- 区域③是“解决方案资源管理器”窗口，方便对解决方案中的代码文件、图片等资源进行管理。
- 区域④是“属性”窗口，用于更改控件的属性值。

（4）单击文档窗口左下角的“设计”按钮，切换到设计视图。输入文字“请输入学生姓名:”，然后从工具箱窗口中拖动文本框（TextBox）和按钮（Button）控件放置到设计视图中，分别命名为 TextBox1 和 Button1。

（5）选中 Button1 控件，在属性窗口中找到它的 Text 属性，并将其值修改为“提交”。按【Enter】键换行，从工具箱窗口中拖动标签（Label）控件 Label1，放到页面中，将其 Text 属性设置为空白（控件的属性值见表 1-1）。此时网页界面效果如图 1-7 所示。

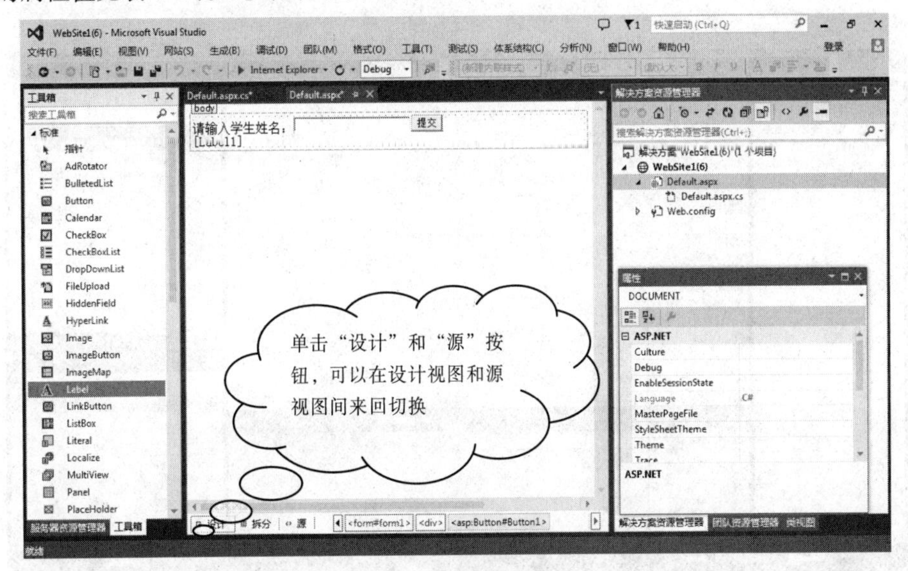

图 1-7　网页界面效果

表 1-1　控件属性设置

控件名称	属性名称	属性值
Button1	Text	提交
TextBox1	Text	
Label1	Text	

（6）按【F5】键或【Ctrl+F5】组合键运行（其中，【F5】为调试运行，【Ctrl+F5】为不带调试的运行），可以看到界面已经符合任务要求。在文本框中输入“张三”，然后单击“提交”按钮，却没有显示出所需要的信息。这里，还需要设计一个动作，即用户单击“提交”按钮时，网页中要显示“欢迎你，张三”信息。

技巧：所谓程序编写实际上就是把自然语言翻译成计算机能懂的计算机语言的过程。图 1-8 则说明了这种对应关系。当用自然语言描述“当用户单击‘提交’按钮时”这句话时，对应到计算机语言则是一个 Click 事件；而页面显示“欢迎你，××”的信息”这句话对应到计算机语言中则是一段事件处理程序代码。

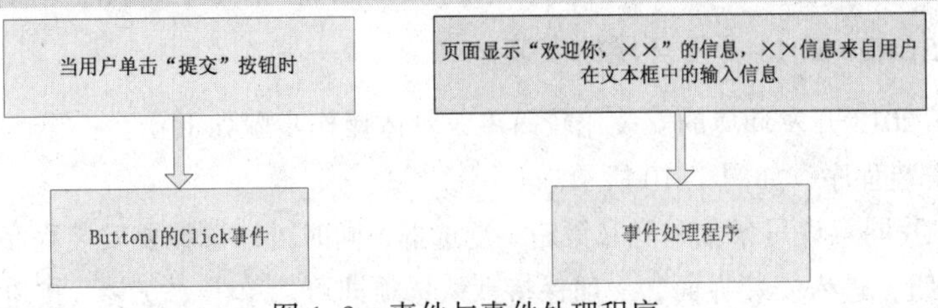

图 1-8　事件与事件处理程序

（7）编写代码，双击 Button1 按钮，开发环境会自动跳转到 Button1 的 Click 事件处理程序处，如图 1-9 所示。

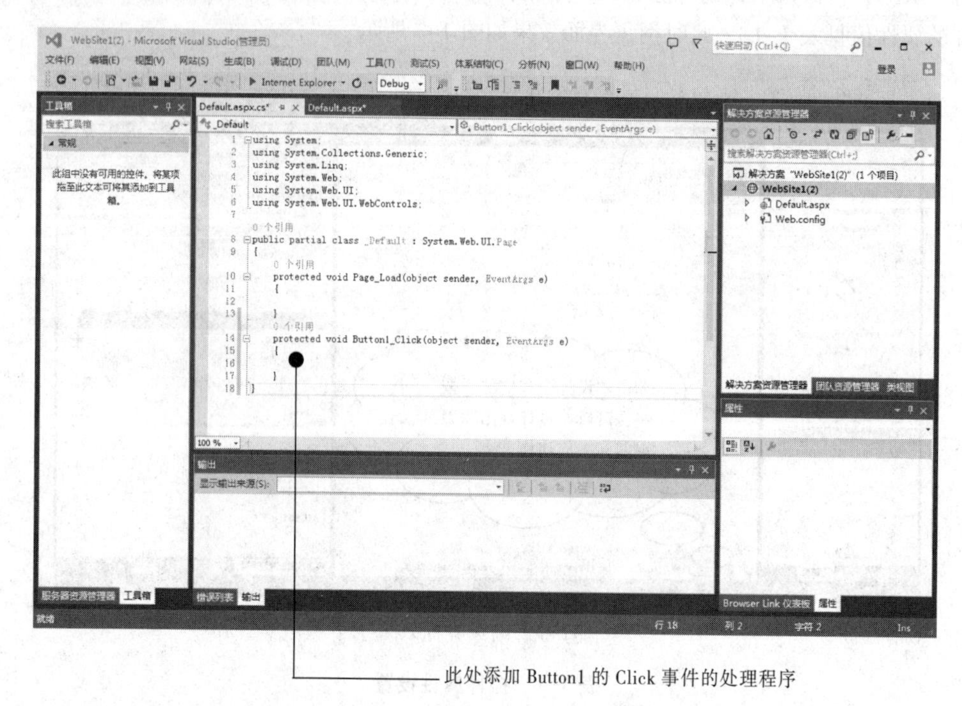

图 1-9　Button1 的 Click 事件处理程序

在标号为 16 行处输入如下代码：　Label1.Text = "欢迎你，" + TextBox1.Text+" × × × ";

注意：在 ASP.NET 中，Web 窗体页由两部分组成：视觉元素（HTML、服务器控件和静态文本）和该页的编程逻辑，其中每一部分都存储在一个单独的文件中。可视元素在一个扩展名为 .aspx 文件中创建，而代码位于一个单独的类文件中，该文件称作代码隐藏类文件，扩展名为.aspx.cs。这样，.aspx 文件中存放所有要显示的元素，.aspx.cs 文件中存放类代码。

当运行状态是调试运行时，网页内容不可编辑修改。要修改网页的内容，一定要退出调试状态。

（8）按【F5】键运行，可以看到网页的效果已经实现。

1.3 开发环境

本书的默认开发环境采用 Windows 7 操作系统、Visual Studio 2013 和 SQL Server 2008 数据库。

1. Visual Studio 2013 开发环境的安装

Visual Studio 2013 开发环境的安装比较简单，具体操作步骤如下：

（1）运行安装程序，如图 1-10 所示。

（2）选择“我同意许可条款和隐私策略”复选框，同时可以选择要安装程序的位置，然后单击“下一步”按钮，进入安装界面，一般保持默认选项即可。单击“安装”按钮，开始安装，如图 1-11 所示。

注意： 如果选择其他分区安装，在 C 盘上也至少有 5.14 GB 空间才能继续安装。

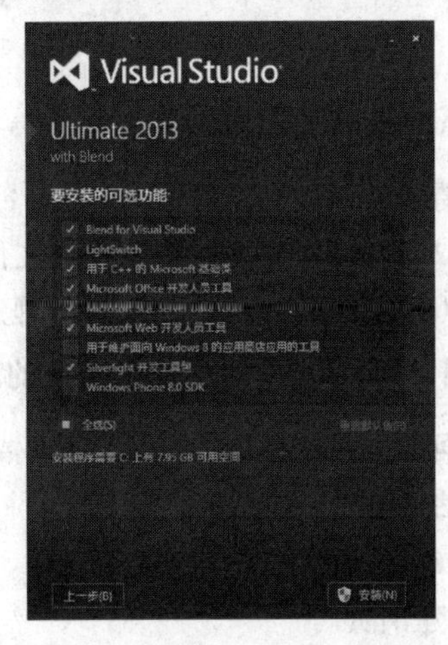

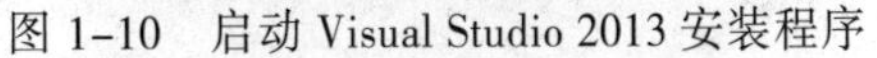

图 1-10　启动 Visual Studio 2013 安装程序　　图 1-11　Visual Studio 2013 安装步骤

2. SQL Server 2008 的安装

学生选课系统需要保存和查询数据，因此需要安装数据库服务器，本书中采用 SQL Server 2008 数据库服务器。

SQL Server 2008 的安装因操作系统的不同而需要选择不同的版本，对于 Windows Server 版的操作系统可以安装 SQL Server 2008 企业版；对于 Windows 2000/XP/7 等单机版操作系统只能安装 SQL Server 2008 开发版。

（1）右击安装文件 setup.exe 上，选择“以管理员身份运行”命令，如图 1-12 所示。

（2）在弹出的“SQL Server 安装中心”对话框中，单击“全新 SQL Server 独立安装或向现有安装添加功能”选项，如图 1-13 所示。

（3）依照向导提示，依次完成安装即可。

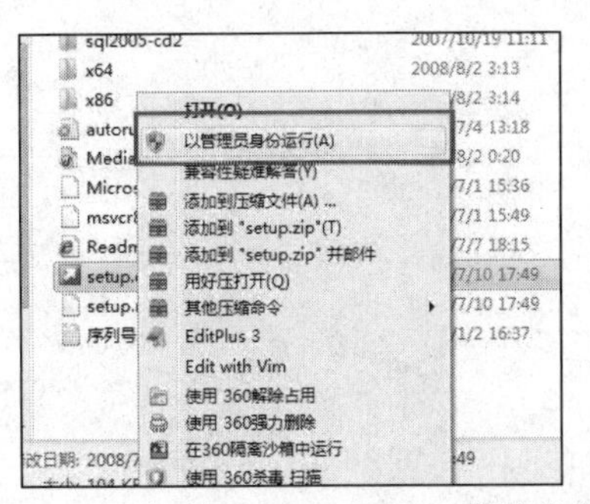

图 1-12　启动 SQL Server 2000 安装程序

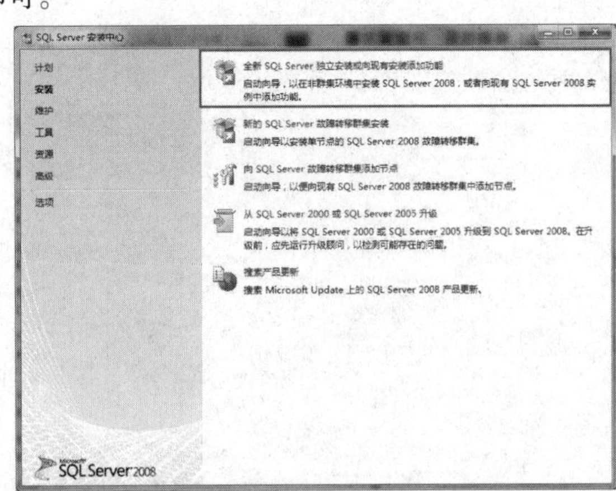

图 1-13　【SQL Server 安装中心】对话框

小　　结

1．动态网页的工作原理

当用户请求的是一个动态网页时，Web服务器首先接受请求，然后从服务器硬盘指定的位置或内存中读取动态网页文件，执行网页文件的程序代码，将含有程序代码的动态网页转化为标准的静态页面（HTML）；最后，将生成的静态页面代码发送给请求浏览器。

2．利用ASP.NET开发动态网页的思路

回顾上面的开发过程可以看出，开发ASP.NET网页的过程与开发一个Windows窗体的过程基本类似。包括：

（1）创建网站。

（2）新建网页。

（3）拖放控件，搭建网页界面。

（4）分析功能，用自然语言描述。格式：当……，就……。

（5）将自然语言转换为Visual C#语言，其中当……对应事件，就……对应事件处理程序。

（6）调试通过。

练　　习

自己动手创建一个空白网站，在Default.aspx网页中，放置一个按钮ASP.NET，当用户单击按钮时，在网页中显示“欢迎进入ASP.NET世界”的信息。

第2章 学生选课系统主页

学习目标：

- 了解网页布局的基本方式。
- 会用表格进行网页布局。
- 会利用层和 CSS 进行网页布局。
- 会使用母版页。

在上一章中创建了一个 ASP.NET 应用，但向一个网页中拖动控件时，会发现并不能将控件随心所欲地放置到网页中的任意位置，好像有一只无形的手在控制着它，只能按照从左到右，从上到下的顺序排列。这是因为在 Visual Studio 2013 中，网页的默认定位方式是流布局方式。为了使网页呈现出用户期望的效果，就必须采用一些网页布局技术。

目前，主流的布局技术主要有两大类：

- 利用表格布局。
- 利用层结合 CSS 布局。

本章将针对学生选课系统主页这个例子，分别采用两种方式进行布局。下面首先对学生选课系统进行简单介绍。

2.1 学生选课系统功能概览

学生选课系统主要包括以下功能模块：

1. 系统首页

学生输入网址后，将进入系统首页，如图 2–1 所示。首页中主要列出了系统的常用功能：学生选课、学生评课、学生注册和聊天室。每个功能分别通过图片链接和文字链接与相应的网页关联。

图 2–1　学生选课系统首页

2. 学生选课

当用户单击“学生选课”链接后，跳转到学生选课页面，如图 2–2 所示。在该页面的左边列表显示所有可选的课程信息，并提供按系部筛选和按名称查找的功能，当用户单击“选课”时，选中的课程名称会列在右边的下拉列表框中。对于已选修的课程，可通过单击“取消选课”按钮取消已选择的课程。

图 2-2 学生选课页面

3．学生评课

当用户单击“学生评课”链接后，跳转到学生评课页面。在这里，可以对所有的课程按系筛选，并可按课程名称或按教师姓名进行查找，如图 2-3 所示。当需要对某门课程添加评论时，可以单击该课程所在行的“评论”按钮，则进入课程的评论页面，如图 2-4 所示。该页面上将显示所有关于该课程的评论，并按时间顺序逆序排列。当评论多于 5 条时，将自动分页显示，用户可通过单击“上一页”“下一页”链接，在页面间来回切换，也可以在下拉列表框中直接选择要查看的页数。

学生选课系统
Innovate the way we live
学生选课 学生评课 学生注册 聊天室
学生评课
开课系部: 全部系部 按课程名称搜索 搜索

CouNo	CouName	Kind	Credit	Teacher	DepartNo	LimitNum	
001	SQL Server实用技术	信息技术	3.0	徐人凤	01		查看评论
004	Linux操作系统	信息技术	2.0	郑星	01		查看评论
005	Premiere6.0影视制作	信息技术	2.0	李韵婷	01		查看评论
006	Director动画电影设计与制作	信息技术	2.0	陈子仪	01		查看评论
007	Delphi初级程序员	信息技术	2.0	李兰	01		查看评论
008	ASP.NET应用	信息技术	2.5	曾建华	01		查看评论
009	水资源利用管理与保护	工程技术	2.0	叶艳茵	02		查看评论
010	中级电工理论	工程技术	3.0	范敏丽	02		查看评论
011	中外建筑欣赏	人文	2.0	林泉	02		查看评论
012	智能建筑	工程技术	2.0	王娜	02		查看评论
013	房地产漫谈	人文	2.0	黄强	02		查看评论
014	科技与探索	人文	1.5	顾苑玲	02		查看评论
015	民俗风情旅游	管理	2.0	杨国润	03		查看评论
016	旅行社经营管理	管理	2.0	黄文昌	03		查看评论
017	世界旅游	人文	2.0	盛德文	03		查看评论
018	中餐菜肴制作	人文	2.0	卢萍	03		查看评论
019	电子出版概论	工程技术	2.0	李力	03		查看评论

Copyright (C) 2013-2015,All Right Reserved

图 2-3 学生评课页面

4．学生信息注册

当用户单击“学生注册”链接时，跳转到学生注册页面。在这里，用户可直接注册新的学生信息，如图 2-5 所示。

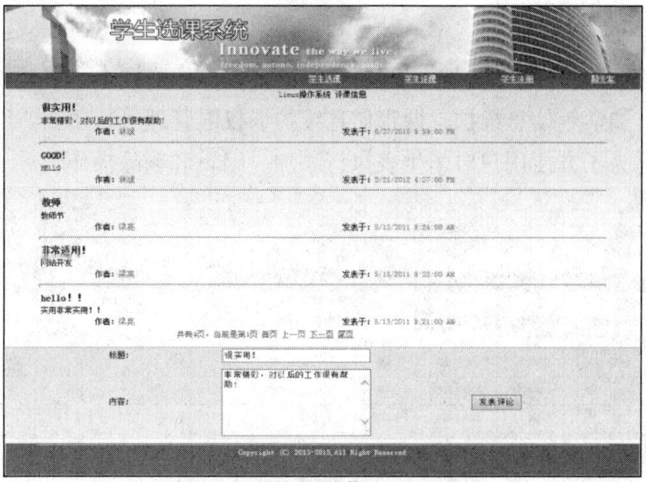

图 2-4　学生评课信息显示页面

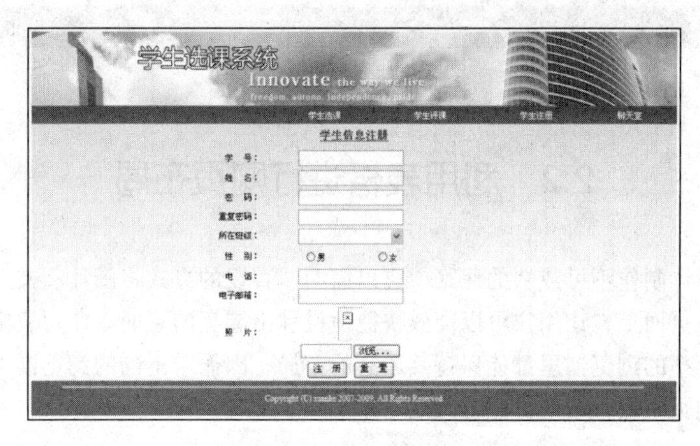

图 2-5　学生注册页面

5．聊天室

当用户单击“聊天室”链接时，跳转到简易聊天室页面。在这里，用户可以与在线用户进行网上交流，如图 2-6 所示。

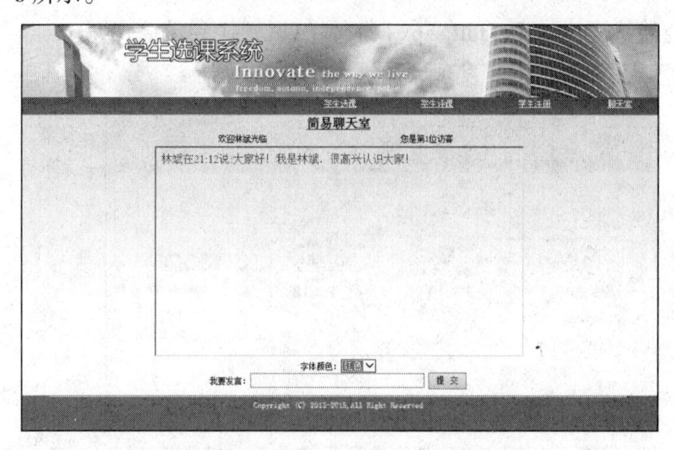

图 2-6　简易聊天室页面（字体颜色是选做的扩充内容）

6. 后台管理

作为一个完整的系统，学生选课系统除了要具有上面介绍的几个主要功能外，还需要具备相应的后台管理功能，如学生信息维护、课程信息维护、权限管理等。图 2-7 所示为学生信息维护页面，该页面主要是为了方便用户对学生表执行添加、编辑和删除操作。

图 2-7　学生信息维护页面

2.2　利用表格进行网页布局

表格是网页设计制作不可或缺的元素，它以简明、直观的方式将图片、文本、数据和表单的元素有序地显示在页面上，让用户可以高效快捷地设计出漂亮的页面。使用表格排版的页面在不同平台、不同分辨率的浏览器里都能保持其原有的布局，因而对不同的浏览器平台有较好的兼容性，所以表格是网页中最常用的排版方式之一。

2.2.1　操作步骤

（1）新建一个 ASP.NET 网站（xuanke）。在网站下新建一个目录 images，将网站中用到的图片复制到该目录下。本例中用到的图片资源均放在课程资料/第 2 章/相关资源/images.rar 文件中，若有需要可与编者联系（libin@oa.szpt.net）。

（2）打开系统默认生成的 Default.aspx 网页，然后切换到设计视图。

（3）仔细分析一下该网页不难发现，网页大致分为以下 4 部分，如图 2-8 所示。

图 2-8　学生选课系统首页布局分析

- 顶部：主要是一幅 banner 图片。
- 菜单栏。
- 内容。
- 底部：包括一些版权信息。

由于网页由上到下，自然地分成 4 部分，故此用表格创建一个 4 行 1 列的表格即可。

（4）选择“表”→“插入表”命令，弹出“插入表格”对话框，如图 2-9 所示。设置表格的行数为 4，列数为 1，宽度为 900（像素），对齐方式为“居中”。

（5）此时，在网页中出现一个 4 行 1 列的表格。选择表格的第一个单元格，在属性窗口 Style 属性中设置该单元格的背景图片（background-image）为 url（'images/banner.jpg'），如图 2-10 所示。此时，背景图片并不能完全显示，可以用鼠标拖动该单元格的下边框，调整到合适的高度，效果如图 2-11 所示。

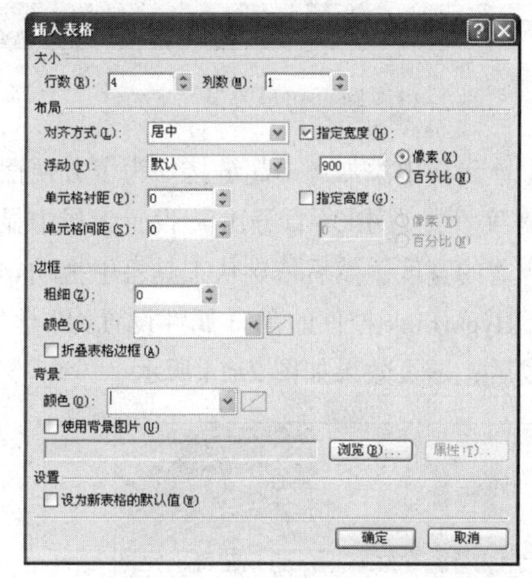

图 2-9　Visual Studio 2013 的“插入表格”对话框

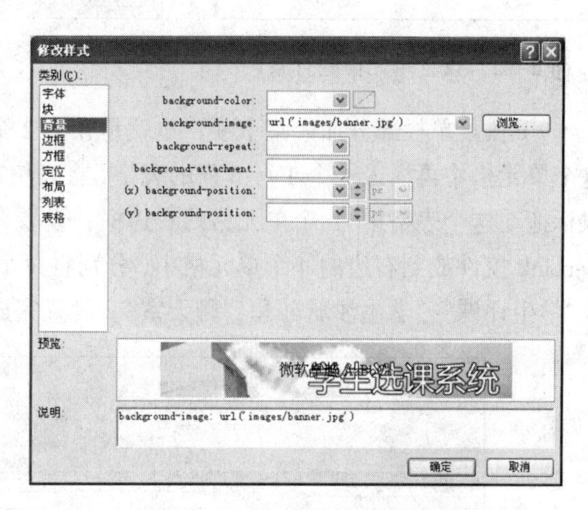

图 2-10　设置单元格的背景图片

图 2-11　网页效果图

（6）选择表格的第 2 个单元格，参照第（5）步设置该单元格的背景图片为 images/navt2.gif，然后用鼠标拖动该单元格的下边框，调整到合适的高度。

（7）选择表格的第 3 个单元格，参照第（5）步设置该单元格的背景图片为 images/dbg.gif。然后用鼠标拖动该单元格的下边框，调整到合适的高度。

（8）选择表格的第 4 个单元格，设置该单元格的背景色为#5187A7，如图 2-12 所示。然后，用鼠标拖动该单元格的下边框，调整到合适的高度。至此，该网页的四大部分已经大致安排好了，如图 2-13 所示。下面，只需要为相应部分添加相应的控件即可。

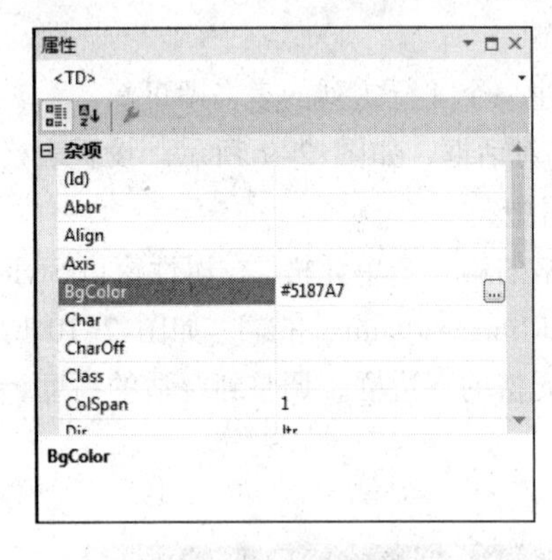

图 2-12 设置单元格的背景色

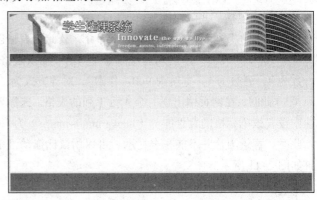

图 2-13 网页初步效果

（9）在菜单栏部分加入菜单项，也就是在第 2 个单元格中添加 4 个超链接。为了方便摆放，在这个单元格中再插入一个 1 行 5 列的表格，将表格宽度设置为 100（百分比），设置为居中显示。用鼠标拖动这个表格第 1 个单元格的右边框，设置合适的宽度。然后依次从工具箱中拖动 4 个 HyperLink 控件放到右边的 4 个单元格中，分别将每个 HyperLink 控件的 Text 属性设置为“学生选课”“学生评课”“学生注册”和“聊天室”。设置完成后，网页效果如图 2-14 所示。

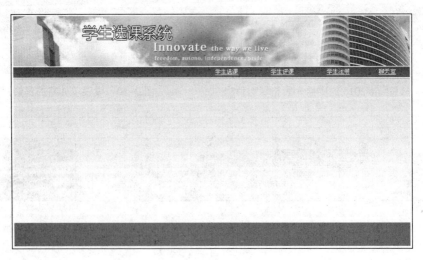

图 2-14 加入菜单项后网页显示效果

（10）在内容部分加入 4 个图片链接，也就是在第 3 个单元格中放入 4 个图片链接。类似第（9）步中的操作，在该单元格中插入一个 1 行 4 列的表格，宽度设为 85（百分比），居中显示。然后依次从工具箱中拖动 4 个 HyperLink 控件放到这 4 个单元格中。设置每个控件的 ImgeUrl 属性分别为~/images/xuanke.gif、~/images/pingke.gif、~/images/zhuce.gif 和~/images/luntan.gif，如图 2-15 所示。设置完成后，网页效果如图 2-16 所示。

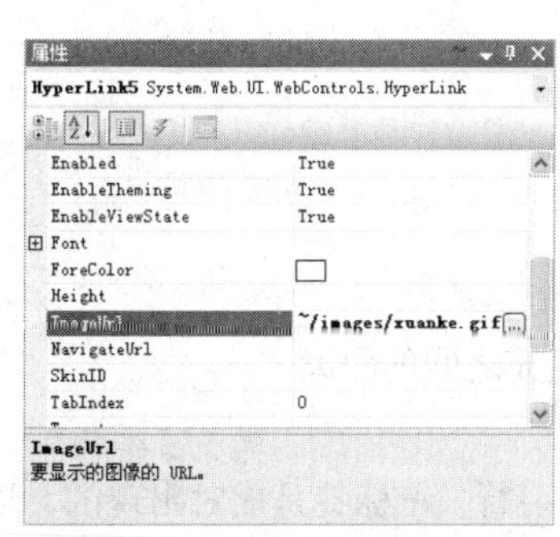

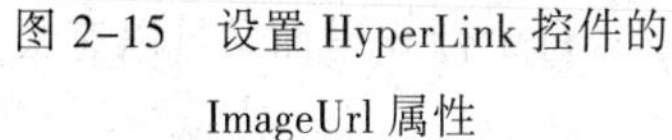

图 2-15　设置 HyperLink 控件的 ImageUrl 属性

图 2-16　加入 ImageUrl 属性内容的网页显示效果

（11）在网页底部添加版本信息。选择底部所在的单元格，从工具箱中拖动 Horizontal Rule 控件放入该单元格，设置宽度为 90（百分比），背景色为#ff9933。然后，输入版本信息（Copyright（C）xuanke 2013-2015，All Right Reserved），设置字体颜色为 white。设置完成后，显示效果如图 2-17 所示。

图 2-17　最终网页显示效果

2.2.2　相关知识

1. 表格基本知识

在网页的设计中，表格是一种重要的工具，利用它可以实现网页的精确排版和定位。实际上，将一定的内容按特定的行、列规则组织排列就构成了表格。在 Visual Studio 2013 中，可以方便地创建出各种规格的表格，并能对表格进行特定的修饰，从而使网页更加生动活泼。在表格中，可以将各种数据（包括文本、预格式化文本、图像、链接、表单、表单域以及其他表格等）排成行和列，从而获得特定的表格效果。

在 HTML 中，用<table></table>来标记一个表格，用<tr></tr>来标记行，用<td></td>来标记单元格。

（1）table 标签：代表 HTML 表格，table 标签是成对出现的。以<table>开始，以</table>结束。它包括以下属性。

- common：一般属性。
- summary：表格的摘要说明。
- width：表格的宽度。
- border：表格边框。
- cellspacing：表格边框与表格内容填充的距离，也是内容填充之间的距离。
- cellpadding：内容填充的宽度。

（2）tr 标签：tr 是 table row 的缩写，代表 HTML 表格中的一行。tr 标签是成对出现的，以<tr>开始，</tr>结束。table 里面可以有很多行，每一行使用 tr 表示；每个行 tr 里面又可以有很多列，每一列使用 td 表示。它包括以下属性：

- common：一般属性。
- align：代表行的水平对齐方式，其值可以是 left（左对齐）、center（居中对齐）、right（右对齐）和 justify（默认值）。
- valign：代表行的垂直对齐方式，其值可以是 top（顶部对齐）、middle（中部对齐）、bottom（下部对齐）和 baseline（基线对齐）。

（3）td 标签：td 是 table data cell 的缩写，代表 HTML 表格中的一个单元格。td 标签是成对出现的，以<td>开始，</td>结束。表格的每一行内可以放数对 td 标签，每对 td 标签代表一个单元格。它包括以下属性：

- common：一般属性。
- abbr：代表表头的简写。
- axis：对单元格在概念上分类。
- colspan：一行跨越多列。
- headers：连接表格的数据与表头。
- rowspan：一列跨越多行。
- scope：定义行或列的表头。
- align：水平对齐方式，其值可以是 left（左对齐）、center（居中对齐）、right（右对齐）和 justify（默认值）。
- valign：垂直对齐方式，其值可以是 top（顶部对齐）、middle（中部对齐）、bottom（下部对齐）和 baseline（基线对齐）。

2. 利用表格布局的注意事项

（1）先插入一个表格，根据常见的分辨率设置宽度（单位一般采用 px），不用设置高度，然后令这个表格居中。以后所有的内容都限制在这个表格中。注意，表格的边框值一定要为 0，即将 table 中的 border 属性值设置为 0，也就是让表格在网页预览中不可见，这样才能实现表格布局的目的。

（2）要能够熟练使用表格嵌套。也就是说，在一个表格中再插入另一个表格。例如，把要设计的页面分成几大部分，然后利用表格的行和列来实现它们的布局。如果某一个单元格中的内容又要分成几部分，可以继续在这个单元格中插入表格。

3. 表格布局存在的问题

表格布局简单直观，易学易用，因此也获得了广泛的应用。但当页面上表格嵌套的层数过多时，会带来两个问题：一是浏览器解析缓慢，如果浏览采用表格布局的页面（如本例所示），就会发现有短暂的解析延迟；另一个是多层嵌套为代码维护与内容修改带来麻烦，使得调整布局结构更是难上加难，牵一发而动全局。

2.3　利用 Div+CSS 进行网页布局

本节将利用 Div+CSS 来设计学生选课系统首页的布局。首先，对这个网页进行分析，可以将其分成 4 部分：顶部、菜单栏、内容和底部，如图 2-8 所示。下面就具体实现这个页面。

2.3.1　操作步骤

（1）打开创建的 xuanke 网站。进入 Visual Studio 2013 开发环境，然后选择“文件”→“打开”→“网站”命令，弹出“打开网站”对话框，如图 2-18 所示。单击“文件系统”按钮，在本地硬盘上找到 xuanke 网站所在的目录，单击“打开”按钮即可。

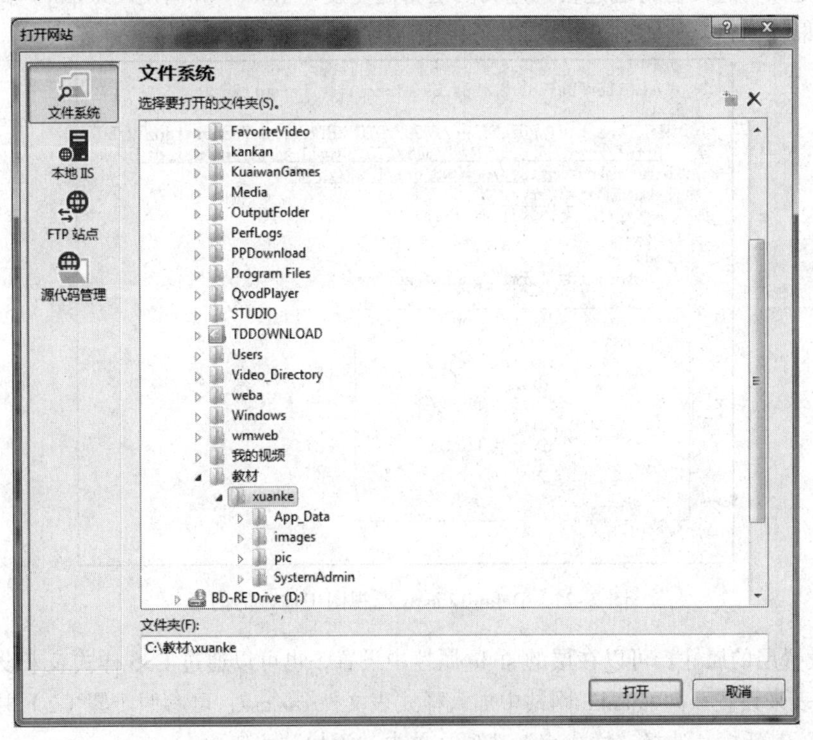

图 2-18　“打开网站”对话框

（2）向 xuanke 网站中添加一个新的网页。右击“解决方案资源管理器”窗口中的网站（见图 2-19），在弹出的快捷菜单中选择“添加新项”命令，将弹出“添加新项”对话框，如图 2-20 所示。选择“Web 窗体”选项，单击“添加”按钮。默认在选课网站中添加新网页 Default2.aspx。

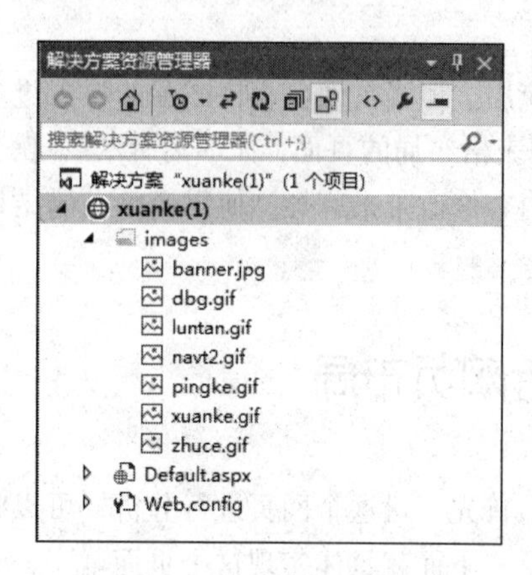

图 2-19　右击网站

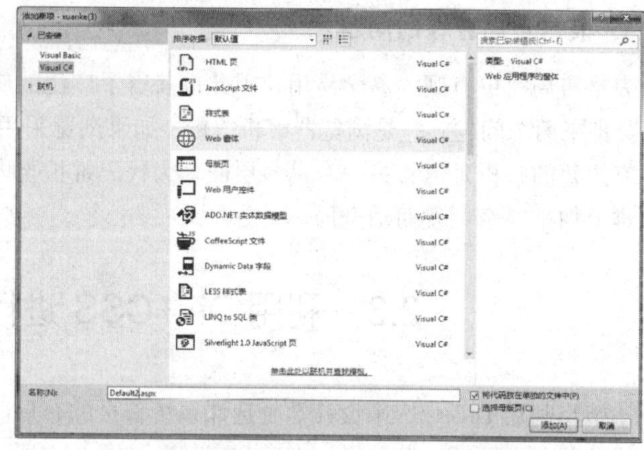

图 2-20　“添加新项”对话框

（3）将 Default2.aspx 切换到源视图。在<form>和</form>标记之间中输入图 2-21 框中所示的代码，构建 5 个层。其中 id 为 top、menu、mbody 和 bottom 的 4 个层分别对应网页的 4 个部分（见图 2-8），而 id 为 mpage 的层作为放置这 4 个层的容器。但是，当切换到设计视图时，却什么也看不到，这是因为还没有为通过代码定义的层指定宽度（width）和高度（height）属性值，因此层将会自动根据内容调整大小，而现在层里没有任何东西，所以就缩成了一个点。

```
1  <%@ Page Language="C#" AutoEventWireup="true"
2   CodeFile="Default2.aspx.cs" Inherits="Default2" %>
3
4  <!DOCTYPE html PUBLIC "-//W3C//DTD XHTML 1.0 Transitional//EN"
5   "http://www.w3.org/TR/xhtml1/DTD/xhtml1-transitional.dtd">
6  <html xmlns="http://www.w3.org/1999/xhtml">
7  <head runat="server">
8      <title>无标题页</title>
9  </head>
10 <body>
11     <form id="form1" runat="server">
12         <div id="mpage">
13             <div id="top">
14             </div>
15             <div id="menu">
16             </div>
17             <div id="mbody">
18             </div>
19             <div id="bottom">
20             </div>
21         </div>
22     </form>
23 </body>
24 </html>
```

图 2-21　Default2.aspx 源视图中输入的内容

（4）设置层的属性。可以在层的 style 属性中设置，也可以通过 CSS 样式表来设置。这里采用 CSS 样式表来设置。向 xuanke 网站中加入样式表文件 css.css，可参照步骤（2）中的操作打开“添加新项”对话框，选择“样式表”选项，单击“添加”按钮。

（5）关联样式表文件和网页文件。切换到 Default2.aspx 的源视图，在<head>和</head>标记之间输入以下代码：

```
<link href="css.css" type="text/css" rel="stylesheet" />
```

（6）设置 mpage 层的属性，打开 css.css 文件，在空白处输入如下代码：

```
#mpage
```

```
{
    width:950px;                  /*设置层的宽度为 950px*/
    text-align: center;           /*设置层中的内容水平居中显示*/
   font-family:宋体;              /*设置层中的字体为宋体*/
   font-size : 9pt;              /*设置层中的字的大小为 9pt*/
}
```

（7）对 top 层进行设置。在 css.css 文件中的空白处输入如下代码：

```
#top
{
    width:950px;                  /*设置层的宽度为 950px*/
    height:105px;                                /*设置层的高度为 105px*/
    background-image:url(images/banner.jpg);     /*设置背景图片*/
    background-repeat:no-repeat;                 /*设置背景图片的重复方式*/
}
```

保存后，将 Default2.aspx 切换到设计视图，效果如图 2-22 所示。

图 2-22　设置 top 层属性后的效果图

（8）参照步骤（7），分别对菜单栏、内容部分和底部所在层的背景、宽度和高度进行设置。设置完成后，网页运行效果如图 2-23 所示。

```
#menu
{
    width:950px;                  /*设置层的宽度为 950px*/
    height:25px;                  /*设置层的高度为 25px*/
    background-image:url(images/navt2.gif); /*设置背景图片*/
    background-repeat:repeat-x; /*设置背景图片的重复方式*/
}

#mbody
{
    width:950px;                  /*设置层的宽度为 950px*/
    background-image:url(images/dbg.gif); /*设置背景图片*/
    background-repeat:repeat-x; /*设置背景图片的重复方式*/
}
#bottom
{
    width:950px;                  /*设置层的宽度为 950px*/
    height:50px;                  /*设置层的高度为 50px*/
    background-color:#5187a7;     /*设置背景色为#5187a7*/
}
```

图 2-23　设置好各层属性后的效果图

（9）参照2.2.1节中操作步骤的（9）、（10）和（11），分别给菜单栏和内容部分添加相应的文字链接、图片链接以及相关文字。最后的网页运行效果如图2-24所示。

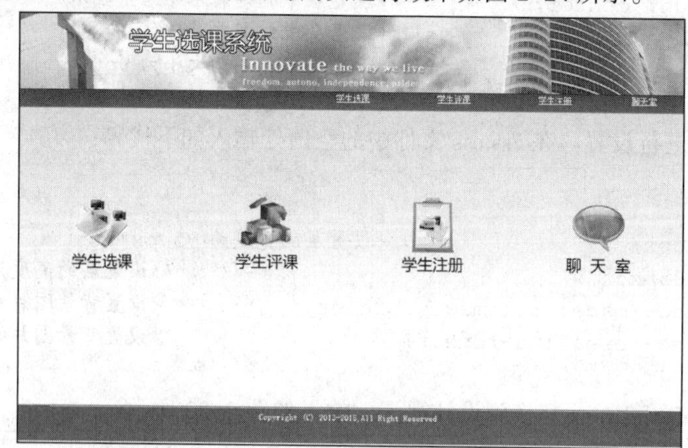

图2-24 网页运行效果图

2.3.2 相关知识

1. 什么是Div+CSS网页布局

Div+CSS是一种网页的布局方法，这种网页布局方法有别于传统的table布局。其中，Div是HTML（超文本置标语言）中的一个元素，即一个标签；CSS（Cascading Style Sheets，层叠样式表单）则是一种用来表现HTML或XML等文件样式的计算机语言。

（1）CSS布局相对于传统的Table网页布局而言具有的3个显著优势

- 表现和内容相分离。将设计部分剥离出来放在一个独立样式文件中，HTML文件中只存放文本信息。这样设计的页面对搜索引擎更加友好。
- 提高页面浏览速度。对于同一个页面视觉效果，采用CSS布局的页面要比Table编码的页面小很多，前者一般只有后者的1/2大小。这样，浏览器就不用去编译大量冗长的标签。
- 易于维护和改版。只要简单地修改几个CSS文件就可以重新设计整个网站的页面。

（2）CSS语法介绍

① CSS样式规则主要包括以下3部分：

- 选择器（Selector）:为HTML标签提供样式设置的方法，它可以包括任何HTML标签。
- 属性（Property）:一种HTML标签的属性（attribute）。简单地说，HTML的所有属性都被包括在CSS属性中，例如，一些颜色或边框之类的尾性。
- 值（Value）：相对于属性的值，例如颜色属性，它的值可以是red或者是#F1F1F1。

② CSS样式规则的语法如下所示：

```
selector {property: value}
```

例如，table{border:1px solid #C00;}将设置一个表格的边框。

这里，table就是选择器（selector），border属性对应的值为1px，solid属性对应的值为#C00。

CSS提供了多种选择器可用来灵活地操作HTML标签元素，此类选择器其实就是对HTML的标签进行设置，上面table的例子就是一个类型选择器。

- 通用选择器：由一个星号表示，它表示将CSS样式应用到HTML的所有元素中。

- HTML 代码示例：*{color:#000000}。
- 后代选择器：这种选择器主要用于设置一些特殊的元素，只有当某种元素嵌套在特定的元素中时，后代选择器才会生效。
- HTML 代码示例：ul em{color:#000000}。
- 其含义：只有嵌套在 ul 元素中的 em 元素才被设置为白色。
- 类选择器：通过设置元素类属性来应用样式规则，类选择器是以“.”开头的。
- HTML 代码示例：.black{color:#000000}。
- 该选择器表示对所有包含 black 类属性的元素都设置颜色。
- ID 选择器：通过元素 ID 属性来设置样式，ID 选择器是以“#”开头的。
- HTML 代码示例：#black{color:#000000}。
- 该选择器表示对 ID 属性为 black 的元素设置颜色。
- 子选择器：子选择器其实和上面提到的后代选择器类似，但仍有一些不同的地方，子选择器仅针对它的直接后代，即作用于子元素的第一个后代，而后代选择器则作用于所有子后代元素。

HTML 代码示例：body > p{ color:#000000}。

上面示例表示对 body 元素中的第一个 p 元素进行设置。

2. 如何将 CSS 样式加入到网页中

（1）链入外部样式表文件。先建立外部样式表文件（.css），然后使用 HTML 的 link 对象。示例如下：

```
<head>
<title>文档标题</title>
<link rel=stylesheet href="css.css" type="text/css">
</head>
```

（2）定义内部样式块对象。在 HTML 文档的<html>和<body>标记之间插入一个<style>...</style>块对象。示例如下：

```
<html>
<head>
<title>文档标题</title>
<style type="text/css">
<!--
body {font: 10pt "Arial"}
h1 {font: 15pt/17pt "Arial"; font-weight: bold; color: maroon}
h2 {font: 13pt/15pt "Arial"; font-weight: bold; color: blue}
p {font: 10pt/12pt "Arial"; color: black}
-->
</style>
</head>
<body>
```

3. 相关资源

关于 CSS 的内容比较多，这里不做过多的介绍，读者可参考网上提供的众多资源。

- 百度百科（http://baike.baidu.com/view/15916.htm）。
- W3School CSS 教程 （http://www.w3school.com.cn/css/index.asp）。

2.4 母版页的使用

浏览学生选课系统的多个页面（见图 2-1 ~ 图 2-7）不难发现，这些网页有很多相同的地方。具体来说，每个页面都具有相同的头部、菜单栏和底部，而仅有内容部分不同。如果每个页面都需要分别实现这些相同的部分，不仅浪费时间，更重要的是即便只对页面做一点小小的修改，也必须一个页面、一个页面重复修改，当页面数量多的时候，将大大增加维护强度。ASP.NET 提供了母版页功能，可以极大地简化为站点创建一致性外观的任务。

下面仍以学生选课系统的首页为例，将页面的头部、菜单栏和底部放在母版页中实现，而将首页特有的内容放在内容页中实现。

2.4.1 操作步骤

（1）打开创建的 xuanke 网站。参见 2.3 节中的操作步骤（1）。

（2）向 xuanke 网站中添加一个母版页。参见 2.3 节中的操作步骤（2），只是在“添加新项”对话框中选择“母版页”选项，然后单击“添加”按钮。默认在选课网站中添加母版页 Master Page.master。

（3）将 MasterPage.master 切换到设计视图，可以看出网页中包含一个 ContentPlaceHolder 控件，如图 2-25 所示。该控件本身并不包含具体内容，是用来在母版页中占位的。

（4）在母版页中参照 2.3 节中的操作步骤（3）~（8），完成各层属性的设置。

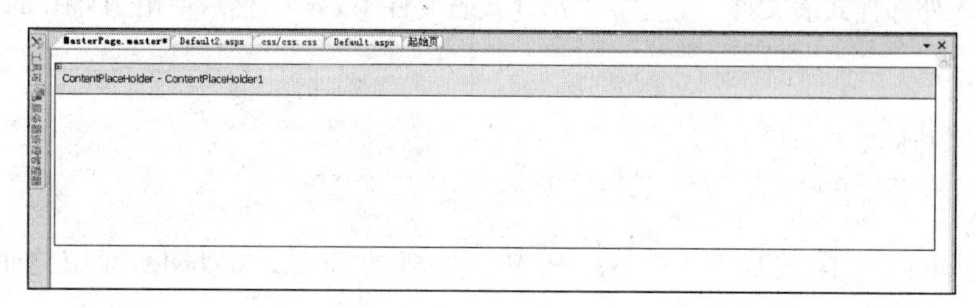

图 2-25 空白母版页

（5）参照 2.3 节中的操作步骤（9），在 menu 层中加入菜单栏中的内容。

（6）将母版页中 ContentPlaceHolder 控件放到 mbody 层中，完成后，切换到设计视图，效果如图 2-26 所示。

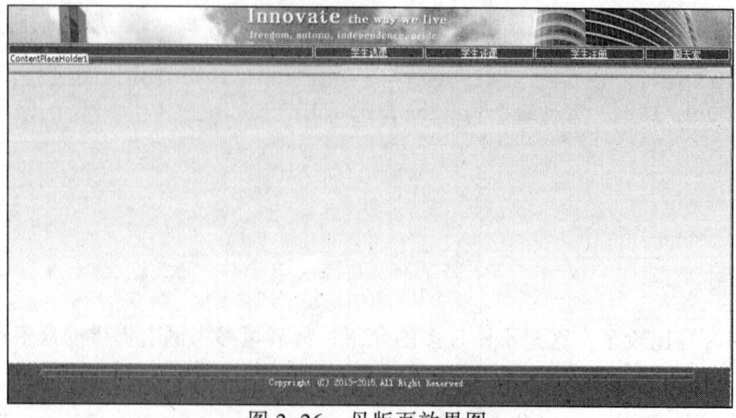

图 2-26 母版页效果图

（7）母版页不能单独运行，要想看到网页的实际效果，必须添加内容页。参照 2.3.1 节中的操作步骤（2）打开“添加新项”对话框，向选课网站中添加新网页。在“添加新项”对话框中，选择“Web 窗体”选项，注意要选中“选择母版页”复选框，如图 2–27 所示。单击“添加”按钮，弹出“选择母版页”对话框，选择位于右侧列表框中的 MasterPage.master 选项，单击“确定”按钮。默认在选课网站中添加新网页 Default3.aspx。

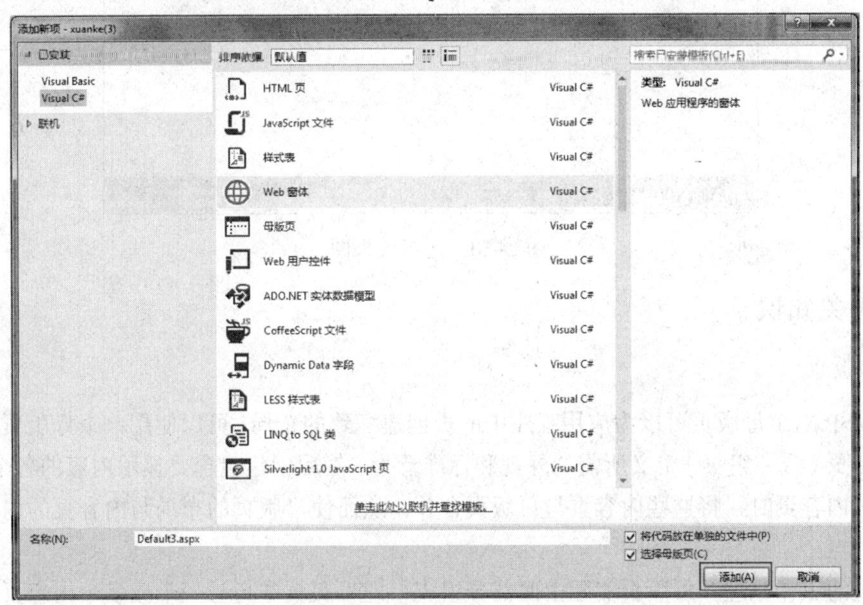

图 2–27　“添加新项”对话框

（8）打开 Default3.aspx 页面，切换到设计视图，如图 2–28 所示。可以发现新创建的页面与之前创建的空白页面有所不同，其中灰色部分是套用的母版页，Content 控件则是用来放置新页面内容的。

（9）参照 2.2.1 节中操作步骤（10）的相关描述，在 Content 控件中放置图片链接，设置完成后的效果如图 2–29 所示。

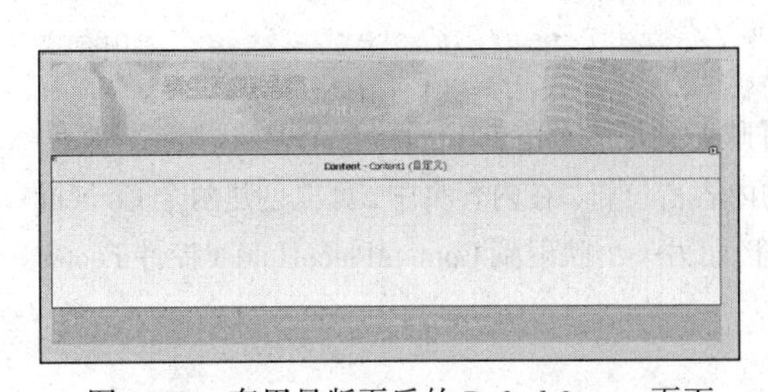

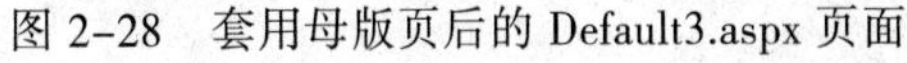

图 2–28　套用母版页后的 Default3.aspx 页面

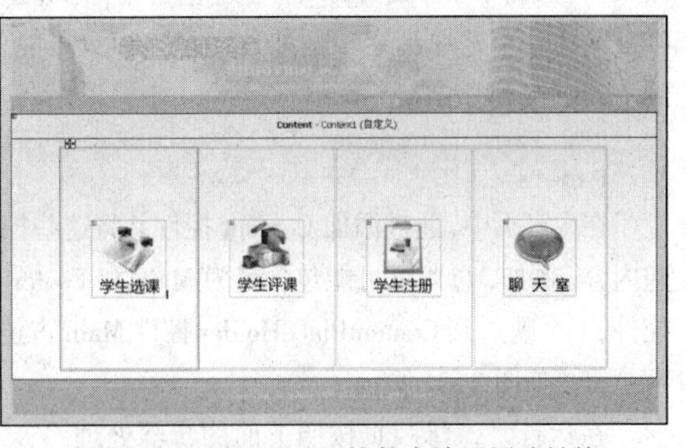

图 2–29　在 Content 控件中放置图片链接

（10）运行 Default3.aspx 页面，效果如图 2–30 所示。与前面没有使用母版页设计出的页面效果一致。

图 2-30　运行效果图

2.4.2　相关知识

1. 母版页

使用 ASP.NET 母版页可以为应用程序中的页创建一致的布局。可以使用单个母版页为应用程序中的所有页（或一组页）定义所需的外观和标准行为，然后创建包含要显示内容的各个内容页。当用户请求内容页时，将这些内容页与母版页合并，从而使母版页的布局与内容页的内容组合在一起输出。

母版页的工作原理：母版页实际由两部分组成，即母版页本身与一个或多个内容页。母版页为具有.master 扩展名（如 MasterPage.master）的 ASP.NET 文件，它具有可以包括静态文本、HTML 元素和服务器控件的预定义布局。母版页由特殊的@Master 指令识别，该指令替换了用于普通.aspx 页的@Page 指令。下面是该指令的示例：

```
<%@ Master Language="C#" %>
```

母版页包括一个或多个 ContentPlaceHolder 控件，这些占位符控件用于定义可替换内容的区域。接着，在内容页中定义可替换内容。内容页为绑定到特定母版页的 ASP.NET 页（.aspx 文件以及可选的代码隐藏文件）。通过包含指向要使用的母版页的 MasterPageFile 属性，在内容页的@Page 指令中建立绑定。例如，一个内容页可能包含下面的@Page 指令，该指令将该内容页绑定到 A.master 母版页。

```
<%@ Page Language="C#" MasterPageFile="~/MasterPages/A.master" Title="Content
Page"%>
```

在内容页中，通过添加 Content 控件并将这些控件映射到母版页上的 ContentPlaceHolder 控件来创建内容。例如，母版页可能包含名为 Main 和 Footer 的内容占位符。在内容页中，可以创建两个 Content 控件，一个映射到 ContentPlaceHolder 控件 Main 占位符，而另一个映射到 ContentPlaceHolder 控件 Footer 占位符，如图 2-31 所示。

在运行时，母版页按照下面的步骤处理：

（1）用户通过输入内容页的 URL 来请求某页。

（2）获取该页后，读取@Page 指令。如果该指令引用一个母版页，则也读取该母版页。如果是第一次请求这两个页，则两个页都要进行编译。

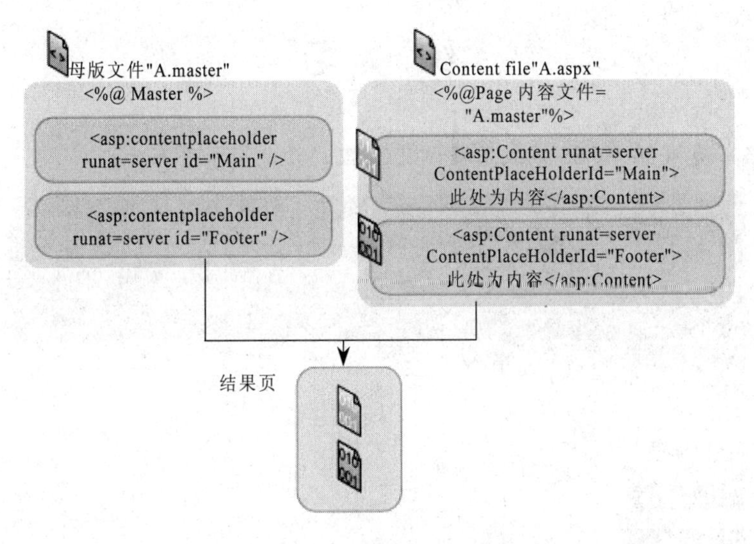

图 2-31　母版页工作原理

（3）将包含更新内容的母版页合并到内容页的控件树中。

（4）将各个 Content 控件的内容合并到母版页中相应的 ContentPlaceHolder 控件中。

（5）浏览器中呈现合并后的页。

2. 母版页的优点

母版页提供了以往的开发人员通过传统方式可以实现的功能，这些传统方式包括重复复制现有代码、文本和控件元素，使用框架集，对通用元素使用包含文件，使用 ASP.NET 用户控件等。因此，母版页具有下面的优点：

（1）使用母版页可以集中处理页的通用功能，以便可以只在一个位置上进行更新。

（2）使用母版页可以方便地创建一组控件和代码，并将结果应用于一组页。例如，可以在母版页上使用控件来创建一个应用于所有页的菜单。

（3）通过母版页可以控制占位符控件的呈现方式，以从细节上控制最终页的布局。

（4）母版页提供一个对象模型，使用该对象模型可以从各个内容页自定义母版页。

小　　结

1. 网页的布局

常用的网页布局方式有两种：表格布局和 Div+CSS 布局。表格布局简单易用，表现直观。而 Div+CSS 布局的优势主要在于实现了表现和内容的分离，易于改版和维护，有助于提高浏览速度。

2. 母版页

母版页可以为应用程序中的页创建一致的布局。单个母版页可以为应用程序中的所有页（或一组页）定义所需的外观和标准行为。母版页不能单独运行，需要与相关的内容页相结合。

练　　习

分别用表格布局和 Div+CSS 方式实现如图 2-32 所示的母版页布局。

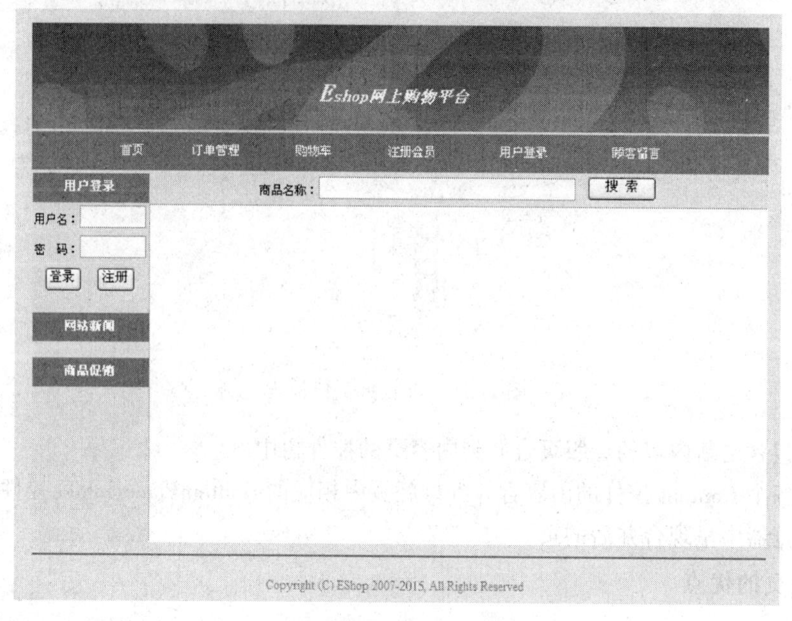

图 2-32　母版页布局

第 3 章　学生简易聊天室

学习目标：

- 了解网页信息传递的方式。
- 了解基本的服务器内置对象。
- 会利用 Session、Cookie 和 QueryString 在网页间传递信息。
- 会使用 Application 对象。
- 完成学生简易聊天室的功能。

3.1　学生简易聊天室功能演示

学生简易聊天室涉及 3 个网页：登录页面、聊天室页面和显示聊天信息页面。现在介绍每个页面的主要功能。

1．登录页面

验证用户身份，如果是授权用户，则允许进入聊天室；否则，拒绝。同时，对于成功登录的用户，可以让其选择是否在客户端保存用户信息。网页界面如图 3–1 所示。

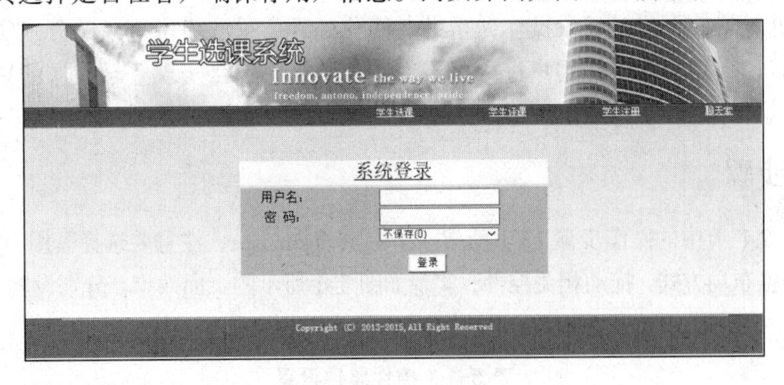

图 3–1　登录页面

2．聊天室页面

用户登录成功后，则进入聊天室页面，如图 3–2 所示。该页面左上方显示登录用户的名称，右上方显示是第几位进入聊天室的访客，中间空白部分即聊天内容区，用来显示聊天的信息。当用户在“我要发言”对应的文本框中输入聊天信息，并单击“提交”按钮时，聊天信息将会提交到服务器中保存，并在客户端重新发送请求时，将新的聊天内容发送到聊天内容区中显示。

为了方便网页定时刷新，将聊天内容的显示用另外一个显示聊天信息的页面实现，而将这个聊天显示页面通过<iframe></iframe>标签嵌入到聊天室页面中。

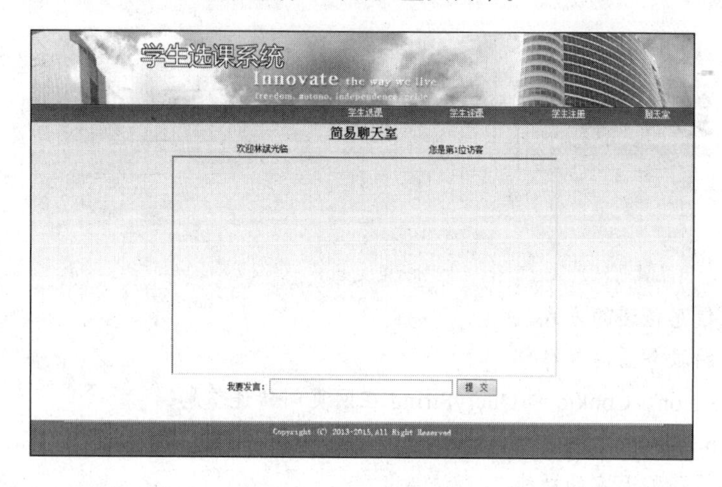

图 3-2　聊天室页面

3．显示聊天信息页面

用来显示聊天的信息，具有定时刷新功能，将被嵌入到聊天室页面中。

3.2　模拟学生登录功能

学生登录时需要对学生信息进行验证，简单地说就是核对用户名和密码是否相符。这就要求系统能保存且方便地查找用户名和密码，也就是需要数据库的支持。本章主要学习如何使用服务器端的一些内置对象，因此对登录操作做了一些简化处理，采取模拟登录的方式实现，即只要用户输入了用户名和密码，就允许用户进入聊天室。与数据库连接实现登录操作的功能将在第 4 章详细讲解。

3.2.1　操作步骤

（1）参照 2.4 节中的操作步骤（7）新建一个网页 login.aspx，注意要选择套用 MasterPage.master 母版页。采用表格布局方式，拖动相关控件，实现如图 3-1 所示的页面效果。分别设置所用控件的名称和属性，如表 3-1 所示。其中，dpExpires 控件 Items 属性值中括号里的内容为相应的 Value 值。

表 3-1　控件属性设置

控件名称	控件类型	属性名称	属性值
btnLogin	Button	Text	登录
txtUserName	TextBox	Text	
txtPassword	TextBox	TextMode	Password
dpExpires	DropdownList	Items	text:不保存　value:0 text:保存一天　value:1 text:保存一月　value:30 text:保存一年　value:365

（2）双击“登录”按钮，创建“登录”按钮的Click事件处理程序，在该程序段中实现用户信息验证，具体代码如图3-3所示。

```
protected void btnLogin_Click(object sender, EventArgs e)
{
  if (txtUserName.Text.Trim().Length>0 && txtPassword.Text.Trim().Length > 0)
  { //当用户名和密码均不为空时，进入聊天室页面chat.aspx
    Response.Redirect("chat.aspx");
  }
  else
  { //登录失败后，弹出信息提示框
    Literal lit = new Literal();
    lit.Text = "<script language='javascript'>window.alert('登录失败')</script>";
    Page.Controls.Add(lit);
  }

}
```

图3-3　“登录”按钮事件处理程序

（3）在客户端保存登录信息。为了方便用户，浏览器支持将一些信息保存到客户端的Cookie中，这样，在用户下次访问同一网站时，就可以避免重复输入用户名等信息。Cookie的保存非常简单，可以通过服务器内置对象Response访问。这里，以保存用户名为例来说明如何实现，按如图3-4所示的内容修改图3-3中的代码。

```
protected void btnLogin_Click(object sender, EventArgs e)
{
  if (txtUserName.Text.Trim().Length>0 && txtPassword.Text.Trim().Length > 0)
  {
    Response.Cookies["StuNo"].Value=txtUserName.Text.Trim();
    int expire= int.Parse(dpExpires.SelectedValue);
    Response.Cookies["StuNo"].Expires=DateTime.Now.AddDays(expire);
    //当用户名和密码均不为空时，进入聊天室页面
    Response.Redirect("chat.aspx");
  }
  else
  { //登录失败后，弹出信息提示框
    //略
  }
}
```

图3-4　加入访问Cookie代码后的“登录”按钮事件处理程序

（4）当用户在同一台计算机上访问登录页面时，如何读出上次保存的Cookie值。这里用到了另外一个服务器内置对象Request。修改页面的Page_Load事件处理程序，如图3-5所示。其中，IsPostBack属性值用来指示该页面的请求是否为回送请求，如果该页面第一次被访问，那么IsPostBack的属性值为false。

```
protected void Page_Load(object sender, EventArgs e)
{
   if (!IsPostBack)
   {
      if (Request.Cookies["StuNo"]!=null)
          txtUserName.Text=Request.Cookies["StuNo"].Value;
   }
}
```

图3-5　修改登录页面的Page_Load事件处理程序

注意：Response.Cookies["UserName"].Expires 用于设置Cookie的过期时间，如果不设置过期时间则表示这个Cookie的生命周期仅为浏览器会话期间，只要关闭浏览器，Cookie就消失。这

种生命周期为浏览器会话期的Cookie被称为会话Cookie。会话Cookie一般不保存在硬盘上而保存在内存中。

如果设置了过期时间，浏览器就会把Cookie保存到硬盘上。关闭浏览器后再次打开，该Cookie依然有效，直到超过设定的有效期。

（5）当用户成功登录后，需要跳转到聊天室页面chat.aspx，并将登录用户的用户名传递给聊天室页面。由于网页不保存状态，因此将用另一个服务器内置对象Session来实现这一操作。修改“登录”按钮事件处理程序，如图3-6所示。在其他页面中访问该信息时，同样用Session["StuNo"]语句即可。

```
protected void btnLogin_Click(object sender, EventArgs e)
{
  if(txtUserName.Text.Trim().Length>0 && txtPassword.Text.Trim().Length>0)
  {
    Session["StuNo"]=txtUserName.Text.Trim();
    //略，同图 3-4 所示
  }
  else
  { //登录失败后，弹出信息提示框
    //略
  }
}
```

图3-6 加入Session后的“登录”按钮事件处理程序

3.2.2 相关知识

1. Cookie

Cookie是服务器保存在用户计算机中的一个小文件，它由服务器端生成，然后发送给User-Agent（一般是浏览器）。浏览器会将Cookie的key/value保存到某个目录下的文本文件内，下次请求同一网站时就发送该Cookie给服务器（前提是浏览器设置为启用Cookie）。Cookie名称和值可以在进行服务器端开发时自定义。

（1）创建Cookie的语法如下：

```
Response.Cookies["StuNo"].Value=value
```

读取Cookie的语法如下：

（2）`Request.Cookies["StuNo"]`

2. Response对象

Response对象用于从服务器向用户发送输出的结果。表3-2～表3-4分别列出了该对象的集合、属性和方法。

表3-2 Response对象的集合

集　合	描　述
Cookies	设置Cookie的值。假如不存在，就创建Cookie，然后设置指定的值

表3-3 Response对象的属性

属　性	描　述
Buffer	设定是否缓存页面的输出
CacheControl	设置代理服务器是否可以缓存由ASP产生的输出

续表

属　性	描　述
Charset	将字符集的名称追加到 Response 对象中的 content-type 报头
ContentType	设置 Response 对象的 HTTP 内容类型
Expires	设置页面在失效前的浏览器缓存时间（分）
ExpiresAbsolute	设置浏览器上页面缓存失效的日期和时间
IsClientConnected	指示客户端是否已从服务器断开
Pics	向 Response 报头的 PICS 标志追加值
Status	设定由服务器返回的状态行的值

表 3-4　Response 对象的方法

方　法	描　述
AddHeader	向 HTTP 响应添加新的 HTTP 报头和值
AppendToLog	向服务器记录项目（Server Log Entry）的末端添加字符串
BinaryWrite	在没有任何字符转换的情况下直接向输出写数据
Clear	清除已缓存的 HTML 输出
End	停止处理脚本，并返回当前的结果
Flush	立即发送已缓存的 HTML 输出
Redirect	把用户重定向到另一个 URL
Write	向输出设备写指定的字符串

3. Request 对象

Request 对象的作用是与客户端交互，收集客户端的 Form、Cookies 和超链接，或者收集服务器端的环境变量。

Request 对象是从客户端向服务器发出请求，该请求包括用户提交的信息以及客户端的一些信息。客户端可通过 HTML 表单或在网页地址后面提供参数的方法来提交数据，然后通过 Request 对象的相关方法来获取这些数据。Request 的各种方法主要用来处理包含在客户端浏览器提交的请求中的各参数和选项。表 3-5 ~ 表 3-7 分别列出了 Request 对象的集合、属性和方法。

表 3-5　Request 对象的集合

集　合	描　述
ClientCertificate	包含了存储于客户证书中的域值（Field Values）
Cookies	包含了 HTTP 请求中发送的所有 Cookie 值
Form	包含了使用 post 方法发送的所有的表单（输入）值
QueryString	包含了 HTTP 查询字符串中所有的变量值
ServerVariables	包含了所有的服务器变量值

表 3-6　Request 对象的属性

属　性	描　述
TotalBytes	返回在请求正文中客户端所发送的字节总数

表 3-7 Request 对象的方法

方法	描述
BinaryRead	取回作为 post 请求的一部分而从客户端送往服务器的数据，并把它存放到一个安全的数组之中

4. Session

（1）Session 的概念：Session 简单来说就是服务器给客户端的一个编号。当一台 WWW 服务器运行时，可能同时有若干个用户浏览运行于此服务器上的网站。当每个用户首次和这台 WWW 服务器建立连接时，他就和这个服务器建立了一个 Session，同时服务器会自动为其分配一个 SessionID，用以标识这个用户的唯一身份。这个 SessionID 是由 WWW 服务器随机产生的一个由 24 个字符组成的字符串。

这个唯一的 SessionID 有其非常大的实际意义。当一个用户提交了表单时，浏览器会将用户的 SessionID 自动附加在 HTTP 头信息中（浏览器自动实现，用户不会察觉到）。而服务器处理完这个表单后，会将结果返回给 SessionID 所对应的用户。试想，如果没有 SessionID，当有两个用户同时注册时，服务器怎样才能知道到底是哪个用户提交了哪个表单呢？

除了 SessionID，每个 Session 中还包含很多其他信息。但对于 ASP 或 ASP.NET 编程来说，最有用的还是通过访问 ASP/ASP.NET 的内置 Session 对象为每个用户存储其对话信息。

（2）Session 的存储：由上面的介绍可以看出，应该在两个地方存储 Session 状态，分别为客户端和服务器端。客户端只负责保存相应网站的 SessionID，而其他的 Session 信息则保存在服务器端。在 ASP 中，客户端的 SessionID 实际上是以 Cookie 的形式存储的。如果用户在浏览器的设置中选择了禁用 Cookie，就无法享受 Session 带来的便利，甚至不能访问某些网站。为了解决以上问题，在 ASP.NET 中，客户端的 Session 信息存储方式分为 Cookie 和 Cookieless 两种。

（3）Session 的用法：

```
Session["变量名"]=值;
```

3.3 聊天信息显示

当用户通过身份验证后，就进入聊天室页面 chat.aspx。下面就逐步实现一个聊天室页面。

3.3.1 操作步骤

（1）在网站中添加新网页 chat.aspx。参照图 3-2，利用表格布局完成界面搭建。在页面的上方和下方放置的控件如表 3-8 所示。

表 3-8 控件属性设置

控件名称	控件类型	属性名称	属性值
btnSubmit	Button	Text	提交
txtMessage	TextBox	Text	
lblUserName	Label	Text	
lblCount	Label	Text	

（2）中间显示聊天内容的区域，放置的是一个 iframe，需要在源视图中输入如下代码：

```
<iframe src="ShowChat.aspx" width="100%" height="300" ></iframe>
```

（3）在页面左上方显示欢迎信息。登录用户名通过 login.aspx 页面保存到 Session 中，这里只需取出并显示即可。在 Page_Load 事件处理程序中输入如图 3-7 所示的代码。

```
protected void Page_Load(object sender, EventArgs e)
{
   if (!IsPostBack)
   {
      lblUserName.Text= "欢迎" + Session["StuNo"] + "光临" ;
   }
}
```

图 3-7　Page_Load 事件处理程序

（4）在页面右上方显示访问人数。这里要用到一个新的服务器内置对象 Application，该内置对象的用法与 Session 类似，两者的区别在于 Session 中存储的信息只对该会话的用户可见，而 Application 存储的信息能够供访问该网站的所有用户访问。修改 Page_Load 事件处理程序，如图 3-8 所示。

```
protected void Page_Load(object sender, EventArgs e)
{
   if (!IsPostBack)
   {
      lblUserName.Text= "欢迎" + Session["StuNo"] + "光临" ;
      Application.Lock(); //给 Application 加锁
      if(Application["Count"]==null)  //如果该 Application 变量不存在,
       Application["Count"]=1;        //则创建一个，设置初始值为 1
      else
       Application["Count"] =(int)Application["Count"] + 1;
      Application.UnLock();           //给 Application 解锁
      lblCount.Text = "您是第" + Application["Count"] + "位访客";
   }
}
```

图 3-8　修改 Page_Load 事件处理程序

（5）双击“提交”按钮，在该按钮的 Click 事件处理程序中输入如图 3-9 所示的代码。在该事件处理程序中，将用户的聊天信息发送到网站上。由于该信息要为所有用户共享，一般的做法是将这些信息放置到数据库中。在这里，出于简化的目的，将聊天信息保存到 Application 中。

```
protected void btnSubmit_Click(object sender, EventArgs e)
{
   Application.Lock(); //给 Application 加锁
   if (Application["chat"]!=null)
   {
    Application["chat"]=Application["chat"].ToString() +Session["StuNo"]
       + "在" +DateTime.Now.ToString("HH:mm")+"说: " + txtChat.Text + "<br>";
   }
   else
   {
    Application["chat"]=Session["StuNo"]+"在" + DateTime.Now.ToString("HH:mm")
    +"说: "+txtChat.Text+"<br>";
   }
   Application.UnLock(); //给 Application 解锁
}
```

图 3-9　btnSubmit_Click 事件处理程序

（6）创建新网页 ShowChat.aspx，用来显示聊天的信息。在该页面的 Page_Load 事件处理程序中输入如下代码，如图 3-10 所示。

```
protected void Page_Load(object sender, EventArgs e)
{
   if(Application["chat"]!=null)
     Response.Write(Application["chat"].ToString());
}
```

图 3-10　ShowChat.aspx 页面中的 Page_Load 事件处理程序

（7）测试程序发现，当用户发送聊天信息时，信息不会自动显示在聊天区域，而需要手动刷新页面才能显示出来。那能否让页面自动刷新呢？打开 ShowChat.aspx 页面，切换到源视图，修改<head>和</head>标记之间的代码，如图 3-11 所示。

```
<head runat="server">
    <title>无标题页</title>
    <meta http-equiv="refresh" content="10" />
</head>
```

图 3-11　修改 ShowChat.aspx 页面的<head>和</head>中的代码

3.3.2　相关知识

1. Application 对象

Application 对象可以用来在网站的所有用户间共享信息，可以在服务器运行期间长久保存数据。该对象的方法如下：

（1）lock 方法：用于锁定 Application 对象，禁止别人修改 Application 对象的属性。lock 方法确保同一段时间内仅有一个用户在对 Application 对象执行操作。

（2）unlock 方法：和 lock 方法相反，用来解除锁定，允许修改 Application 对象的属性。当锁定对象后，可以用 unlock 方法来解除锁定。假如用户没有明确调用 unlock 的方法，则服务器会在文件结束或者超时自动解除对 Application 对象的锁定。

2. meta 标签

meta 是 HTML head 区的一个辅助性标签。几乎在所有的网页里都可以看到类似下面的 HTML 代码：

```
<head>
<meta http-equiv="content-Type" content="text/html; charset=gb2312">
</head>
```

meta 标签共有两个属性，分别是 http-equiv 属性和 name 属性，不同的属性又有不同的参数值，不同的参数值则实现不同的网页功能。

（1）name 属性：主要用于描述网页，与之对应的属性值在 content 中指定，content 中的内容主要是便于搜索引擎查找和分类信息用的。

meta 标签的 name 属性语法格式：

```
<meta name="参数" content="具体的参数值">
```

其中，name 属性主要有以下几种参数：

- keywords（关键字）：用来告诉搜索引擎网页的关键字是什么，示例如下。

```
< meta  name="keywords"  content="science ← education,culture,  politics,
ecnomics, relationships, entertaiment, human">
```

- description（网站内容描述）：用来告诉搜索引擎网站的主要内容，示例如下。

```
<meta name="description" content="This page is about the meaning of science, education,culture.">
```

- robots（机器人向导）：用来告诉搜索机器人哪些页面需要索引，哪些页面不需要索引。

content 的参数有 all、none、index、noindex、follow 和 nofollow。默认值是 all。

```
<meta name="robots" content="none">
```

- author（作者）：标注网页的作者，示例如下。

```
<meta name="author" content="root,root@21cn.com">
```

（2）http-equiv 属性：相当于 HTTP 的文件头，它可以向浏览器传回一些有用的信息，以帮助正确且精确地显示网页内容，与之对应的属性值在 content 中指定，content 中的内容其实就是各个参数的变量值。

meta 标签的 http-equiv 属性语法格式：

```
<meta http-equiv="参数" content="参数变量值">
```

其中，http-equiv 属性主要有以下几种参数。

- expires（期限）：可以用于设定网页的到期时间。一旦网页过期，必须到服务器上重新传输，示例如下。

```
<meta http-equiv="expires" content="Fri, 12 Jan 2001 18:18:18 GMT">
```

注意：必须使用 GMT 的时间格式。

- Pragma（cache 模式）：禁止浏览器从本地计算机的缓存中访问页面内容，示例如下。

```
<meta http-equiv="Pragma" content="no-cache">
```

注意：这样设定时，访问者将无法脱机浏览。

- Refresh（刷新）：自动刷新并指向新页面，示例如下。

```
<meta http-equiv="Refresh" content="2; URL=http://www.root.net">
```

注意：其中的 2 是指停留 2 s 后自动刷新并定向到 URL 网址。

- Set-Cookie（cookie 设定）：如果网页过期，那么存盘的 Cookie 将被删除，示例如下。

```
< meta  http-equiv="Set-Cookie"  content="cookievalue=xxx;  expires=Friday, 16-Jan-2016 18:18:18 GMT;  path=/">
```

注意：必须使用 GMT 的时间格式。

- Window-target（显示窗口的设定）：强制页面在当前窗口以独立页面显示，示例如下。

```
<meta http-equiv="Window-target" content="_top">
```

注意：可用来防止别人在框架里调用自己的页面。

- content-Type（显示字符集的设定）：设定页面使用的字符集，示例如下。

```
<meta http-equiv="content-Type" content="text/html; charset=gb2312">
```

小　结

本章通过一个简易的聊天室项目，重点讲解了服务器端内置对象的功能和用法。

1. Request 和 Response 对象

Request 对象的作用是与客户端交互，收集客户端的 Form、Cookies、超链接，或者收集服务器端的环境变量。Response 对象用于从服务器向用户发送输出的结果。

2. Cookie、Session和Application对象

简单而言，Session和Cookie是针对每个用户的，Application则是对所有用户都有效。Session和Application存储在服务器上，Cookie则存储在客户端。一次浏览过程结束后Session就没了，Cookie却可以保存很久。

练　习

完成一个在线调查功能，创建两个网页。一个页面显示问卷，即用户进入该网页后，填写问卷，并单击"提交"按钮后，系统会将调查的结果保存在Application中；另一个显示统计结果。

扩充练习：

（1）如何保存密码？

（2）设置聊天内容的字体、颜色、大小等。

（3）如何在聊天信息中插入各种表情（比如高兴、害羞、生气等）及图片（如玫瑰花等）？

自学：　查询字符串QueryString的用法。

第4章 学生登录

学习目标：

- 了解 ADO.NET 的基本架构。
- 了解简单 Web 控件的使用。
- 会利用 ADO.NET 开发数据库应用程序。
- 完成学生登录的功能。

上一章中实现了学生简易聊天室的功能模块，但其中的登录功能由于缺少数据库的支持，只是采取了一种模拟方式来实现。本章将尝试结合数据库实现学生登录功能。

4.1 学生登录功能演示

1. 附加数据库

因为登录时需要访问数据库验证用户名和密码，所以，首先要附加数据库。具体步骤如下：

（1）打开 SQL Server Management Studio。选择“开始”→“所有程序”→Microsoft SQL Server 2008→SQL Server Management Studio 命令。

（2）展开窗口左侧“对象资源管理器”窗口的树形控件，选择 Databases 结点，如图 4-1 所示。

（3）右击 Databases 结点，在弹出的快捷菜单中选择 Attach 命令，如图 4-2 所示。

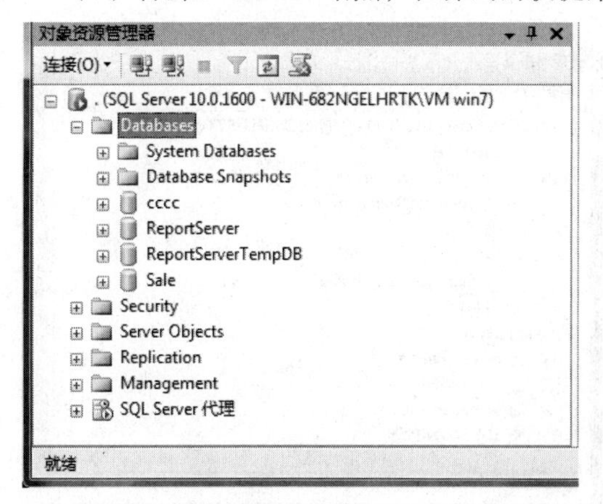

图 4-1 展开“对象资源管理器”窗口左侧的树形控件

图 4-2 右击数据库结点

（4）系统弹出“附加数据库”对话框，如图 4-3 所示。单击“添加”按钮，弹出“定位数据库文件”对话框，选择 Xk_Data.MDF 文件，单击“确定”按钮即可，如图 4-4 所示。

（5）此时展开对象资源管理器窗口左侧的树形控件，可以看到数据库结点下出现了 Xk 数据库，如图 4-5 所示。

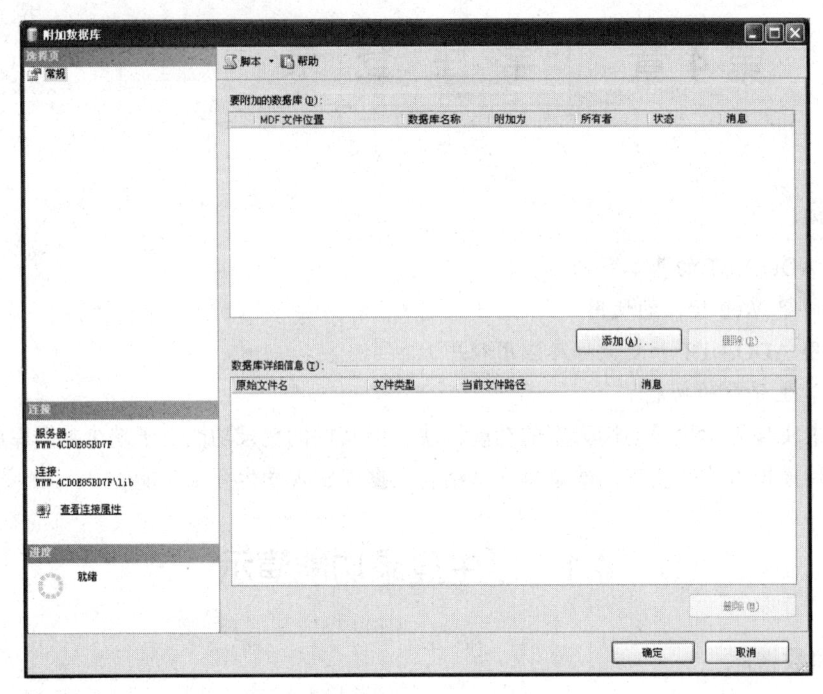

图 4-3 “附加数据库”对话框

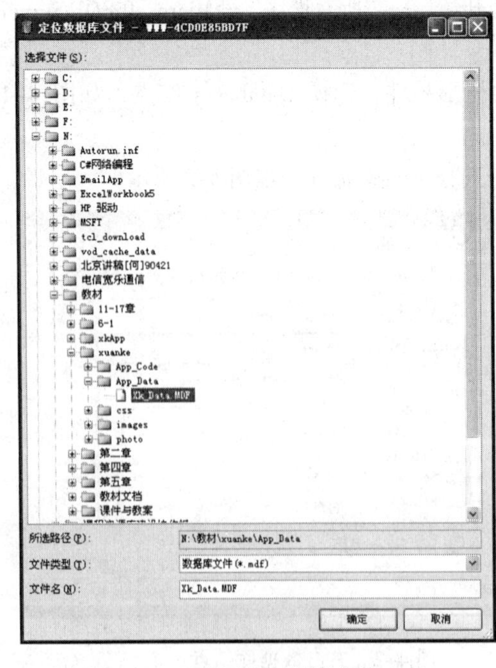

图 4-4 选择要附加的数据库文件

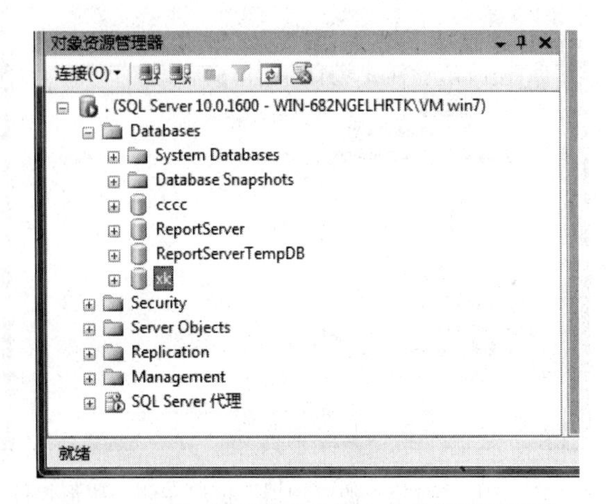

图 4-5 附加数据库成功后，对象资源管理器中显示的信息

2. 登录演示

输入学生学号（00000001）和密码（请到 student 表中查询）作为登录系统的用户名和密码，如图 4-6 所示。单击“登录”按钮后，系统将查询 Xk 数据库中的 Student 表，若验证通过，用户即可进入聊天室页面，如图 4-7 所示。

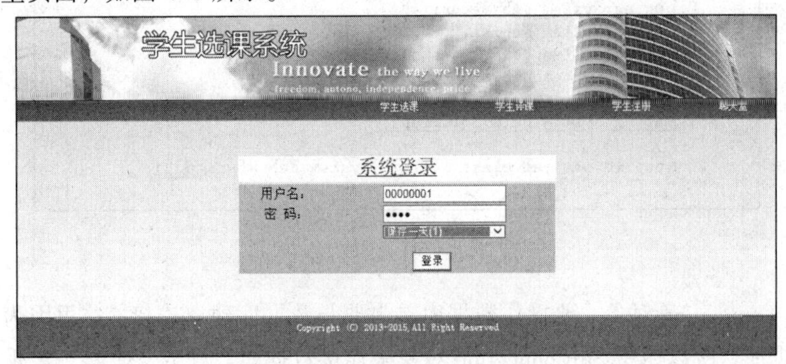

图 4-6　输入用户名和密码

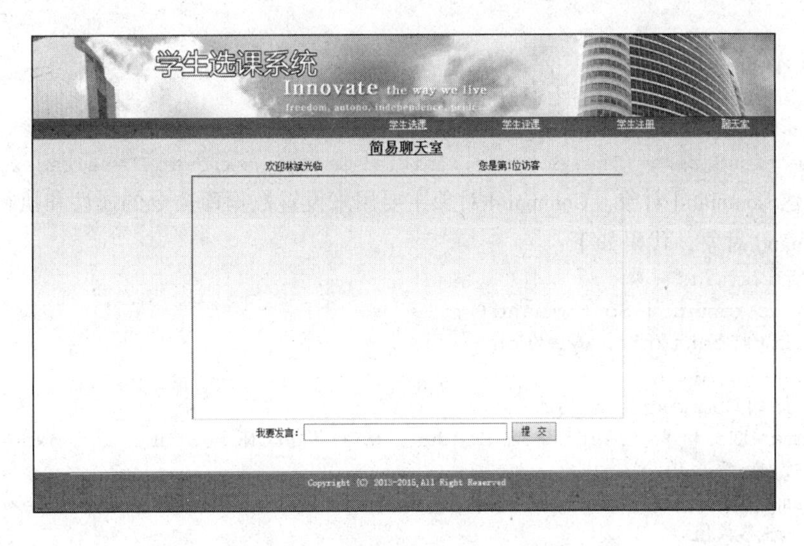

图 4-7　登录成功后进入聊天室

4.2　学生登录功能的实现

本节中将以实现学生登录功能为例，详细描述如何通过代码操作数据库。

4.2.1　操作步骤

（1）分析要实现的登录操作，需要解决 3 个问题：① 如何通过代码连接数据库；② 如何执行 SQL 语句；③ 如何获取和处理 SQL 语句查询结果。切换到“设计”视图，双击“登录”按钮跳转到代码的相应位置。

（2）引入名称空间。在 login 类的上方输入 using System.Data.SqlClient;，引入 System.Data.

SqlClient 名称空间，如图 4-8 所示。

```
1  using System;
2  using System.Data;
3  using System.Configuration;
4  using System.Collections;
5  using System.Web;
6  using System.Web.Security;
7  using System.Web.UI;
8  using System.Web.UI.WebControls;
9  using System.Web.UI.WebControls.WebParts;
10 using System.Web.UI.HtmlControls;
11 using System.Data.SqlClient;
12
13 public partial class login : System.Web.UI.Page ...
66
```

图 4-8　引入名称空间

（3）创建 Connection 对象。要操作数据库首先要与数据库建立连接，这里因为访问的是 SQL Server 2008 数据库，所以使用 SqlConnection 对象来连接数据库。双击“登录”按钮，转到其 Click 事件处理程序 protected void Button1_Click(object sender，EventArgs e){}中，在大括号内输入如下代码：

```
//创建 SqlConnection 对象 cn
SqlConnection cn=new SqlConnection();
//设置 cn 的连接串信息
cn.ConnectionString="Data Source=.;Initial Catalog=xk;User ID=sa;Password =123456"
```

（4）创建 Command 对象。Command 对象主要用来设置数据库命令的属性和执行方法。这里使用 SqlCommand 对象，代码如下：

```
//创建 SqlCommand 对象 cmd
SqlCommand cmd=new SqlCommand();
//设置 cmd 的 Connection 属性为 cn
cmd.Connection=cn;
//设置 cmd 的 CommandText 属性
cmd.CommandText="select*from Student where StuNo=@StuNo and pwd=@pwd";
//设置@StuNo 参数值
cmd.Parameters.Add("@StuNo", SqlDbType.Char, 8).Value=txtUserName.Text. Trim();
//设置@pwd 参数值
cmd.Parameters.Add("@pwd",    SqlDbType.Char,    8).Value=txtPassword.Text.
Trim();
```

（5）执行 SQL 语句，将查询结果放入 SqlDataReader 对象。

```
//打开连接
cn.Open();
//执行 SQL 语句，将查询结果放入 SqlDataReader 对象中
SqlDataReader dr = cmd.ExecuteReader();
```

（6）处理查询结果。如果 dr.Read()返回值为 true，表明 Student 表中存在与所输入的用户名、密码匹配的记录，即登录成功；否则表示登录失败，代码如下：

```
if (dr.Read())
{//登录成功
   Response.Cookies["StuNo"].Value=txtUserName.Text.Trim();
   Response.Cookies["Password"].Value=txtPassword.Text.Trim();
   Response.Cookies["StuNo"].Expires=DateTime.Now.AddDays(int.Parse  (dpExpires.
```

```
SelectedValue));
   Response.Cookies["Password"].Expires = DateTime.Now.AddDays(int.Parse (dp
Expires.SelectedValue));
   Session["StuName"] = dr["StuName"].ToString();
   Response.Redirect("chat.aspx");
}
else
{//登录失败
   Literal lit=new Literal();
     lit.Text = "<script language='javascript'>window.alert('登录失败')</script>";
   Page.Controls.Add(lit);
}
```

（7）关闭连接。执行完操作后需要关闭连接，代码如下：

```
cn.Close();
```

4.2.2　相关知识

1. ADO.NET 简介

ADO.NET 的名称起源于 ADO（ActiveX Data Objects），这是一个广泛的类组，用于在以往的 Microsoft 技术中访问数据。之所以称之为 ADO.NET 是因为 Microsoft 希望将它作为在.NET 编程环境中优先使用的数据访问接口。

ADO.NET 提供了平台互用性和可伸缩的数据访问。它增强了对非连接编程模式的支持，并支持 Rich XML。由于传送的数据都采用 XML 格式，因此任何能够读取 XML 格式的应用程序都可以进行数据处理。事实上，接受数据的组件不一定要是 ADO.NET 组件，它可以是基于一个 Microsoft Visual Studio 的解决方案，也可以是任何运行在其他平台上的任何应用程序。ADO.NET 是一组用于和数据源进行交互的面向对象类库。通常情况下，数据源是数据库，但它同样也可以是文本文件、Excel 表格或者 XML 文件。

ADO.NET 允许和不同类型的数据源以及数据库进行交互。然而并没有与此相关的一系列类来专门完成这样的工作。因为不同的数据源采用不同的协议，所以对于不同的数据源必须采用相应的协议。通常，一些老式的数据源使用 ODBC 协议，许多新的数据源使用 OlEDB 协议，并且现在还不断出现更多的数据源，而这些数据源都可以通过.NET 的 ADO.NET 类库来进行连接。

ADO.NET 提供与数据源交互的相关的公共方法，但是对于不同的数据源应采用不同的类库。这些类库被称为 Data Provider，并且通常是以与之交互的协议和数据源的类型来命名的。

下面的表 4-1 列出了一些常见的 Data Provider，以及它们所使用的 API 前缀和支持的数据源类型。

表 4-1　常用 Data Provider

Provider	API 前缀	数据源描述
ODBC Data Provider	Odbc	提供 ODBC 接口的数据源。一般是比较老的数据库
OleDb Data Provider	OleDb	提供 OleDb 接口的数据源，比如 Access 或 Excel
Oracle Data Provider	Oracle	Oracle 数据库
SQL Data Provider	Sql	Microsoft SQL Server 数据库
Borland Data Provider	Bdp	通用的访问方式能访问许多数据库，比如 Interbase、SQL Server、IBM DB2 和 Oracle

2. ADO.NET 中的主要对象

图 4-9 说明 .NET Framework 数据提供程序与 DataSet 之间的关系。

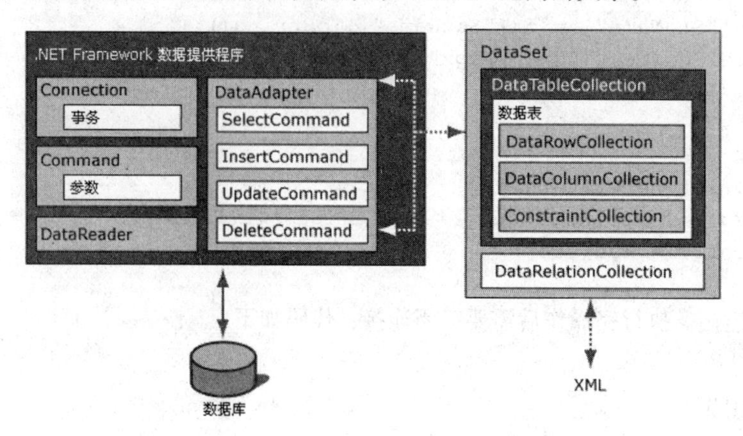

图 4-9 ADO.NET 对象模型中各个对象之间的相互关系

（1）Connection 对象：要和数据库交互，必须先连接它。连接用于指明数据库服务器、数据库名称、用户名、密码，以及连接数据库所需要的其他参数。Connection 对象会被 Command 对象使用，这样就能够知道是在哪个数据库上面执行命令。

与数据库交互意味着必须指明想要执行的操作。这是依靠 Command 对象执行的，可使用 Command 对象来发送 SQL 语句给数据库。Command 对象通过 Connection 对象来指定与哪个数据库连接。可以单独使用 Command 对象来直接执行命令，也可以将一个 Command 对象的引用传递给 SqlDataAdapter，它保存了一组能够操作一组数据的命令。Connection 对象的 ConnectionString 属性的参数如表 4-2 所示。

表 4-2 Connection 对象的 ConnectionString 属性的参数

参 数	描 述	默 认 值
Connection Timeout 或 Connect Timeout	在数据源终止尝试和返回错误提示信息之前，连接到服务器所需等待的时间秒数	15 s
Initial Catalog 或 Database	打开连接后要打开的数据库的名称	空
Data Source （或 Server）	数据库所处的位置和包含它的文件	空
Integrated Security 或 Trusted_Connection	如果此参数值为 false，则必须指定其中的 User ID 和 Password。如果其值为 true，则数据源使用当前身份验证的 Microsoft Windows 账户凭证。其可识别值为 true、false、yes、no 以及 sspi （强烈推荐），sspi 等价于 true	
User ID 或者 uid	如果 Integrated Security 设置为 false，则该参数为要使用的数据源登录账户	
Password 或者 Pwd	如果 Integrated Security 设置为 false，则该参数为要使用的数据源登录账户密码	
Persist Security Info	如果此参数值为 false，且正在打开连接或已在连接打开状态时，数据源将不返回安全敏感信息，例如密码	默认为 false

（2）Command 对象：数据建立连接后，就可以用 Command 对象来执行查询、修改、插入、删除等命令。Command 对象常用的方法有 ExecuteReader() 方法、ExcuteScalar() 方法和 ExecuteNonQuery()方法，而插入数据等无须返回结果集的操作可用 ExecuteNOnQuery 方法来执行命令。Command 对象的属性及其描述如表 4-3 所示，Command 对象的 CommandType 属性取值及描述如表 4-4 所示，Command 对象的常用方法如表 4-5 所示。

表 4-3　Command 对象的属性及其描述

属　性	描　述
CommandText	要对数据源执行的 SQL 语句或存储过程
CommandTimeout	在终止执行命令的尝试并生成错误提示信息之前的等待时间（单位：秒）
CommandType	指示如何解释 CommandText 属性，默认值是 Text
Connection	Command 对象所要使用的 Connection
Parameters	Parameters 集合 （例如 SQL 语句或者存储过程中的参数）

表 4-4　Command 对象的 CommandType 属性取值及描述

属 性 值	描　述
StoredProcedure	指示 CommandText 属性所包含的是要执行的存储过程的名称
TableDirect	指示 CommandText 属性所包含的是要访问的一个表的名称，从此表中将取出所有的列和行
Text	指示 CommandText 属性包含的是要执行的 SQL 命令（此为默认值）

表 4-5　Command 对象的常用方法

方　法	描　述
Cancel()	取消命令的执行
CreateParameter()	创建 SqlParameter 对象的新实例
ExecuteScalar()	执行命令并返回查询结果集中第一行的第一列。忽略额外的列或行
ExecuteNonQuery()	执行命令并返回受影响的行数
ExecuteReader()	执行命令并返回一个 DataReader 对象

（3）DataReader 对象：有时，许多数据操作都只是读取一串数据。通过 DataReader 对象可以获得从 Command 对象的 SELECT 语句得到的结果。考虑性能的因素，从 DataReader 返回的数据都是快速的且只是“向前”的数据流。这意味着只能按照一定的顺序从数据流中取出数据。这虽然有利于提高速度，但如果需要操作数据，更好的办法是使用 DataSet 对象。

（4）DataSet 对象：数据在内存中的表示形式，它包括多个 DataTable 对象。而 DataTable 包含列和行，类似一个普通数据库中的表。有时，甚至能够定义表之间的关系来创建主从关系（Parent-Child Relationships）。DataSet 一般是在特定场合下使用——帮助管理内存中的数据并支持对数据的断开操作。DataSet 对象能被所有的 DataProviders 使用，因此它并不像 DataProvider 一样需要特别的前缀。

（5）DataAdapter 对象：有时，使用的数据主要是只读的，并且很少需要将其改变成底层的数据源；有时，则要求在内存中缓存数据，以减少不经常改变的数据被数据库调用的次数。对此，可通过 DataAdapter 断开模型来完成对以上情况的处理。当使用的数据主要是只读的，并且很少需要将其改变写入底层数据源时，或者当需要在内存中缓存数据，以此来减少并不改变的数据对数据库调用的次数时，DateAdapter利用断开模型来方便用户处理这种情况，此时DataAdapter首先自动打开数据库连接，通过fill方法将数据填充到DataSet或DataTable对象中，然后断开与数据库的连接。

当数据修改完成后，需要将修改过后的数据批量更新到数据库时，DataAdapter可以将 DataSet或DataTable中的INSERT、UPDATE和DELETE操作分组发向服务器，而不是每次发送一项操作。因而减少了与服务器的往返次数，通常可以大大提高性能。可以为DataSet中的每一个table都定义DataAdapter，它将维护所有与数据库的连接。只需要告诉DataAdapter什么时候装载或者写入到数据库即可。

ADO.NET是与数据源交互的.NET技术。有许多Data Providers可用于与不同的数据源交互，具体要根据它们所使用的协议或者数据库。然而无论使用什么样的Data Provider，用于与数据源交互的对象都是相似的。对于连接 SQL Server 数据库，ADO.NET 专门提供了 SqlConnection、SqlCommand、SqlDataAdapter、SqlDataReader等对象。而对于OleDb类型的Data Provider，ADO.NET提供了一组OleDbConnection、OledbCommand、OleDbDataAdapter、OleDbDataReader对象。

3. 利用DataReader获取数据

DataReader对象以“基于连接”的方式来访问数据库。也就是说，在访问数据库，执行SQL操作时，DataReader 要求一直连在数据库上。这将会给数据库的连接负载造成一定的压力，但DataReader对象的工作方式将在很大程度上减轻这种压力。

DataReader 对象允许以顺序的、只读的方式读取用 Command 对象获得的数据结果集。由于DataReader 只执行读操作，并且每次只在内存缓冲区里存储结果集中的一条数据，所以使用DataReader对象的效率比较高。如果要查询大量数据，同时不需要随机访问和修改数据，DataReader是优先的选择。

在SQL Server Data Provider里的DataReader对象被称为SqlDataReader，而在OLE DB Data Provider里则被称为OleDbDataReader。

（1）DataReader对象的常用属性如下：

- FieldCount属性：表示由DataReader得到的一行数据中的字段数。
- HasRows属性：表示DataReader是否包含数据。
- IsClosed属性：表示DataReader对象是否关闭。

（2）DataReader对象的常用方法如下：

DataReader 对象使用指针的方式来管理所连接的结果集，它的常用方法包括关闭、读取记录集下一条记录和读取下一个记录集、读取记录集中字段和记录，以及判断记录集是否为空的方法。

- Close()方法：该方法不带参数，无返回值，用来关闭 DataReader 对象。由于 DataReader在执行SQL命令时一直要保持同数据库的连接，所以在DataReader对象开启的状态下，该对象所对应的Connection连接对象不能用来执行其他的操作。因此，在使用完DataReader对象时，一定要使用Close方法关闭该DataReader对象，否则不仅会影响到数据库连接的效率，更会阻止其他对象使用Connection连接对象来访问数据库。
- bool Read()方法：该方法会让记录指针指向本结果集中的下一条记录，返回值是 true 或false。当Command的ExecuteReader()方法返回DataReader对象后，必须用Read方法来获得第一条记录；当读好一条记录想获得下一下记录时，也可以用 Read 方法。如果当前记录已经是最后一条，调用 Read()方法将返回 false。也就是说，只有该方法返回 true，才可以访问当前记录所包含的字段。

- bool NextResult()方法：该方法会让记录指针指向下一个结果集。当调用该方法获得下一个结果集后，依然要用 Read()方法来开始访问该结果集。
- Object GetValue（int i）方法：该方法根据传入的列的索引值，返回当前记录行里指定列的值。由于事先无法预知返回列的数据类型，所以该方法使用 Object 类型来接收返回数据。
- int GetValues（Object[] values）方法：该方法会把当前记录行里所有的数据保存到一个数组里并返回。可以使用 FieldCount 属性来获知记录里字段的总数，以此来定义接收返回值的数组长度。

（3）DataReader 对象访问数据库代码示例如下。

下面的代码将说明如何利用 DataReader 对象获得并访问结果集。

```
string strConnect = " Data Source=.;Initial Catalog=xk;User ID=sa;Password =123456";
SqlConnection objConnection=new SqlConnection(strConnect);
SqlCommand objCommand=new SqlCommand("", objConnection);
// 设置查询类的 SQL 语句
objCommand.CommandText="SELECT * FROM Student";
try
{
    // 打开数据库连接
    if(objConnection.State==ConnectionState.Closed)
    {
       objConnection.Open();
    }
    // 获取运行结果
    SqlDataReader result=objCommand.ExecuteReader();
    //如果 DataRead 对象成功获得数据，返回 true，否则返回 false
    if (result.Read()==true)
    {
        // 输出结果集中的各个字段
        Response.Write(result["StuNo"].ToString());
        Response.Write(result["StuName"].ToString());
    }
}
catch(SqlException e)
{
   Response.Write(e.Message.ToString());
}
finally
{
   // 关闭数据库连接
   if(objConnection.State==ConnectionState.Open)
   {
      objConnection.Close();
   }
   // 关闭 dataRead 对象
   if(result.IsClosed==false)
```

```
        {
        result.Close();
        }
    }
```

注意：Connection对象的连接超出范围时并不会自动关闭。垃圾回收程序会收集该对象实例，但不会关闭连接。因此，必须在连接对象超出范围之前，通过调用Close()或Dispose()方法，显式地关闭连接。

要使用SqlDataReader，必须调用SqlCommand对象的ExecuteReader()方法来创建，而不要直接使用构造函数。

DataReader提供未缓冲的数据流，该数据流使过程逻辑可以有效地按顺序处理从数据源中返回的结果。由于数据不在内存中缓存，所以在检索大量数据时，DataReader是一种更好的选择。另外值得注意的是，DataReader在读取数据时，限制每次只能读取一条，这样无疑提高了读取效率，一般适用于返回结果只有一条数据的情况。如果返回的是多条记录，则要慎用此对象。

上面的程序通过捕获System.Data.SqlClient.SqlException类来捕获SqlException异常。SqlException类中的主要属性如表4-6所示，其中，Number属性确定所出现的特定错误。表4-7列出了一些常用的SQL错误号及其描述；Class属性描述了SQL Server返回的错误的严重度等级，如表4-8所示。

表4-6 SqlException类中的主要属性

属性	描述
Class	获取从SQL Server返回的错误的严重度等级
LineNumber	从包含错误的Transact-SQL批处理命令或存储过程中获取行号
Message	获取描述错误信息的文本
Number	获取一个标识错误类型的数字

表4-7 一些常用的SQL错误及其描述

SQL错误号	描述
17	服务器名称无效
4060	数据库名称无效
18456	用户名或密码无效

表4-8 SQL返回错误的严重等级

严重度	描述	行为
1~10	信息消息，指示因用户输入信息中的错误而引起的问题	连接仍然打开，以便继续工作
11~16	由用户生成	可以由用户更正
17~19	软件错误或硬件错误	可以继续工作，但或许不能执行特定语句。SqlConnection仍是打开的
20~25	软件错误或硬件错误	服务器关闭SqlConnection。用户可以重新打开连接

小　结

下面以访问 SQL Server 数据库为例，来归纳一下采用 ADO.NET 数据访问接口访问数据库的一般过程：

（1）建立与数据库的连接——SqlConnection 对象。

（2）设置 SQL 语句——SqlCommand 对象。

（3）执行 SQL 语句，返回结果——调用 SqlCommand 对象的 ExcuteReader()方法。

（4）处理结果——处理 SqlDataReader 对象中的数据。

练　习

1. 创建一个新网页，将 Xk 数据库 Student 表中的内容以表格的形式显示出来。

2. 在项目中添加异常处理，提示具体的出错原因：例如，服务器名称无效或用户名或密码无效等。

第5章 学 生 注 册

学习目标：

- 了解常用 Web 控件的使用。
- 了解验证控件的使用。
- 熟练掌握使用 ADO.NET 开发数据库应用的技能。
- 完成学生注册的功能。

上一章中实现了学生简易聊天室的功能模块，但其中的登录功能由于缺少数据库的支持，只是采取了一种模拟方式来实现。本章将尝试结合数据库实现学生登录功能。

5.1 学生注册功能演示

学生注册功能实际上就是向学生表中添加新记录。当用户进入学生注册页面后，可以输入学生的相关信息，然后单击“注册”按钮，当学生信息成功保存到数据库后，会弹出“学生信息注册成功”的提示信息，如图 5-1 所示。

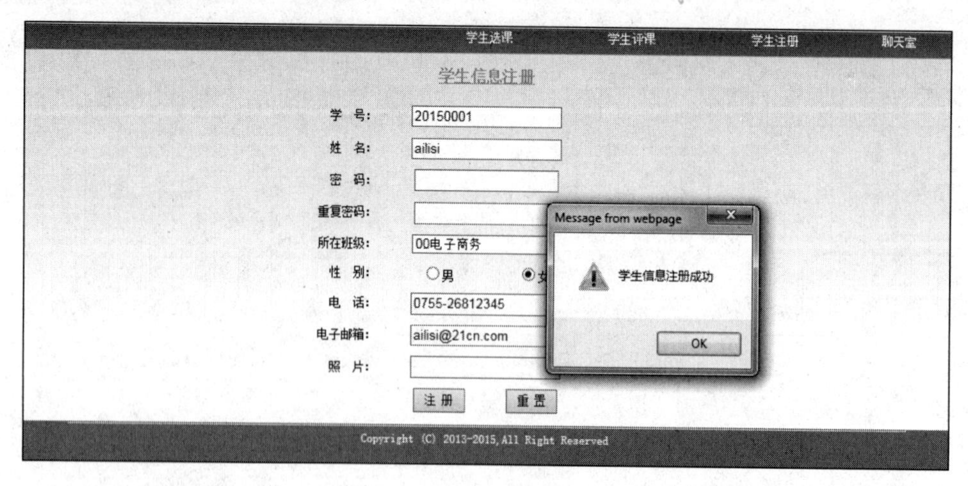

图 5-1 学生注册页面

另外，要实现验证用户输入信息的功能，当信息不符合系统要求时，会自动给出提示信息，如图 5-2 所示。

因此，要实现学生注册功能主要需要解决两大问题：如何将学生信息保存到数据库（注册功能）和对学生信息进行验证（验证功能）。

图 5-2　输入信息验证

5.2　注册功能的实现

5.2.1　操作步骤

（1）可参照图 5-1 和图 5-2 中的页面显示效果，以表格布局方式设置页面，并拖动控件搭建页面的界面。具体操作可参见 2.2 节中的相关步骤。界面中控件的名称和属性设置如表 5-1 所示。

表 5-1　界面中控件的名称和属性设置

控件类型	控件名称	属性名称	属性值	备注
TextBox	txtStuNo	Text		接受学号信息
TextBox	txtStuName	Text		接受姓名信息
TextBox	txtPwd	Text		接受密码信息
		TextMode	Password	
TextBox	txtConfirm	Text		接受重复密码信息
		TextMode	Password	
TextBox	txtClass	Text		接受班级信息
RadioButtonList	rbtSex	Items	男，女	选择性别信息
		RepeatDirection	Horizontal	
TextBox	txtTelephone	Text		接受电话信息
TextBox	txtEmail	Text		接受电子邮箱信息
TextBox	txtPhotoUrl	Text		接受照片信息

（2）引入名称空间 System.Data.SqlClient，具体操作可参见 4.2 节中的操作步骤（2）。

（3）创建连接对象。参见4.2节中的操作步骤（3）。双击“注册”按钮，进入Click事件处理程序btnRegister_Click中，输入如下代码：

```
//创建SqlConnection对象cn
SqlConnection cn=new SqlConnection();
//设置cn的连接串信息
cn.ConnectionString="Data Source=.;Initial Catalog=xk;User ID=sa;Password=
123456";
```

（4）创建命令对象。参见4.2节中的操作步骤（4）。

```
//创建SqlCommand对象cmd
SqlCommand cmd=new SqlCommand();
//设置cmd的Connection属性为cn
cmd.Connection=cn;
//设置cmd的CommandText属性
cmd.CommandText="INSERTINTO,[Student]"+"([StuNo],[ClassNo],[StuName],[Pwd],[
  Email],[Telephone],[photourl],[StuSex])"+"VALUES(@StuNo,@ClassNo,@StuName,@
  Pwd,@Email,@Telephone,@photourl,@StuSex)";
//设置@StuNo，@ClassNo，@StuName，@pwd，@Email，@Telephone，@photourl，@StuSex
//参数值
cmd.Parameters.Add("@StuNo", SqlDbType.Char, 8).Value=txtStuNo.Text;
cmd.Parameters.Add("@ClassNo",SqlDbType.Char,8).Value=txtClass.Text;
cmd.Parameters.Add("@StuName",  SqlDbType.VarChar,30).Value  =  txtStuName.
Text;
cmd.Parameters.Add("@pwd", SqlDbType.VarChar, 20).Value=txtPwd.Text;
cmd.Parameters.Add("@Email", SqlDbType.VarChar, 100).Value=txtEmail.Text;
cmd.Parameters.Add("@Telephone",  SqlDbType.VarChar,  50).Value=txtTelephone.
Text;
cmd.Parameters.Add("@photourl", SqlDbType.VarChar, 200).Value=txtPhotoUrl.
Text;
cmd.Parameters.Add("@StuSex", SqlDbType.Bit).Value =rbtSex.SelectedValue;
```

（5）执行SQL命令。

```
//打开连接
cn.Open();
//执行Command对象中的SQL语句
int result=cmd.ExecuteNonQuery();
//关闭连接
cn.Close();
```

（6）弹出提示信息。如果cmd.ExecuteNonQuery()方法的返回值大于0，表示SQL语句执行成功，反之执行失败。系统需要相应地给用户一些提示信息。因为提示信息需要在客户端显示，所以一般要借助JavaScript，而SQL语句要在服务器端执行，因此需要从服务器将需要执行的JavaScript代码动态地发送到客户端。这有很多方法可以实现，这里借助Literal控件来实现这一功能，具体代码如下：

```
string msg;
if(result>0)
   msg="<script>alert('注册成功！')</script>";
else
   msg="<script>alert('注册失败！')</script>";
Literal lit = new Literal();
```

```
lit.Text=msg;
Page.Controls.Add(lit);
```

（7）测试学生注册功能，会发现学生表中保存的是班级编号信息。实际上，用户直接输入班级编号非常不方便，而且由于学生表（Student）和班级表（Class）之间存在主外键关系，因此一旦输入的编号不是 Class 表中已存在的班级的编号，将会引发错误。所以从用户的角度来看，最好能从列表中选择班级而不是输入班级编号。于是，这里用 DropDownList 控件 dpClass 来替换原先的 TextBox 控件 txtClass，其效果如图 5-3 所示。

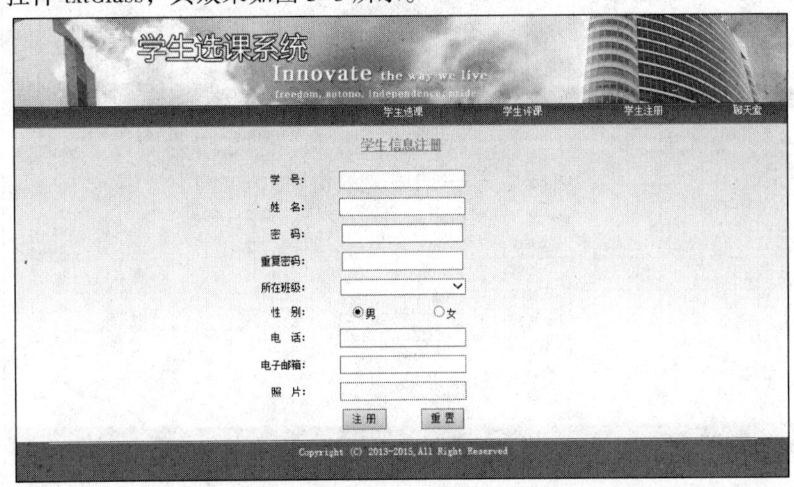

图 5-3　用 DropDownList 控件替换 TextBox 后的界面

（8）可以看出，此时下拉列表中的内容是空白的。要让用户能够选择，需要将班级信息加入下拉列表中。由于下拉列表中的内容在网页加载时就要显示出来，因此需要在 Page_Load 事件处理程序中实现从数据库中读取数据，并绑定到下拉列表中，效果如图 5-4 所示。具体代码如下：

```
if(!IsPostBack)//保证对下拉列表的数据绑定只在第一次网页加载时执行
{
  //创建 SqlConnection 对象 cn
  SqlConnection cn=new SqlConnection();
  //设置 cn 的连接串信息
  cn.ConnectionString="Data Source=.;Initial Catalog=xk;User ID=sa;Password
  =123456";
  //创建 SqlCommand 对象
  SqlCommand cmd=new SqlCommand();
  //设置 cmd 的属性
  cmd.Connection=cn;
  cmd.CommandText="select classno,classname from class";
  //创建 DataSet 对象 ds
  DataSet ds = new DataSet();
  SqlDataAdapter da=new SqlDataAdapter(cmd);
  //将数据填充到 ds 中
  da.Fill(ds, "class");
  //设置下拉列表 dpClass 的数据源 DataSource 为 ds.Tables["class"]
  dpClass.DataSource=ds.Tables["class"];
  //设置下拉列表 dpClass 的 DataTextField 为 classname，即指定在下拉列表中
```

```
    //显示 classname 列的数据
    dpClass.DataTextField="classname";
    //设置下拉列表 dpClass 的 DataValueField 为 classNo,即指定下拉列表选定项
    //的值来自 classNo 列
    dpClass.DataValueField="classNo";
    //执行数据绑定
    dpClass.DataBind();
}
```

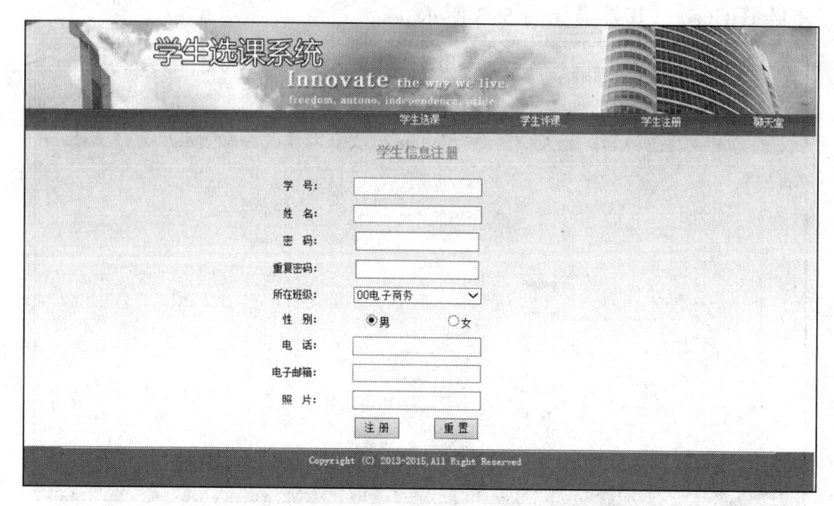

图 5-4 将班级数据绑定到下拉列表后的效果

（9）因为用户输入班级编号信息的控件由 TextBox 变为了 DropdownList 控件，因此需要相应地修改“注册”按钮事件处理程序的代码。其中，注释掉的代码为以前的代码，后面的为新添加的代码。

```
//cmd.Parameters.Add("@ClassNo",SqlDbType.Char,8).Value=//txtClass.Text;
cmd.Parameters.Add("@ClassNo",SqlDbType.Char,8).Value=dpClass.SelectedV
alue;
```

（10）为了避免用户输入信息时忘记选择班级，默认选择下拉列表中的第一个班级，在下拉列表中加入一个“请选择所在班级”的选项。首先单击下拉列表控件任务栏中的“编辑项”超链接，如图 5-5 所示。系统弹出“ListItem 集合编辑器”对话框，单击“添加”按钮添加成员项，设置 Text 值为“请选择所在班级”，设置 Value 值为 0，然后单击“确定”按钮，如图 5-6 所示。

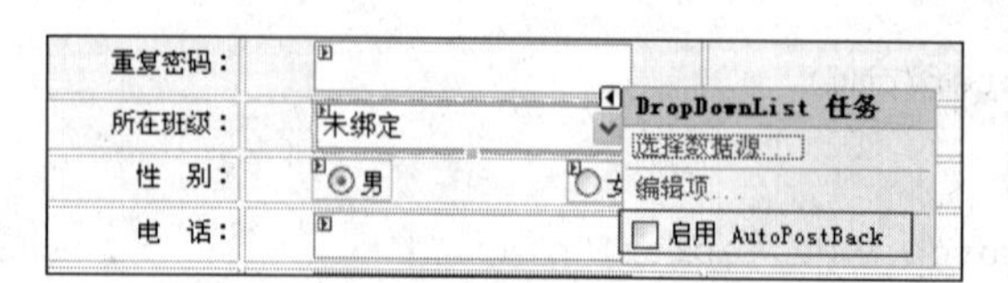

图 5-5 下拉列表任务栏

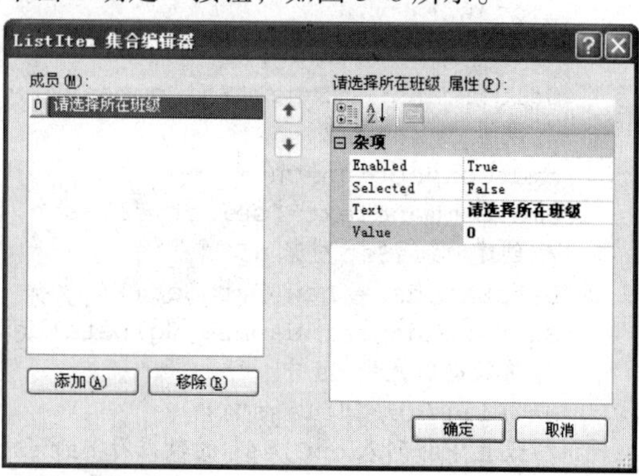

图 5-6 “ListItem 集合编辑器”对话框

（11）此时运行页面，会发现新添加的项并没有出现在下拉列表中，要让它出现，需要设置下拉列表的属性 AppendDataBoundItems 为 True。完成后，页面运行效果如图 5-7 所示。

图 5-7　页面运行效果

5.2.2　相关知识

DataAdapter 和 DataSet

在与数据库的交互中，要获得数据访问的结果可用两种方法来实现：第 1 种是通过 DataReader 对象从数据源中获取数据并处理，具体操作可参见第 4 章的相关描述；第 2 种是通过 DataSet 对象将数据放置在内存中处理。在后面这种方式中，DataSet 只是存放数据的内存容器，而对数据库的操作主要借助 DataAdapter 来完成。

DataAdapter 对象能隐藏和 Connection、Command 对象沟通的细节，通过 DataAdapter 对象建立、初始化 DataTable，从而和 DataSet 对象结合起来在内存存放数据表副本，实现离线式数据库操作。DataAdapter 对象允许将 DataSet 对象中的数据保存到数据源中，也能从数据源中读取数据，并且也能对底层数据保存体进行数据的添加、删除、更新等操作。

DataAdapter 对象含有以下 4 个不同的操作命令：

（1）SelectCommand：用来获取数据源中的记录。

（2）InsertCommand：用来向数据源中插入一条新记录。

（3）UpdateCommand：用来更新数据源中的数据。

（4）DeleteCommand：用来删除数据源中的记录。

根据所用数据库的不同，DataAdapter 也对应两个不同的对象：OleDbDataAdapter 对象和 SqlDataAdapter 对象，分别用来访问支持 ADO Managed Provider 的数据库和 SQL Server 数据库。

```
//创建 SqlConnection 对象 cn
SqlConnection cn=new SqlConnection();
//设置 cn 的连接串信息
cn.ConnectionString="Data Source=.;Initial Catalog=xk;User ID=sa;Password
=123456"
//创建 SqlCommand 对象
SqlCommand cmd=new SqlCommand();
//设置 cmd 的属性
```

```
cmd.Connection=cn;
cmd.CommandText="select classno,classname from class";
//创建 DataSet 对象 ds
DataSet ds=new DataSet();
SqlDataAdapter da=new SqlDataAdapter(cmd);
//将数据填充到 ds 中
da.Fill(ds, "class");
```

5.3 验证功能的实现

在 5.2 节中实现了学生的注册功能，即将用户输入的信息写入数据库的 Student 表中。但 Student 表中有许多约束，如有些列数据不允许为空（见图 5-8），有些列存在主外键约束，图 5-9 所示。

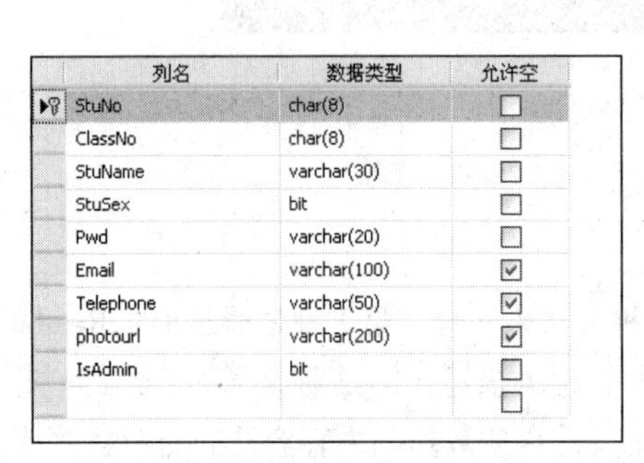

图 5-8　Student 表的设计视图

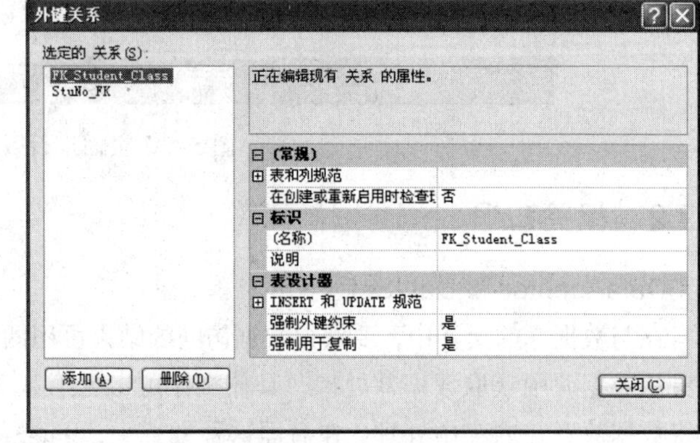

图 5-9　Student 的主外键约束

如果用户填写的数据违反了这些规则，就会造成一些不必要的系统错误或者写入一些无效数据。为了避免出现这种情况，需要在数据被正式写入数据库前，对数据的有效性进行验证。验证数据有效性，既可以在客户端进行，也可以在服务器端进行。两者特点如下：

（1）客户端验证由于不用提交服务器，响应速度快，用户体验好，但是需要使用 JavaScript 编程，对编程人员要求较高，开发难度较大。

（2）服务器端验证，使用 C#开发，开发难度较低，但必须提交服务器才能验证，响应速度较慢。

针对客户端验证开发难度较大的特点，Visual Studio 2008 提供了多个验证控件，用来帮助实现数据的验证操作。下面利用这些控件来实现对学生注册信息的验证。

5.3.1 操作步骤

（1）针对必填信息的验证。要求学生的“学号”“姓名”“密码”这 3 个字段的信息不能为空，因此需要验证用户是否输入了信息。打开 Register.aspx 网页，切换到“设计”视图，从“工具箱”中拖动 RequiredFieldValidator 控件，如图 5-10 所示，放置到 txtStuNo 控件的右边，如图 5-11 所示。

（2）设置 RequiredFieldValidator 控件的属性，如表 5-2 所示。

图 5-10　选择 RequiredFieldValidator 控件

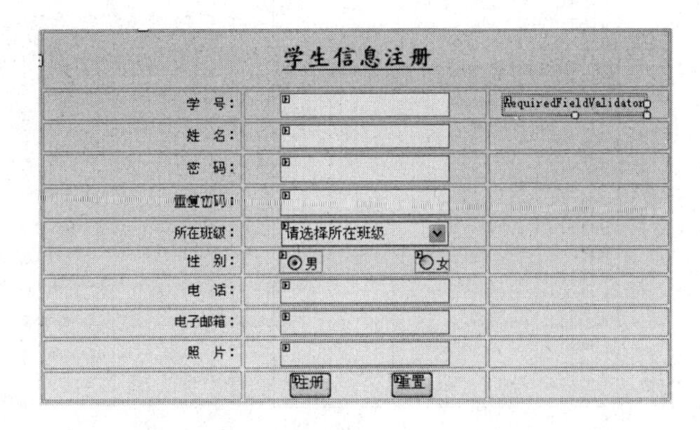

图 5-11　添加 RequiredFieldValidator 控件

表 5-2　RequiredFieldValidator 控件属性设置

属　性　名　称	属　性　值	备　　注
ControlToValidate	TxtStuNo	被验证的控件
ErrorMessage	学号不能为空	验证无效时显示的信息

（3）参照步骤（1）和（2），依次拖动 RequiredFieldValidator 控件到 txtStuName 和 txtPwd 控件的右边，并设置验证控件的属性。完成后的效果如图 5-12 所示。

图 5-12　添加必填字段验证控件后的网页效果

（4）比较信息的验证。在学生注册页面中，为了避免用户误输入密码，需要用户输入两次密码，只有两次输入的信息一致，才视为输入的密码有效，因此在执行注册功能前需要比较用户两次输入的密码。这里使用 CompareValidator 验证控件来比较两次输入信息是否一致。从工具箱中拖动 CompareValidator 控件，如图 5-13 所示，放置到 txtConfirm 控件的右边，如图 5-14 所示。

（5）设置 CompareValidator 控件的属性，如表 5-3 所示。完成后页面效果如图 5-15 所示。

图 5-13　选择 CompareValidator 控件

图 5-14　添加将 CompareValidator 控件

表 5-3　CompareValidator 控件属性设置

属 性 名 称	属　性　值	备　　注
ControlToValidate	TxtPwd	被验证的控件
ControlToCompare	txtConfirm	用来比较的控件
ErrorMessage	两次输入的密码不一致	验证无效时显示的信息

（6）特定格式信息的验证。为了避免用户随意输入无效的电子邮箱，这里需要对电子邮箱的格式有效性进行验证，这里使用 RegularExpressionValidator 正则表达式验证控件来验证。从工具箱中拖动 RegularExpressionValidator 控件，如图 5-16 所示，放置到 txtEmail 控件的右边，如图 5-17 所示。

图 5-15　添加了 CompareValidator 控件后的页面效果

图 5-16　选择 RegularExpression Validator 控件

（7）设置 RegularExpressionValidator 控件的属性，如表 5-4 所示。

图 5-17　添加 RegularExpressionValidator 控件

表 5-4　RegularExpressionValidator 控件属性设置

属 性 名 称	属 性 值	备 注
ControlToValidate	TxtEmail	被验证的控件
ErrorMessage	电子邮箱地址格式不正确	验证无效时显示的信息

（8）此时，正则表达式验证控件还不能正常工作，还需要设置 ValidationExpression 属性。单击该属性后面的[...]按钮，系统弹出“正则表达式编辑器”对话框，选择“Internet 电子邮件地址”选项，如图 5-18 所示。完成后的页面效果如图 5-19 所示。

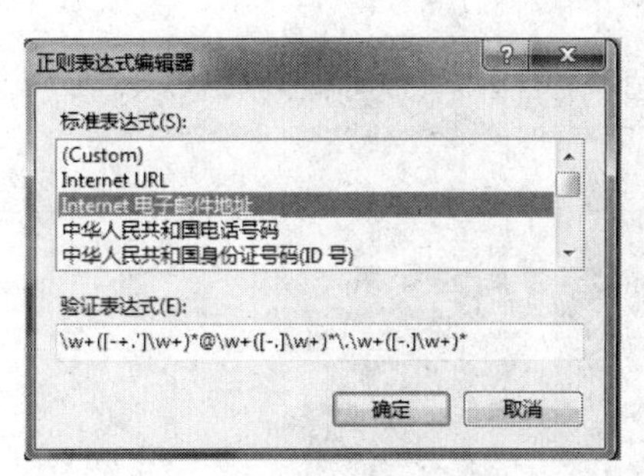

图 5-18　“正则表达式编辑器”对话框

图 5-19　添加 RegularExpressionValidator 控件

（9）自定义验证。对于“所在班级”一栏要求用户必须选择一个有效的班级，也就是不能默认选择下拉列表中的第一个选项，那么，如何判断用户是否是选择了第一个选项呢？有多种方法可以实现，这里采用自定义验证控件 CustomValidator 来实现这个功能。从工具箱中拖动 CustomValidator 控件，如图 5-20 所示，放置到 dpClass 控件的右边，如图 5-21 所示。

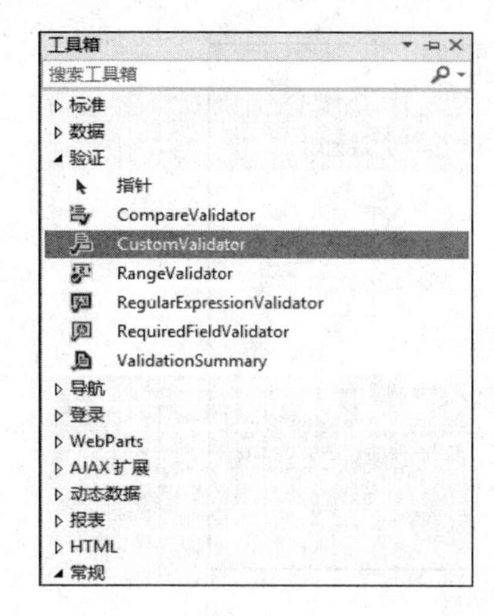

图 5-20　选择 CustomValidator 控件

图 5-21　添加 CustomValidator 控件

（10）设置 CustomValidator 控件的属性，如表 5-5 所示。

表 5-5　CustomValidator 控件属性设置

属 性 名 称	属 性 值	备　　注
ControlToValidate	dpClass	被验证的控件
ClientValidationFunction	myValidate	客户端验证的脚本方法
ErrorMessage	请选择所在班级	验证无效时显示的信息

（11）将 Register.aspx 页面切换到“源”视图，输入如图 5-22 所示的代码。

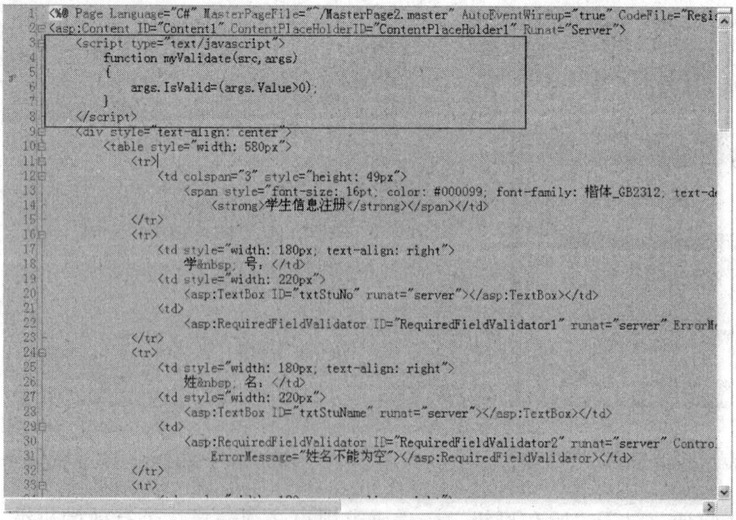

图 5-22　添加客户端验证代码

为了便于阅读，方框内的代码如下（一定要注意大小写）：

```
<script type="text/javascript">
    function myValidate(src, args) {
        args.IsValid = (args.Value > 0);
```

```
    }
</script>
```

由于性别信息属于二选一，而且已经有默认值，所以无须验证。而电话信息和照片信息非必填字段，且没有一定的格式规定，因此也不需要验证。至此，学生注册页面的验证部分已全部设置完毕。

5.3.2　相关知识

为了更好地创建交互式 Web 应用程序，加强应用程序的安全性（例如，防止脚本入侵等），开发人员应该在 Web 应用中增加用于验证用户输入的功能。过去，验证功能基本由自行编写的客户端脚本来完成，这样既烦琐，又容易出现错误。随着技术的发展，ASP.NET 技术通过提供一系列验证控件，如 RequiredFieldValidator、CompareValidator、RangeValidator 等控件来克服这些缺点。使用这些验证控件，开发人员可以很方便地向 Web 页面中添加验证用户输入的功能并进行设置，例如定义验证规则、定义向用户显示的错误信息内容等。

1. 内置验证控件概述

ASP.NET 主要包含 6 个内置验证控件：RequiredFieldValidator 控件、CompareValidator 控件、RangeValidator 控件、RegularExpressionValidator 控件、CustomValidator 控件和 Dynamic Validator 控件，这些控件直接或者间接派生自 System.Web.UI.WebControls.BaseValidator。每个验证控件执行特定类型的验证，并且当验证失败时显示自定义消息。其中，DynamicValidator 控件是 ASP.NET 动态数据框架的一部分。该控件捕获在验证期间从数据模型引发的异常，并在网页中将该异常作为验证事件引发。在本书中未涉及该部分内容，故在这里略去。下面简要介绍前面 5 个验证控件。

（1）RequiredFieldValidator 控件：用于确保被验证的控件中包含一个值。

例如，

```
<asp:requiredfieldvalidator id="validator_name" runat="server"
ControlToValidate="要检查的控件名"
ErrorMessage="出错信息"
Display="static|dymatic|none">
占位符
</asp: requiredfieldvalidator >
```

其中：

- ControlToValidate：表示要检查的控件 ID。
- ErrorMessage：表示当检查不合法时，将显示的错误信息。
- Display：表示错误信息的显示方式（static 表示控件的错误信息在页面中占据固定位置；dymatic 表示控件错误信息出现时才占用页面控件；none 表示错误出现时不显示，但是能在 validationsummary 中显示）。
- “占位符”表示 Display 为 static 时，错误信息占据“占位符”那么大的页面空间。

（2）CompareValidator 控件：使用比较运算符（小于、等于、大于等）将用户输入与一个常量值或另一控件的属性值进行比较。例如：

```
<asp:comparevalidator id="validator_id" runat="server"
ControlToValidate="要验证的控件 id"
ErrorMessage="错误信息"
```

```
ControlToCompare="要比较的控件 id"
Type="string|integer|double|datetime|currency"
Operator="equal|notequal|greaterthan|greatertanequal|lessthan|lessthanequa
l|datatypecheck"
Display="static|dymatic|none">
占位符
</asp:comparevalidator>
```

其中：

- Type：表示要比较的控件的数据类型。
- Operator：表示比较操作，这里指定了7种比较方式。
- 其他属性和RequiredFieldValidator控件的相同。

注意：Contr006FlToValidate和ControlToCompare的差别在于如果Operator为greaterthan，那么，ControlToCompare的值必须大于ControlToValidate的值才是合法的。

（3）RangeValidator控件：用于检查用户的输入是否在指定的上下限内。可以检查数字对、字母字符对和日期对指定的范围。

例如：

```
<asp:rangevalidator id="validator_id" runat="server"
ControlToValidate="要验证的控件 id"
Type="integer"
MinimumValue="最小值"
MaximumValue="最大值"
ErrorMessage="错误信息"
Display="static|dymatic|none">
占位符
</asp:rangevalidator>
```

其中：

- MinimumValue和MaximumValue：表示控件输入值的范围。
- Type：表示控件输入值的类型。
- 其他属性和RequiredFieldValidator控件的相同。

（4）RegularExpressionValidator控件：用于检查项与正则表达式定义的模式是否匹配。这种验证类型允许检查可预知的字符序列，如身份证号码、电子邮件地址、电话号码、邮政编码等。

例如：

```
<asp:regularexpressionvalidator id="validator_id" runat="server"
ControlToValidate="要验证控件名"
ValidationExpression="正则表达式"
ErrorMessage="错误信息"
Display="static">
占位符
</asp:regularexpressionvalidator>
```

其中：

- ValidationExpression：表示用来验证的正则表达式（“.”表示任意字符；“*”和其他表达式一起使用表示任意组合；“[a-z]”表示任意小写字母；“\d”表示任意一个数字）。

- 其他属性和 RequiredFieldValidator 控件的相同。

注意：在以上表达式中，引号均不包括在内，例如，正则表达式".*[a-z]"表示以数字开头的任意字符后跟一个小写字母的组合。

- CustomValidator 控件：用于自定义验证逻辑来检查用户输入。这种验证类型允许检查运行时导出的值。例如：

```
<asp:customvalidator id="validator_id" runat="server"
ControlToValidate="要验证的控件"
ClientValidationFunction="验证函数"
ErrorMessage="错误信息"
Display="static|dymatic|none">
占位符
</asp: customvalidator >
```

其中：

➢ ClientValidationFunction：表示用来验证的客户端函数名称。

➢ 其他属性和 RequiredFieldValidator 控件的相同。

除以上内置验证控件外，ASP.NET 还提供了一个用于显示错误信息概要的控件 Validation Summary。该控件会将来自页面上所有验证控件的错误信息一同显示在一个位置，例如，一个消息框或者一个错误信息列表中。ValidationSummary 控件不执行验证，但是它可以和所有验证控件一起使用。更准确地说，ValidationSummary 控件可以和上述 5 个内置验证控件共同完成验证功能。

（5）ValidationSummary 控件：收集本页面中的所有验证错误信息，并将它们组织以后再显示出来。例如：

```
<asp:validationsummary id="validator_id" runat="server"
HeaderText="头信息"
ShowSummary="true|false"
DiaplayMode="list|bulletlist|singleparagraph">
</asp: validationsummary >
```

其中：

- HeadText：相当于表的 HeadText。
- DisplayMode：表示错误信息的显示方式（list 相当于 HTML 中的
；bulletlist 相当于 html 中的 <li>；singleparegraph 表示错误信息之间不断开）。

2．使用验证控件的注意事项

（1）所有验证控件都要通过 ContrlToValidate 属性进行关联设置，都必须通过 ErrorMessage 属性定义要显示的错误信息。

（2）对于范围检查控件 RangeValidator 来讲，必须定义 MaximumValue 和 MinimumValue 属性来指定有效范围的最小值和最大值。

（3）对于模式匹配控件 RegularExpressionValidator 来讲，必须使用 ValidationExpression 属性指定用于验证输入控件的正则表达式。

（4）ASP.NET 3.5 中为验证控件提供了一个新属性 ValidationGroup。开发人员可使用该属性将单个控件与验证组相关联，然后，使用多个 ValidationSummary 控件收集和报告这些组的错误。

一旦在 Web 页面中正确包含验证控件，那么开发人员就可以使用自己的代码来测试整个页面或者单个验证控件的状态。例如，在使用用户输入的数据之前来测试验证控件的 IsValid 属性。如果为 true，表示输入数据有效；如果为 false，表示输入错误，并显示错误信息。对于 Web 页面来讲，只有当所有验证控件的 IsValid 都为 true，即所有输入数据都符合验证条件时，Page 类的 IsValid 属性才设置为 true，否则为 false。

小　结

DataAdapter 对象能隐藏它和 Connection、Command 对象沟通的细节，通过 DataAdapter 对象可建立、初始化 DataTable，从而和 DataSet 对象结合起来在内存存放数据表副本，实现离线式数据库操作。

ASP.NET 主要包含 6 个内置验证控件（RequiredFieldValidator 控件、CompareValidator 控件、RangeValidator 控件、RegularExpressionValidator 控件、CustomValidator 控件和 DynamicValidator 控件），这些控件直接或者间接派生自 System.Web.UI.WebControls.BaseValidator。每个验证控件执行特定类型的验证，并且当验证失败时显示自定义消息。

练　习

参照图 5-23，实现一个博客资料注册页面。

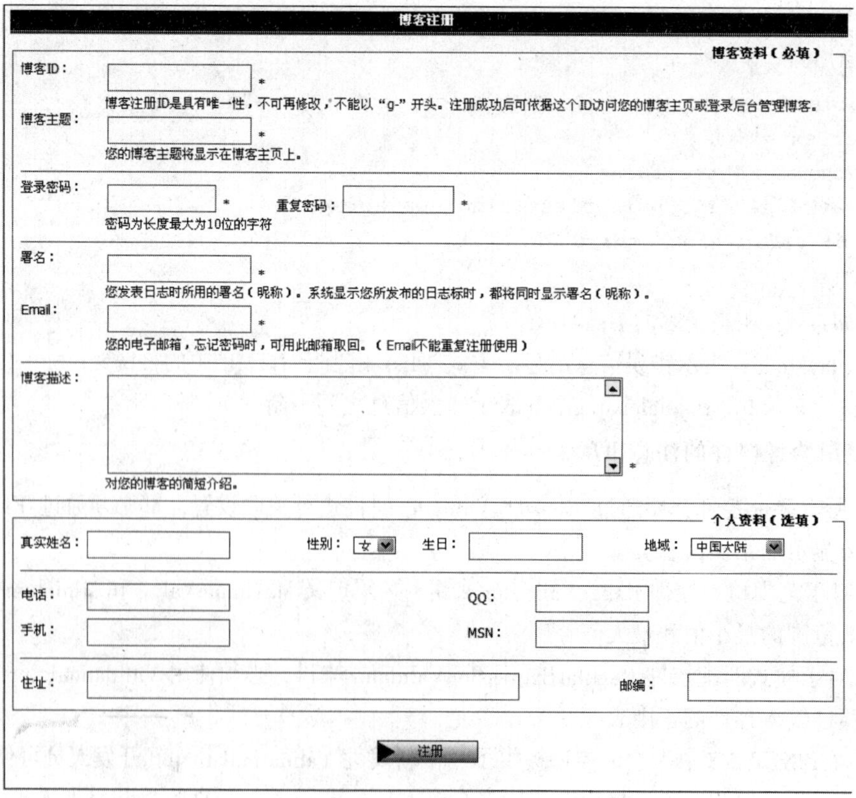

博客注册
博客资料（必填）
博客ID： *
博客注册ID是具有唯一性，不可再修改，不能以“g-”开头。注册成功后可依据这个ID访问您的博客主页或登录后台管理博客。
博客主题： *
您的博客主题将显示在博客主页上。
登录密码： * 重复密码： *
密码为长度最大为10位的字符
署名： *
您发表日志时所用的署名（昵称）。系统显示您所发布的日志标时，都将同时显示署名（昵称）。
Email： *
您的电子邮箱，忘记密码时，可用此邮箱取回。（Email不能重复注册使用）
博客描述： *
对您的博客的简短介绍。
个人资料（选填）
真实姓名： 性别：女 生日： 地域：中国大陆
电话： QQ：
手机： MSN：
住址： 邮编：
注册

图 5-23　博客注册页面

要求：

（1）自己创建数据库，并实现注册功能。

（2）注册中，要求根据数据库中的约束要求，博客ID号必须为8位数字。

（3）设计一个修改博客用户密码的页面。

（4）在第（3）题的基础上，试着利用带参数的存储过程来修改用户密码。

第 6 章　学生信息维护

学习目标：

- 了解数据源控件的使用。
- 了解数据绑定控件的使用。
- 能够利用数据源控件访问数据库，实现数据的显示、添加、修改和删除。
- 完成学生信息维护的功能。

6.1　学生信息维护功能演示

学生信息的维护对应一个后台管理功能模块，主要功能是实现对学生表数据的维护，网页界面如图6-1所示。通过模块可对学生按班级筛选，并对每个学生的信息能够执行添加、编辑和删除操作。

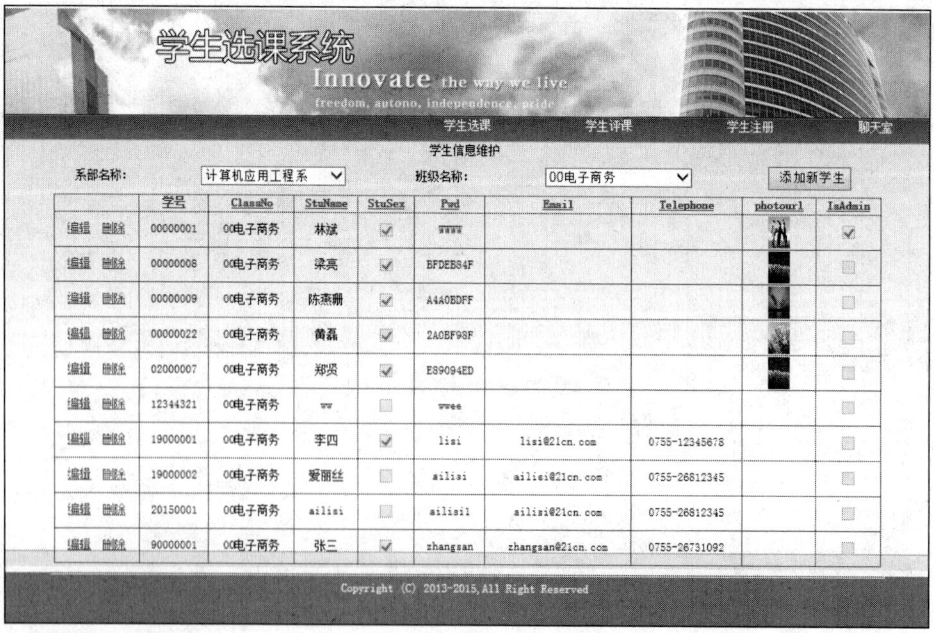

学生选课系统
Innovate the way we live
freedom, autono, independence, pride

学生选课　学生评课　学生注册　聊天室

学生信息维护

系部名称：计算机应用工程系　班级名称：00电子商务　添加新学生

	学号	ClassNo	StuName	StuSex	Pwd	Email	Telephone	photourl	IsAdmin
编辑 删除	00000001	00电子商务	林斌	☑	wwww				☑
编辑 删除	00000008	00电子商务	梁亮	☑	BFDEB84F				☐
编辑 删除	00000009	00电子商务	陈燕珊	☑	A4A0BDFF				☐
编辑 删除	00000022	00电子商务	黄磊	☑	2A0BF98F				☐
编辑 删除	02000007	00电子商务	郑贤	☑	E89094ED				☐
编辑 删除	12344321	00电子商务	ww	☐	wwee				☐
编辑 删除	19000001	00电子商务	李四	☑	lisi	lisi@21cn.com	0755-12345678		☐
编辑 删除	19000002	00电子商务	爱丽丝	☐	ailisi	ailisi@21cn.com	0755-26812345		☐
编辑 删除	20150001	00电子商务	ailisi	☐	ailisi1	ailisi@21cn.com	0755-26812345		☐
编辑 删除	90000001	00电子商务	张三	☑	zhangsan	zhangsan@21cn.com	0755-26731092		☐

Copyright (C) 2013-2015,All Right Reserved

图 6-1　学生信息维护

单击“添加新学生”按钮，进入添加学生界面，如图 6-2 所示。

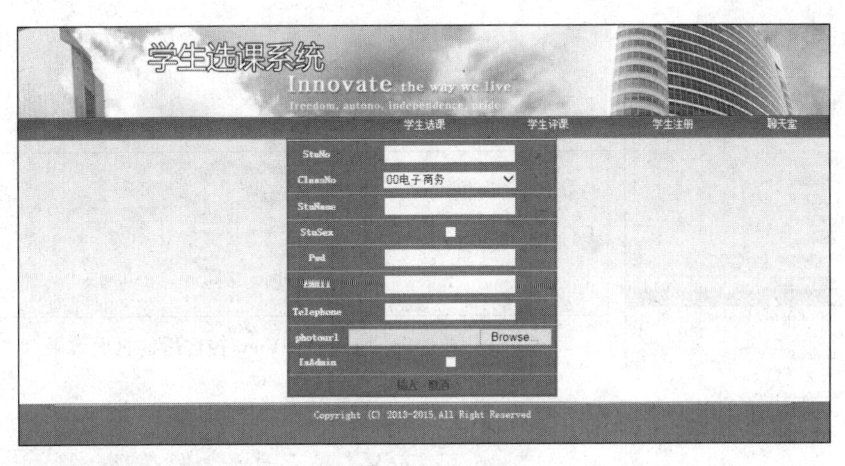

图 6-2　学生信息添加

6.2　学生信息显示

本节主要实现对学生信息的显示，并能够按“系部名称”筛选班级，按“班级名称”筛选学生。其实质就是获取 Xk 数据库中 Student 表中的数据，并将数据以表格的形式显示。在第 4 章和第 5 章中，访问数据库都是通过编写代码利用 ADO.NET 来实现的，其主要步骤包括：

（1）创建连接对象，建立与数据库的连接。

（2）创建命令对象，设置要执行的 SQL 语句。

（3）调用命令对象的相关方法，执行 SQL 语句。

（4）获取返回结果，处理结果。

本节将采用数据源的形式访问数据库。下面以显示学生信息为例，来说明如何利用数据源访问数据库。

6.2.1　操作步骤

（1）参照图 6-1 通过表格设置布局，这里插入一个 3 行 1 列的表格，宽度设置为 100（百分比），设置居中显示“学生信息维护”。第 2 行插入一个 1 行 5 列的表格，输入相关文字，并拖动控件以搭建如图 6-1 所示的界面（具体可参见 2.2 节中的相关步骤）。界面上控件的命名和属性设置如表 6-1 所示。

表 6-1　“学生信息维护”页面中用到的控件及相关属性设置

控 件 类 型	控 件 名 称	属 性 名 称	属 性 值	备 注
DropDiownList	dpDepart			显示系部列表
DropDiownList	dpClass			显示班级列表
Button	btnAdd	Text	添加新同学	接受密码信息

（2）从工具箱中拖动 GridView 控件，如图 6-3 所示，放到表格的第 3 行中，其显示效果如图 6-4 所示。

（3）选中 GridView 控件，单击控件右上角的黑色三角形，系统会弹出“GridView 任务”菜单，如图 6-5 所示。

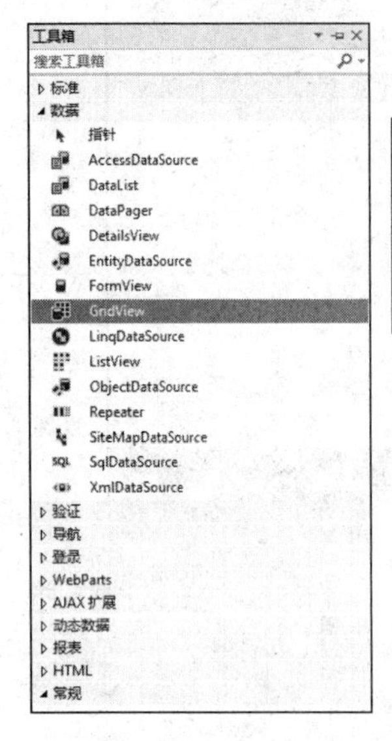

图 6-3 GridView 控件

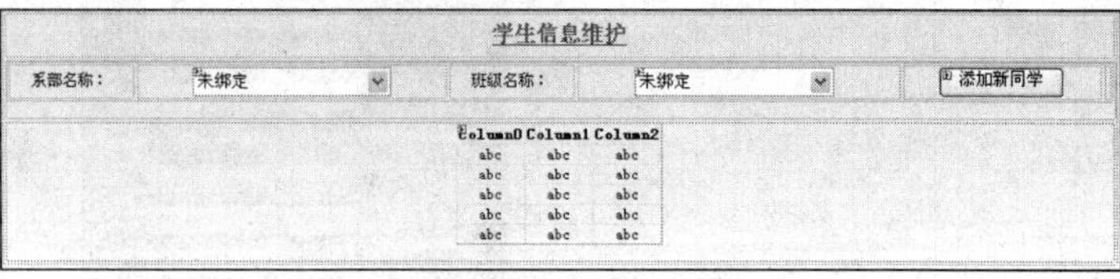

图 6-4 加入 GridView 控件后的页面效果

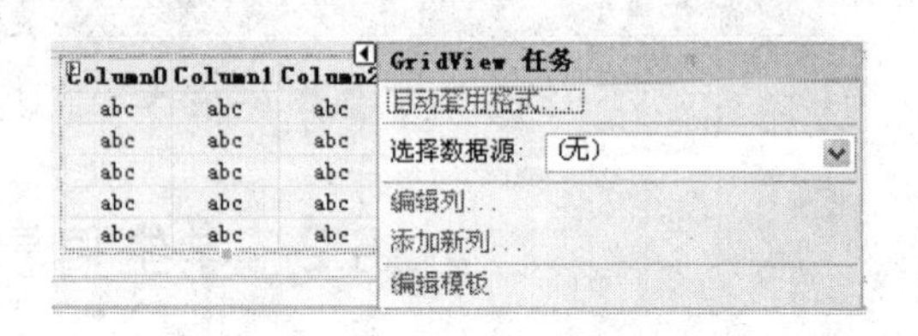

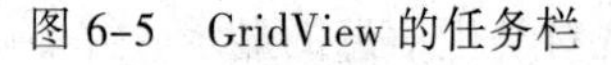

图 6-5 GridView 的任务栏

（4）单击“选择数据源”一栏的下三角按钮，选择“新建数据源”选项，如图 6-6 所示。

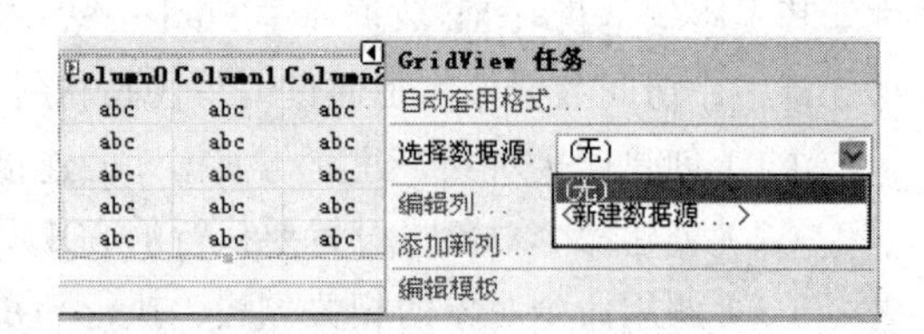

图 6-6 选择下拉列表中的“新建数据源”选项

（5）系统弹出“数据源配置向导”对话框，如图 6-7 所示。这里选择“数据库”选项，系统自动指定该数据源的 ID 为 SqlDataSource1。修改数据源 ID 为 StudentDS，然后单击“确定”按钮。

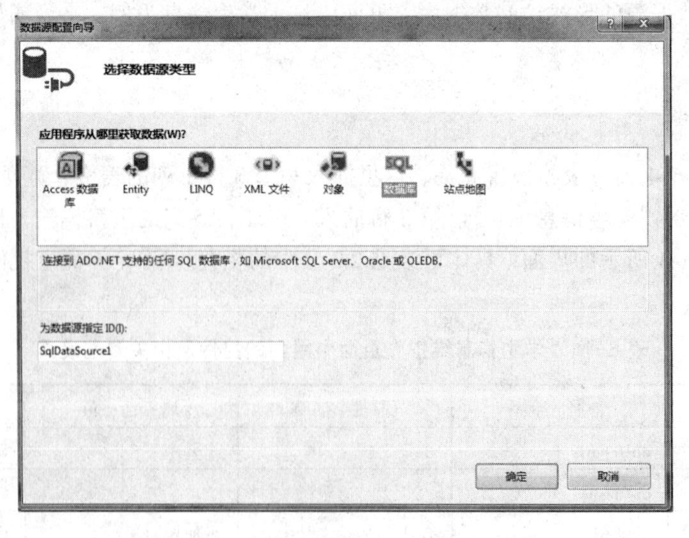

图 6-7 “数据源配置向导”对话框

（6）配置数据源，如图 6-8 所示。如果在前面的操作中建立过与数据库的连接，那么可以直接从下拉列表中选择该连接，否则需要新建。这里单击“新建连接”按钮，新建一个数据连接。

此时系统弹出“添加连接”对话框，如图 6–9 所示。在对话框中的“服务器名”一栏中输入“.”，表示本机数据库，选中“使用 SQL Server 身份验证”单选按钮设置登录方式，输入用户名为 sa，密码为 123456。然后，在“选择或输入一个数据库名”对应的下拉列表中选择 Xk 数据库。单击“测试连接”按钮，测试成功后，单击“确定”按钮。此时，数据连接已经配置完成，展开连接字符串，如图 6–10 所示。

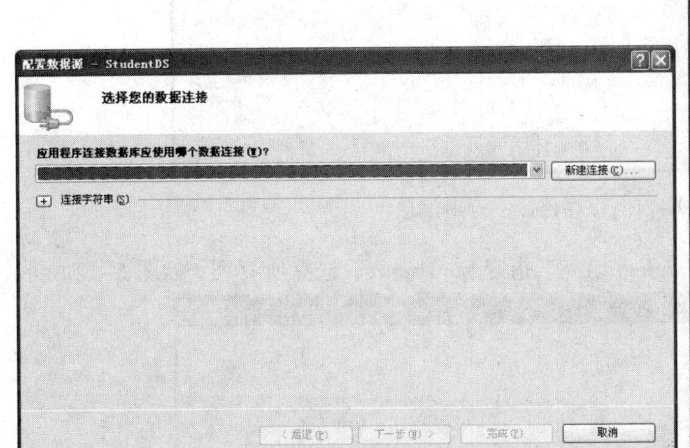

图 6–8　配置数据源

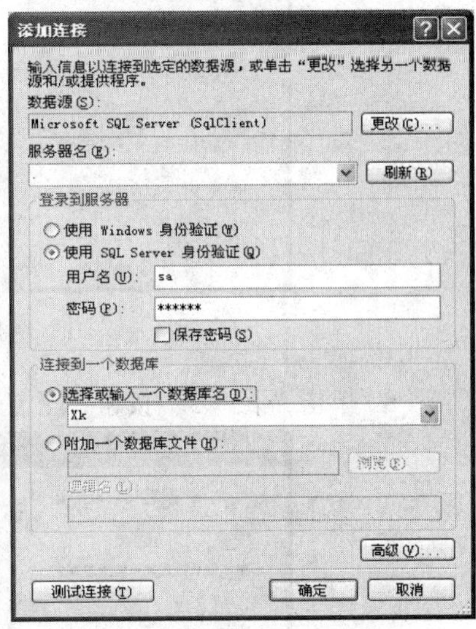

图 6–9　“添加连接”对话框

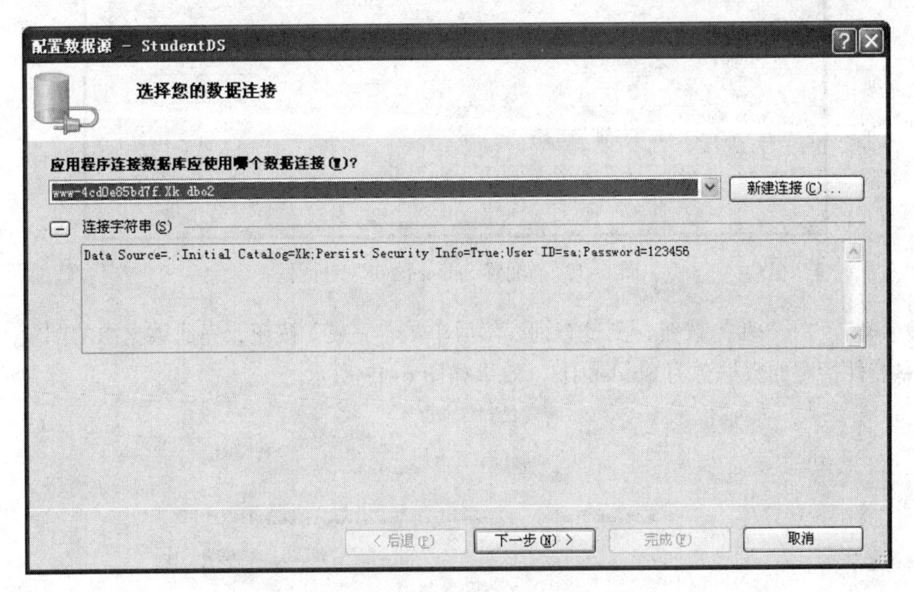

图 6–10　配置完成后的连接字符串信息

(7) 单击“下一步”按钮，系统提示是否将连接保存到应用程序配置文件，如图 6–11 所示。选择“是，将此连接另存为”复选框，系统会将连接字符串信息保存到 Web.Config 文件中，下次连接相同的数据库时，就不需要再新建连接了，直接选择即可。

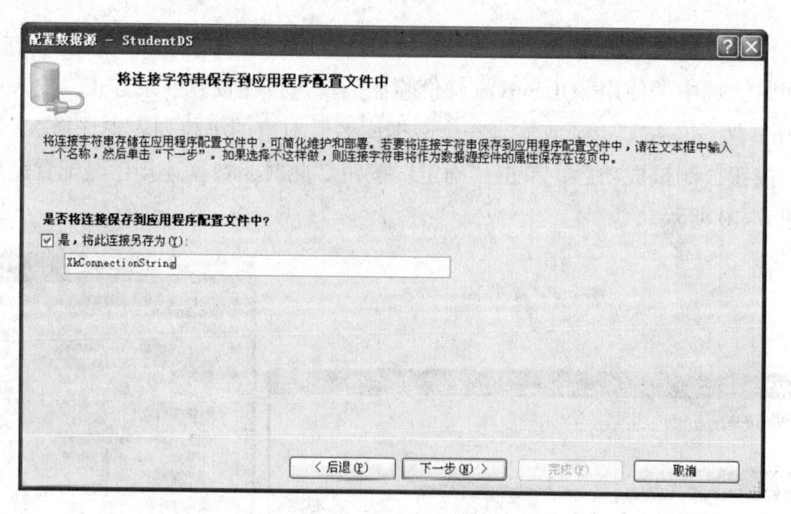

图 6-11　保存连接字符串信息

（8）单击“下一步”按钮，配置 Select 语句，指定 Student 表，选择所有列，如图 6-12 所示。

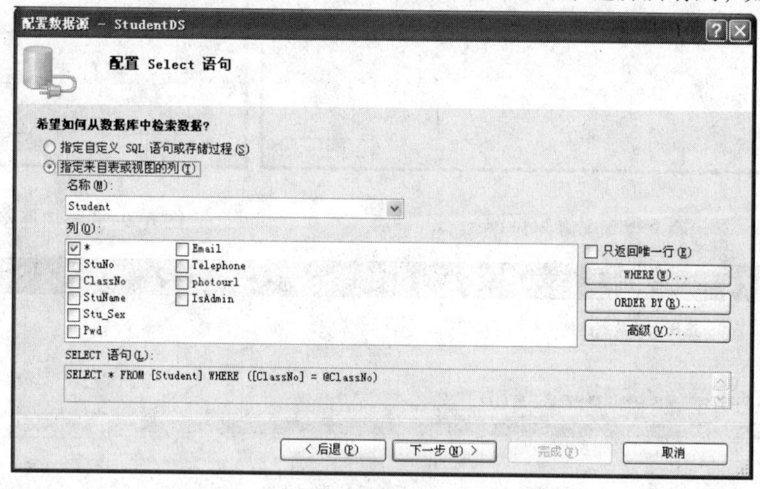

图 6-12　“配置 Select 语句”对话框

（9）单击“下一步”按钮，测试查询，然后单击“完成”按钮，完成数据源的配置。此时为 GridView 控件指定的数据源为 StudentDS，效果如图 6-13 所示。

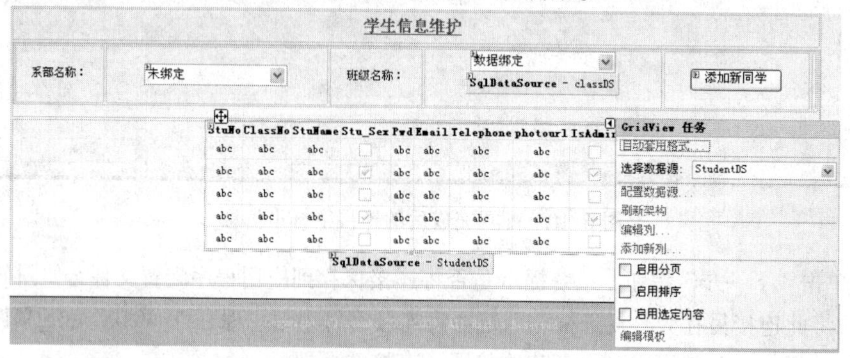

图 6-13　设置 GridView 的数据源为 StudentDS

（10）选择 GridView 任务栏中的“自动套用格式”选项，打开“自动套用格式”对话框，如图 6-14 所示。选择合适的格式后，单击“确定”按钮。

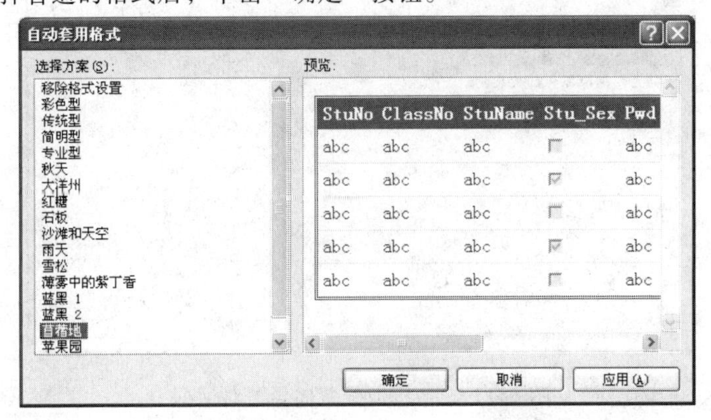

图 6-14　“自动套用格式”对话框

（11）此时，设置 GridView 控件的 Width 属性为 100%，运行效果如图 6-15 所示。

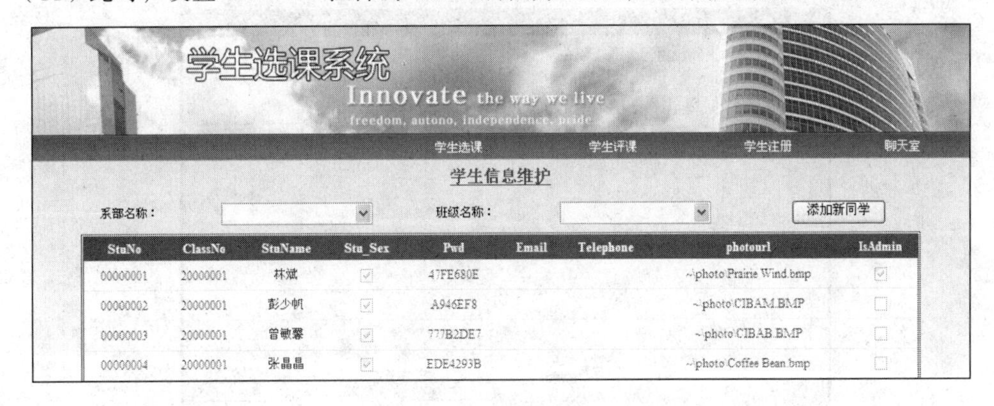

图 6-15　网页运行效果

（12）因为学生数量很多，要实现对学生信息的有效维护，就需要提供按“班级名称”筛选学生的功能。具体实现为在“班级名称”下拉列表框中显示所有班级的信息，当用户选择某个班级后就在下面的 GridView 中显示该班级的学生信息。首先，先实现在下拉列表框中显示班级信息，即从 Xk 数据库中的 Class 表中获取信息。参照前面的步骤（3）打开 dpClass 的“DropDownList 任务”菜单，如图 6-16 所示。单击“选择数据源”超链接。

图 6-16　打开 dpClass 的“DropDownList 任务”菜单

（13）系统弹出“数据源配置向导”对话框，如图 6-17 所示。在“选择数据源”下拉列表框中选择“新建数据源”，命名为 classDS。配置数据源的操作步骤参见前面的步骤（5）。

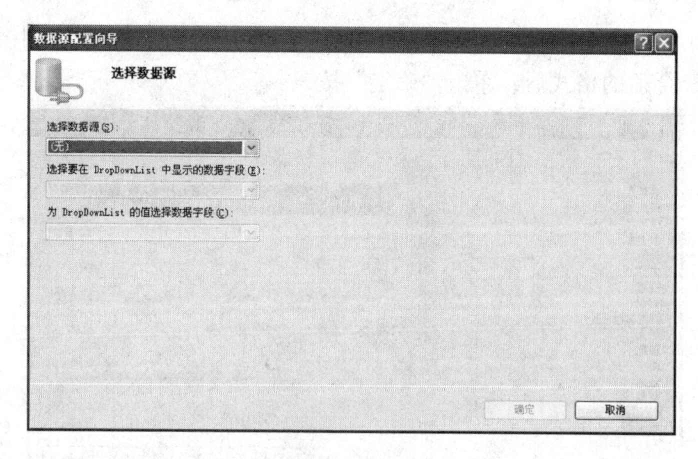

图 6-17 “数据源配置向导”对话框

（14）选择数据连接步骤中，不需要新建连接，只需要选择步骤（7）中保存的连接字符串 XkConnectionString 即可，如图 6-18 所示。

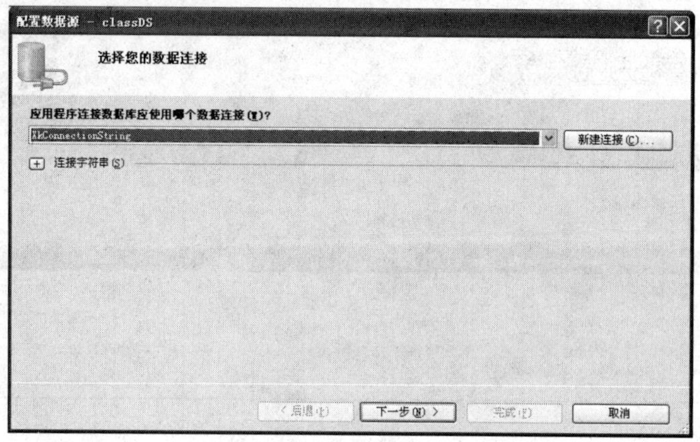

图 6-18 选择数据连接

（15）单击“下一步”按钮，进入“配置 Select 语句”对话框，指定 Class 表，选择所有列，如图 6-19 所示。

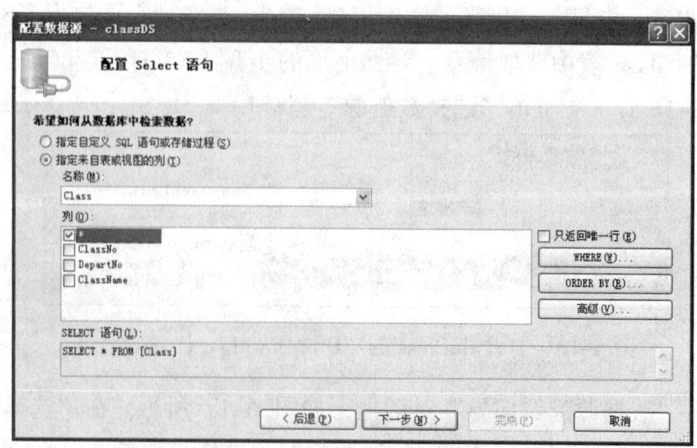

图 6-19 “配置 Select 语句”对话框

（16）单击“下一步”按钮，完成数据源配置。设置要在下拉列表中显示的数据字段为 ClassName，值字段为 ClassNo，如图 6-20 所示。单击“确定”按钮完成设置，此时，页面的显示效果如图 6-21 所示，将在 GridView 中显示学生信息，在下拉列表框中显示班级信息。

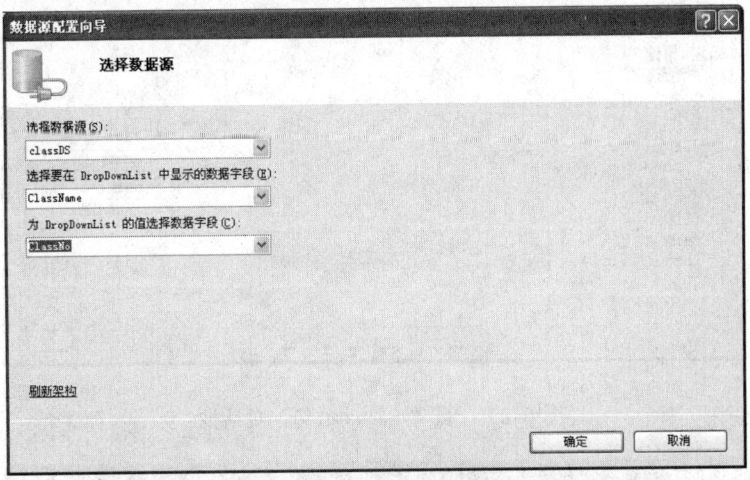

图 6-20　设置下拉列表的数据源

图 6-21　页面显示效果

（17）实现按班级名称筛选学生。由于要筛选学生数据，因此选择 StudentDS 数据源，单击 StudentDS 数据源的“SqlDataSource 任务”菜单中的“配置数据源”超链接，如图 6-22 所示。系统弹出“配置数据源”对话框，单击“下一步”按钮，进入“配置 Select 语句”对话框，如图 6-23 所示。单击 WHERE 按钮，弹出“添加 WHERE 子句”对话框，如图 6-24 所示。其中，“列”设为 ClassNo，“运算符”设为“=”，“源”设为 Control，表示参数的取值来自控件。在参数属性中，指定“控件 ID”为 dpClass，然后单击“添加”按钮，添加一条 WHERE 子句，最后单击“确定”按钮即可。单击“下一步”按钮完成配置数据源的操作。

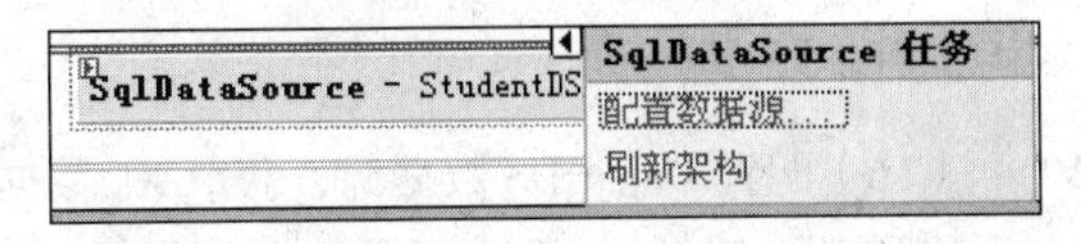

图 6-22　StudentDS 的“SqlDataSource 任务”菜单

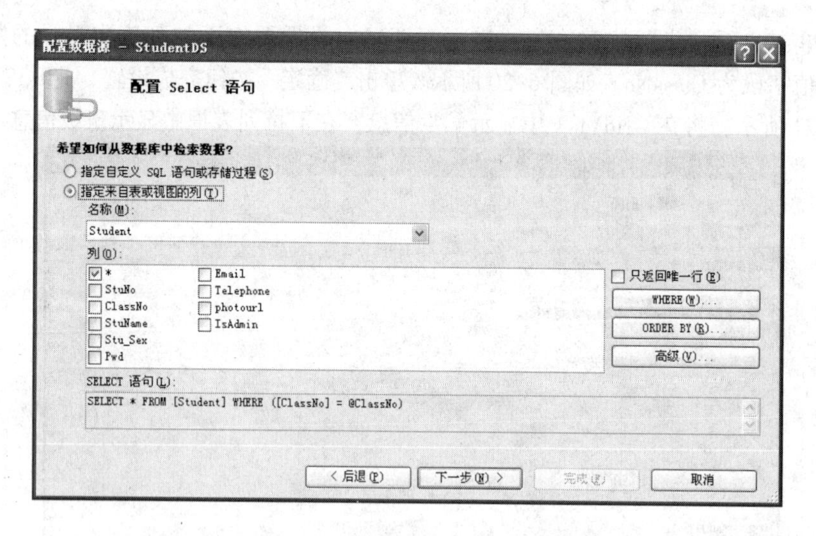

图 6-23 “配置 Select 语句”对话框

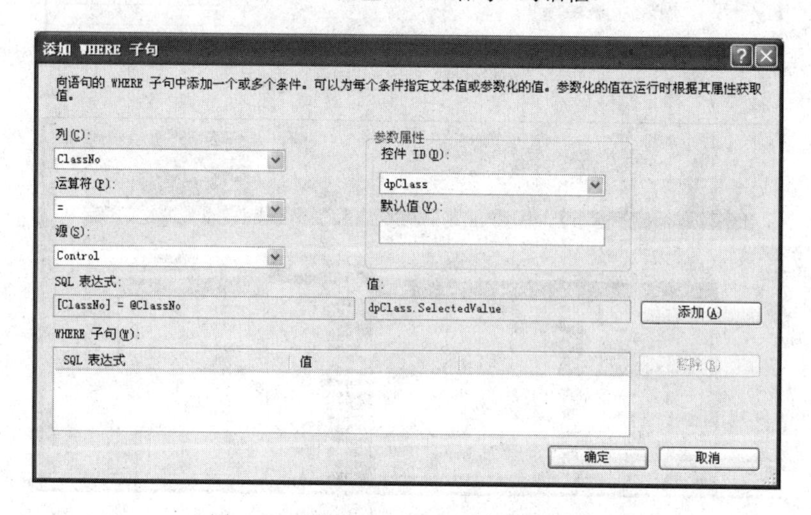

图 6-24 “添加 WHERE 子句”对话框

（18）选择下拉列表框 dpClass，单击右上角的黑色三角形按钮，在“DropDownList 任务”菜单中选中“启用 AutoPostBack”复选框，如图 6-25 所示。

图 6-25 “DropDownList 任务”菜单

（19）参照步骤（12）~（16）配置 DepartDS 数据源，获取 Xk 数据库中 Department 表的所有数据，并在“系部名称”下拉列表 dpDepartment 中显示。

（20）参照步骤（17）和（18）实现按系部名称筛选班级，网页效果如图 6-26 所示。

图 6-26 添加按系部名称筛选功能后的页面效果

（21）此时，当切换到不同的系部时，会发现学生列表并没有随之变化，因此需要用代码实现学生列表刷新。双击下拉列表框控件 dpDepartment，创建 dpDepartment_SelectedIndexChanged 事件处理程序，输入如图 6-27 所示的代码。

```
    protected void dpDepartment_SelectedIndexChanged(object
sender, EventArgs e)
    {
        GridView1.DataSourceID = StudentDS.ID;
    }
```

图 6-27 刷新学生列表

（22）将每一列的标题改为中文标题。参照前面的步骤（3），单击“GridView 任务”菜单中的“编辑列”超链接，弹出“字段”对话框，如图 6-28 所示。

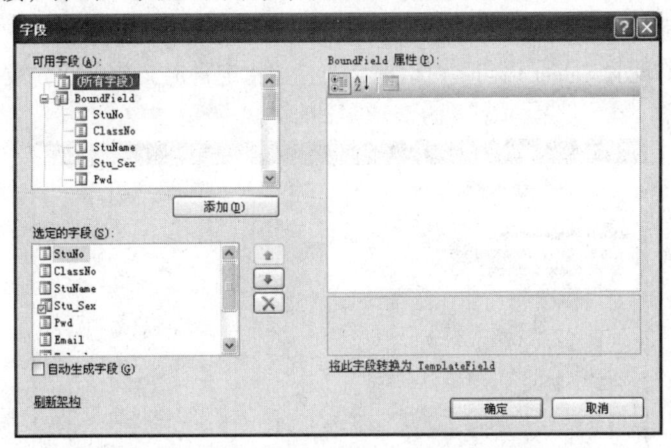

图 6-28 “字段”对话框

（23）在“选定的字段”列表中选择 StuNo 字段，在对话框右侧的属性栏中修改 HeaderText 属性为“学号”，如图 6-29 所示。

图 6-29 修改字段的属性

（24）参照步骤（23），依次修改每个字段的 HeaderText 属性，使得最终页面显示效果如图 6-30 所示。

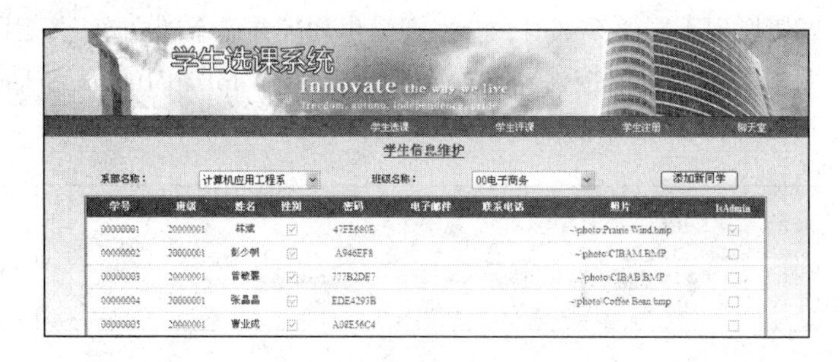

图 6-30 修改标题栏后的页面显示效果

（25）从图 6-30 可以看出，班级列显示的是班级编号，对于用户来说更希望显示的是班级的名称，但在 Student 表中没有班级名称的字段，为了显示班级的名称，需要连接 Class 表。单击“GridView 任务”菜单中的“配置数据源”超链接，系统弹出“配置数据源”对话框。单击“下一步”按钮，进入“配置 Select 语句”对话框，选择“指定自定义 SQL 语句或存储过程”单选按钮，如图 6-31 所示。

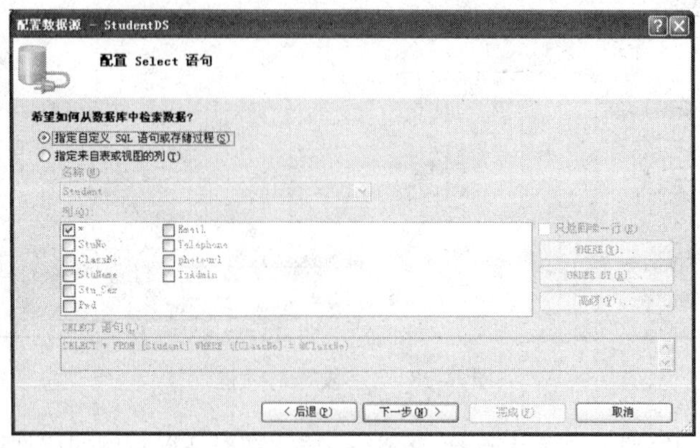

图 6-31 重新配置 Select 语句

（26）单击“下一步”按钮，进入“定义自定义语句或存储过程”对话框，如图 6-32 所示。可以直接在空白处输入 SQL 语句，也可以单击“查询生成器”按钮来生成 SQL 语句。本例中选择后者。

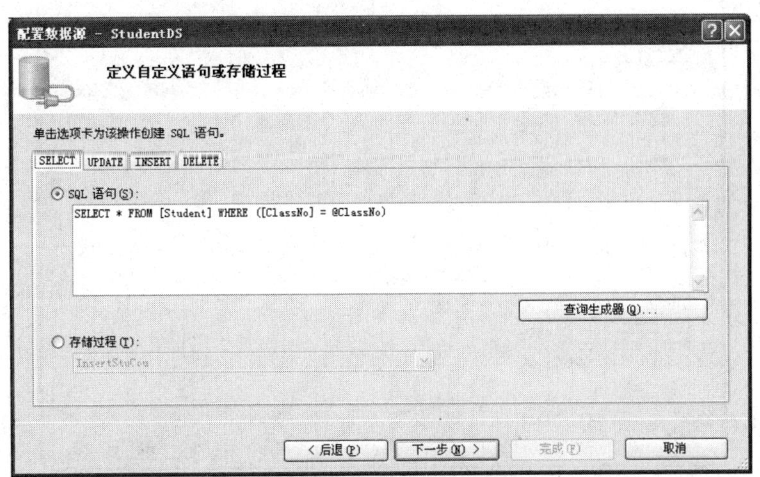

图 6-32　“定义自定义语句或存储过程”对话框

（27）系统弹出“查询生成器”对话框。右击对话框中第一部分的空白处，在弹出的快捷菜单中选择“添加表”命令，如图 6-33 所示。

（28）在弹出的“添加表”对话框中，选择 Class 表，单击“添加”按钮，如图 6-34 所示。然后单击“关闭”按钮。

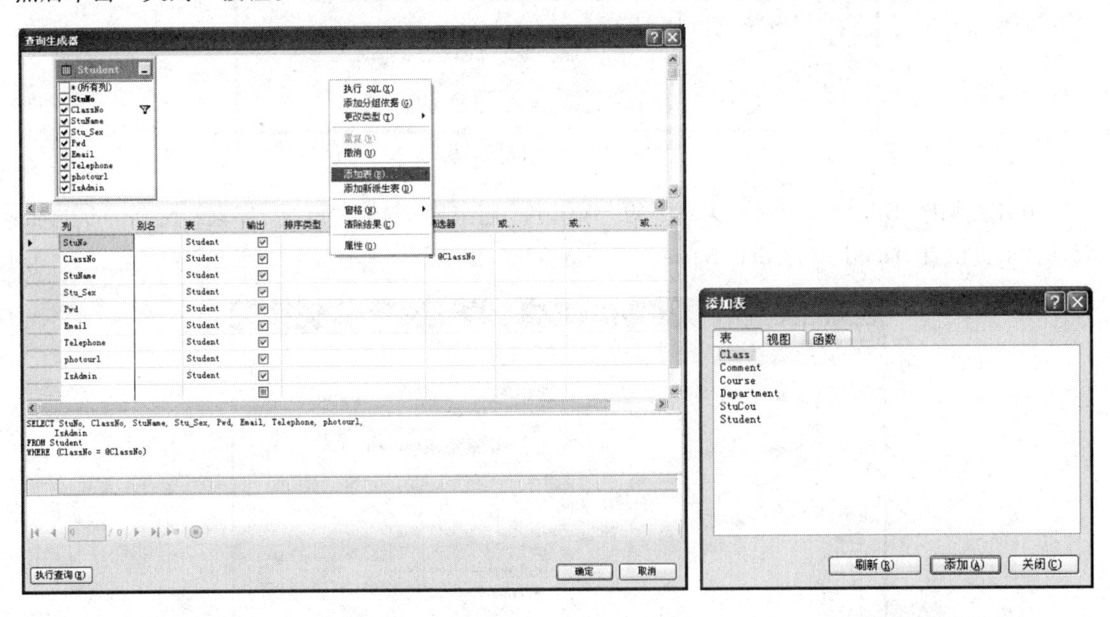

图 6-33　“查询生成器”对话框　　　　图 6-34　“添加表”对话框

（29）在“查询生成器”对话框中的 Class 表里，单击选中 ClassName 字段，则系统自动生成相关的 SQL 语句，如图 6-35 所示。

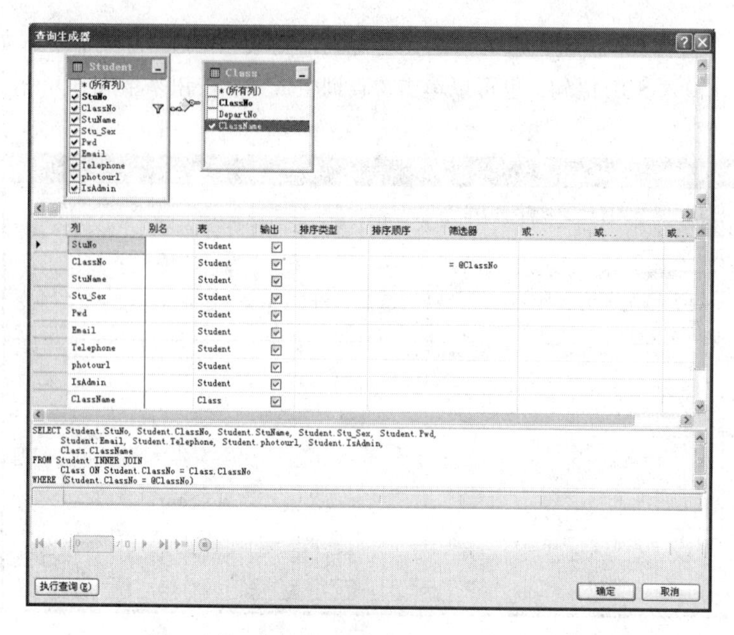

图 6-35　选中 Class 表中的 ClassName 字段

（30）单击“确定”按钮，关闭“查询生成器”对话框。依次单击“下一步”按钮，完成数据源的配置。由于数据中的 SQL 语句发生了变化，系统会弹出一个确认对话框，如图 6-36 所示。这里单击“否”按钮。

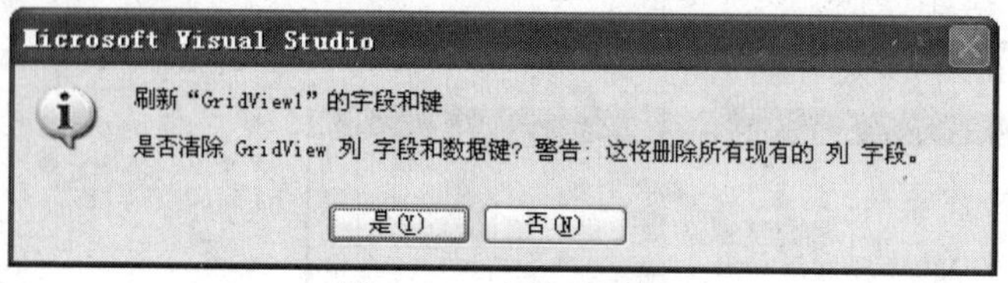

图 6-36　确认对话框

（31）单击“GridView 任务”菜单中的“编辑列”超链接，选定“班级”字段，在“BoundField 属性”下方设置 DataField 为 ClassName，如图 6-37 所示。

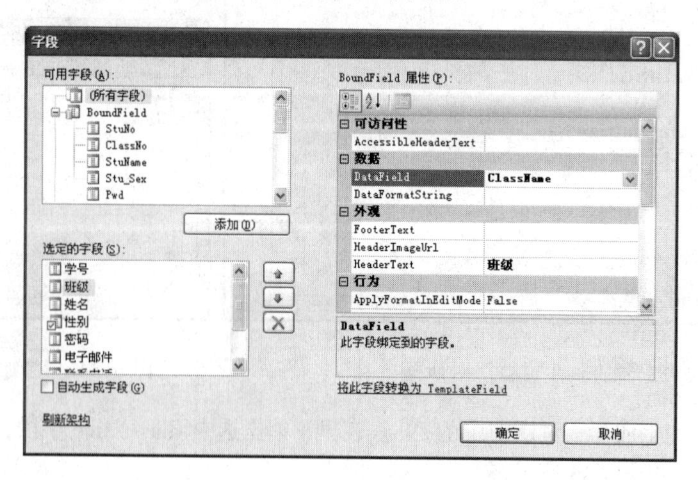

图 6-37　修改班级列的字段属性

（32）选中“GridView 任务”菜单中的“启用分页”复选框，实现分页功能。页面显示效果如图 6-38 所示。

图 6-38　页面运行效果

6.2.2　相关知识

1. 数据源控件介绍

为了简化对数据库的访问，在 ASP.NET 提供了多个数据源控件，如 SqlDataSource、ObjectDataSource、XmlDataSource、AccessDataSource 和 SiteMapDataSource 等控件。这些控件全都可以用来从它们各自类型对应的数据源中检索数据，并且可以绑定到各种数据绑定控件。数据源控件极大地减少了为检索和绑定数据甚至对数据进行排序、分页或编辑而编写的代码数量。其中，SiteMapDataSource 和 XmlDataSource 用于检索分层数据，而其他数据源控件则用于检索带有列和行的基于集合的数据。

这些数据源控件都具有类似的属性，用法也基本相似，下面就以 SqlDataSource 数据源为例，介绍数据源控件的用法。SqlDataSource 似乎只能用于访问 SQL Server，但实际情况却并非如此。它实际上可以用来从任何 OLE DB 或符合 ODBC 的数据源中检索数据。

2. 使用 SqlDataSource 检索数据

若要使用 SqlDataSource 控件从数据库中检索数据，至少需要设置以下属性：

（1）ConnectionString：设置为用于数据库的连接字符串。

（2）SelectCommand：设置为从数据库中返回数据的 SQL 查询或存储过程。为 SelectCommand 属性设置的查询与在编写 ADO.NET 数据访问代码时为 ADO.NET IDbCommand 对象的 CommandText 属性设置的查询相同。SQL 查询的实际语法取决于具体的数据架构和所使用的数据库。

```
<asp:SqlDataSource ID="classDataSource" runat="server"
ConnectionString="<%$ ConnectionStrings:XkConnectionString %>"
   SelectCommand="SELECT [ClassNo], [ClassName] FROM [Class] WHERE ([DepartNo]
     = @DepartNo)">
<SelectParameters>
    <asp:ControlParameter ControlID="dpDepartment" Name="DepartNo" Property
     Name="SelectedValue"  Type="String" />
```

```
</SelectParameters>
</asp:SqlDataSource>
```

指定的 SQL 查询还可以是参数化的查询。可以将与参数化查询相关联的 Parameter 对象添加到 SelectParameters 集合中。参数的默认前缀为“@”。

SqlDataSource 还提供其他功能，具体如表 6-2 所示。

表 6-2　SqlDataSource 提供的功能

功　能	要　求
缓存	将 DataSourceMode 属性设置为 DataSet 值，EnableCaching 属性设置为 true，并根据希望缓存数据所具有的缓存行为设置 CacheDuration 和 CacheExpirationPolicy 属性
删除	将 DeleteCommand 属性设置为删除数据所用的 SQL 语句（此语句通常是参数化的）
筛选	将 DataSourceMode 属性设置为 DataSet 值。将 FilterExpression 属性设置为在调用 Select 方法时用于筛选数据的筛选表达式
插入	将 InsertCommand 属性设置为插入数据所用的 SQL 语句（此语句通常是参数化的）
分页	SqlDataSource 当前不支持此功能，但是当将 DataSourceMode 属性设置为 DataSet 值时，某些数据绑定控件（例如，GridView）支持分页
选择	将 SelectCommand 属性设置为检索数据所用的 SQL 语句
排序	将 DataSourceMode 属性设置为 DataSet
更新	将 UpdateCommand 属性设置为更新数据所用的 SQL 语句（此语句通常是参数化的）

SqlDataSource 控件没有可视化呈现，将它实现为控件是为了能够以声明的方式创建它，并且可以选择允许它参与状态管理。因此，SqlDataSource 不支持可视化功能，例如 EnableTheming 或 SkinID 属性提供的可视化功能。数据源控件只是操作数据的功能，要将数据显示到页面中，还需要借助数据绑定控件，例如 GridView。

3. GridView 控件简介

GridView 控件用来在表中显示数据源的值。该控件的每列表示一个字段，每行表示一条记录。GridView 控件支持下面的功能：绑定至数据源控件，如 SqlDataSource；内置排序功能；内置更新和删除功能；内置分页功能；内置行选择功能；以编程方式访问 GridView 对象模型来动态设置属性、处理事件等；多个键字段；用于超链接列的多个数据字段；可通过主题和样式自定义外观。

（1）列字段：GridView 控件中的每一列由一个 DataControlField 对象表示。默认情况下，AutoGenerateColumns 属性被设置为 true，它为数据源中的每一个字段创建一个 AutoGeneratedField 对象。然后，每个字段将作为 GridView 控件中的列呈现，其顺序等同于每一字段在数据源中的先后顺序。

通过将 AutoGenerateColumns 属性设置为 false，然后定义自己的列字段集合，也可以手动设置哪些列字段将显示在 GridView 控件中。不同的列字段类型决定了控件中各列的行为，表 6-3 列出了可以使用的不同列字段类型。

表 6-3　列字段类型

列字段类型	说　明
BoundField	显示数据源中某个字段的值。这是 GridView 控件的默认列类型

续表

列字段类型	说　明
ButtonField	为 GridView 控件中的每个项显示一个命令按钮。因此可以创建一列自定义按钮控件，如“添加”按钮或“移除”按钮
CheckBoxField	为 GridView 控件中的每一项显示一个复选框。此列字段类型通常用于显示具有布尔值的字段
CommandField	显示用来执行选择、编辑或删除操作的预定义命令按钮
HyperLinkField	将数据源中某个字段的值显示为超链接。此列字段类型允许将一个字段和超链接类型绑定
ImageField	为 GridView 控件中的每一项显示一个图像
TemplateField	根据指定的模板，为 GridView 控件中的每一项显示用户定义的内容。此列字段类型允许创建自定义的列字段

若要以声明方式定义列字段集合，首先在 GridView 控件的开始和结束标记之间添加<Columns>开始和结束标记。接着，列出想包含在<Columns>开始和结束标记之间的列字段。指定的列将按其先后顺序被添加到 Columns 集合中。Columns 集合可存储该控件中的所有列字段，并允许以编程方式管理 GridView 控件中的列字段。

显式声明的列字段可与自动生成的列字段结合在一起显示。两者同时使用时，先呈现显式声明的列字段，再呈现自动生成的列字段。

注意：自动生成的列字段不会被添加到 Columns 集合中。

（2）绑定到数据：GridView 控件可绑定到数据源控件（如 SqlDataSource、ObjectDataSource 等控件），以及实现 System.Collections.IEnumerable 接口的任何数据源（如 System.Data.DataView、System.Collections. ArrayList 或 System.Collections.Hashtable）上。可以使用以下任一种方法将 GridView 控件与适当的数据源类型绑定：

- 若要绑定到某个数据源控件，可将 GridView 控件的 DataSourceID 属性设置为该数据源控件的 ID 值。GridView 控件将自动绑定指定数据源控件，并且可利用该数据源控件的功能来执行排序、更新、删除和分页功能，这是数据绑定的首选方法。
- 若要绑定某个实现 System.Collections.IEnumerable 接口的数据源，可以编程方式将 GridView 控件的 DataSource 属性设置为该数据源，然后调用 DataBind()方法。当使用此方法时，GridView 控件不提供内置的排序、更新、删除和分页功能，需要使用适当的事件来提供此功能。

（3）数据操作：GridView 控件提供了很多内置功能，这些功能使得用户可以对控件中的项执行排序、更新、删除、选择和分页操作。当 GridView 控件绑定某个数据源控件时，GridView 控件可利用该数据源控件的功能，并且将提供自动排序、更新和删除功能。

排序允许用户通过单击某个特定列的标题来根据该列排序 GridView 控件中的项。若要启用排序，需将 AllowSorting 属性设置为 true。

当单击 ButtonField 或 TemplateField 列字段中命令名分别为 Edit、Delete 和 Select 的按钮时，自动更新、删除和选择功能启用。

注意：GridView 控件不支持直接将记录插入数据源的操作。但是，结合使用 GridView 控件与 DetailsView 或 FormView 控件则可以插入记录。

GridView 控件可自动将数据源中的所有记录分成多页，而不是同时显示这些记录。若要启用分页，需将AllowPaging属性设置为true。

（4）自定义用户界面：可通过设置GridView控件的不同部分的样式属性来自定义该控件的外观。表6-4列出了不同的样式属性。

表6-4 样式属性

样式属性	说明
AlternatingRowStyle	GridView控件中的交替数据行的样式设置。当设置了此属性时，数据行交替使用RowStyle设置和AlternatingRowStyle设置进行显示
EditRowStyle	GridView控件中正在编辑的行的样式设置
EmptyDataRowStyle	设置当数据源不包含任何记录时，GridView控件中空数据行的显示样式
FooterStyle	GridView控件的脚注行的样式设置
HeaderStyle	GridView控件的标题行的样式设置
PagerStyle	GridView控件的页导航行的样式设置
RowStyle	GridView控件中数据行的样式设置。当还设置了AlternatingRowStyle属性时，数据行交替使用RowStyle设置和AlternatingRowStyle设置进行显示
SelectedRowStyle	GridView控件中选中行的样式设置

也可以显示或隐藏控件的不同部分。表6-5列出了显示或隐藏页眉、页脚的属性。

表6-5 显示或隐藏控件的属性和说明

属性	说明
ShowFooter	显示或隐藏GridView控件的页脚
ShowHeader	显示或隐藏GridView控件的页眉

（5）事件：GridView控件提供了多个可编程的事件。这样，可以在每次发生事件时都运行一个自定义例程。表6-6列出了GridView控件支持的事件。

表6-6 GridView控件支持的事件

事件	说明
PageIndexChanged	发生在单击某一页的导航按钮，并且GridView控件处理分页操作之后。此事件通常用于用户定位到该控件中的另一页之后执行某项任务
PageIndexChanging	发生在单击某一页的导航按钮，并且GridView控件处理分页操作之前。此事件通常用于取消分页操作
RowCancelingEdit	发生在单击某一行的“取消”按钮，并且GridView控件退出编辑模式之前。此事件通常用于停止取消操作
RowCommand	当单击GridView控件中的按钮时发生。此事件通常用于在控件中单击按钮时执行某项任务
RowCreated	当在GridView控件中创建新行时发生。此事件通常用于在创建行时修改行的内容
RowDataBound	当在GridView控件中将数据行绑定到数据时发生。此事件通常用于在行绑定到数据时修改行的内容
RowDeleted	发生在单击某一行的“删除”按钮，并且GridView控件从数据源中删除相应记录之后。此事件通常用于检查删除操作的结果
RowDeleting	发生在单击某一行的“删除”按钮，并且GridView控件从数据源中删除相应记录之前。此事件通常用于取消删除操作

续表

事　　件	说　　明
RowEditing	发生在单击某一行的“编辑”按钮以后，GridView 控件进入编辑模式之前。此事件通常用于取消编辑操作
RowUpdated	发生在单击某一行的“更新”按钮，并且 GridView 控件对该行进行更新之后。此事件通常用于检查更新操作的结果
RowUpdating	发生在单击某一行的“更新”按钮以后，并且 GridView 控件对该行进行更新之前。此事件通常用于取消更新操作
SelectedIndexChanged	发生在单击某一行的“选择”按钮，并且 GridView 控件对相应的选择操作进行处理之后。此事件通常用于在该控件中选定某行之后执行某项任务
SelectedIndexChanging	发生在单击某一行的“选择”按钮以后，并且 GridView 控件对相应的选择操作进行处理之前。此事件通常用于取消选择操作
Sorted	发生在单击用于列排序的超链接，并且 GridView 控件对相应的排序操作进行处理之后。此事件通常用于在用户单击用于列排序的超链接之后执行某个任务
Sorting	发生在单击用于列排序的超链接，并且 GridView 控件对相应的排序操作进行处理之前。此事件通常用于取消排序操作或执行自定义的排序例程

6.3 学生信息的编辑

学生信息的编辑实质上就是指针对 Student 表的修改操作，要想实现该功能，需要对 Student 表执行 Update 语句。本节采用数据源方式实现该功能。

6.3.1 操作步骤

（1）为 StudentDS 数据源设置 Update 语句。选择 StudentDS 数据源，在它的属性窗口中找到 UpdateQuery 属性，如图 6-39 所示。

（2）单击[...]按钮，弹出“命令和参数编辑器”对话框，用来设置 UpdateQuery 属性，如图 6-40 所示。

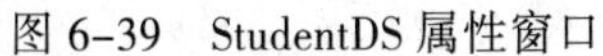
图 6-39　StudentDS 属性窗口

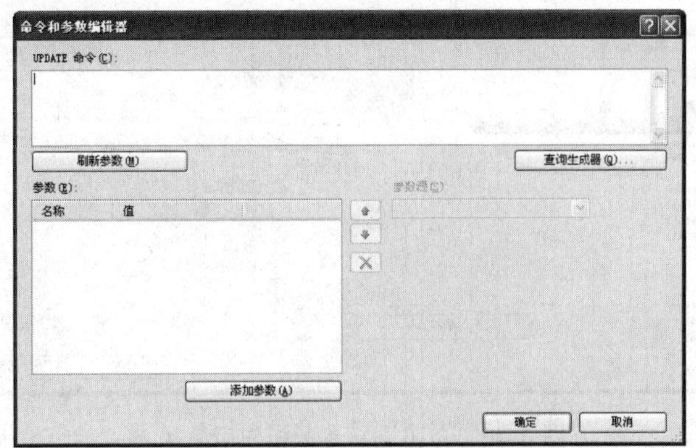

图 6-40　“命令和参数编辑器”对话框

（3）单击“查询生成器”按钮，弹出“查询生成器”对话框，设置相关信息，如图 6-41 所示。

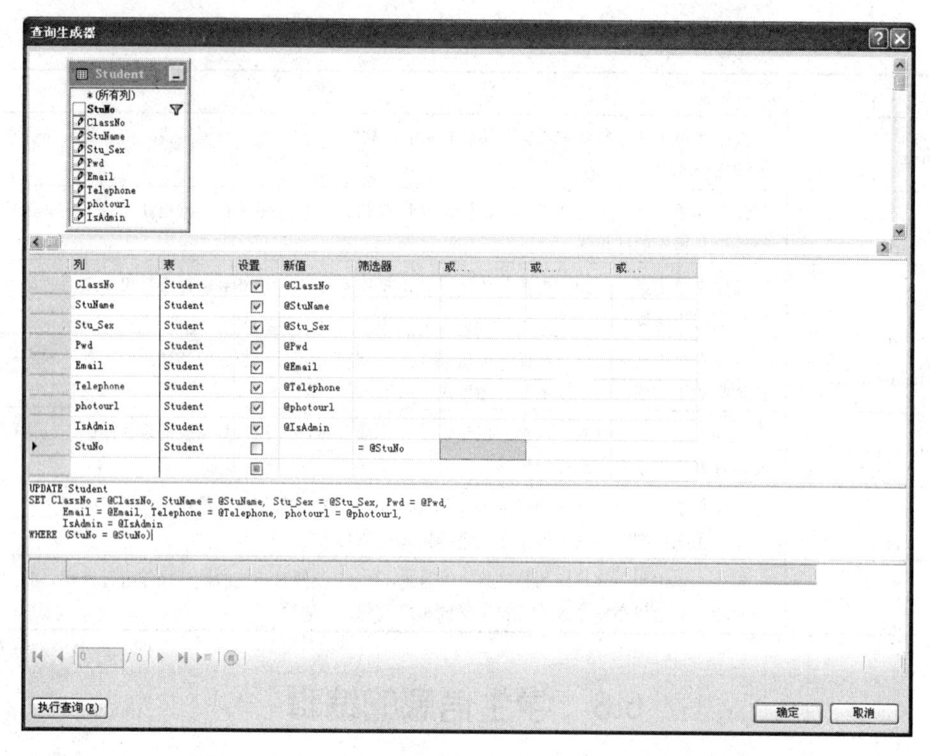

图 6-41 在“查询生成器”对话框中设置 Update 语句

（4）设置完成后，单击“确定”按钮。在“命令和参数编辑器”对话框中单击“刷新参数”按钮，结果如图 6-42 所示。然后，单击“确定”按钮，完成设置。

（5）展开“GridView 任务”菜单，会发现多出一个“启用编辑”复选框，如图 6-43 所示。选中该复选框。此时，系统会自动在 GridView 中添加“编辑”列，如图 6-44 所示。

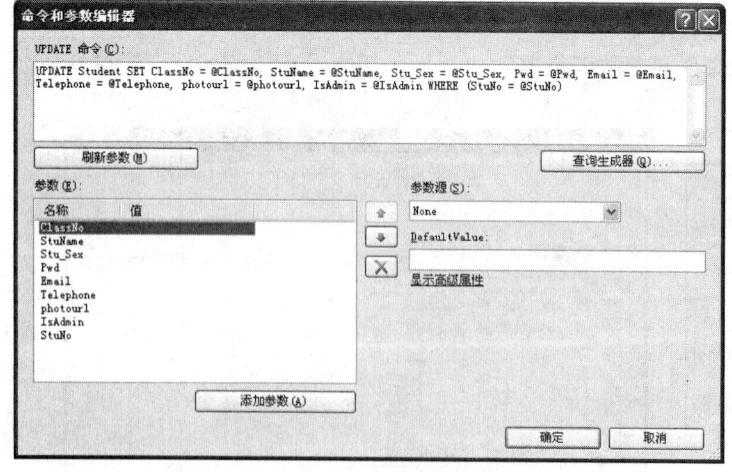

图 6-42 单击刷新参数按钮后效果

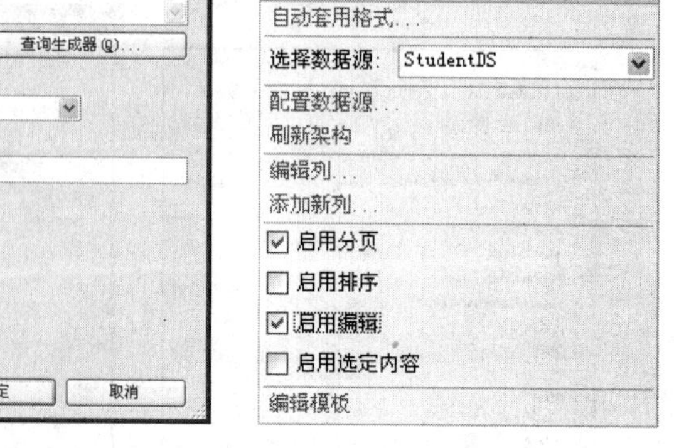

图 6-43 选择“启用编辑”复选框

学生信息维护

系部名称：	数据绑定 SqlDataSource - DepartDS	班级名称：	数据绑定 SqlDataSource - classDS	添加新同学

	学号	班级	姓名	性别	密码	电子邮件	联系电话	照片	IsAdmin
编辑	abc	abc	abc	☐	abc	abc	abc	abc	☐
编辑	abc	abc	abc	☑	abc	abc	abc	abc	☑
编辑	abc	abc	abc	☐	abc	abc	abc	abc	☐
编辑	abc	abc	abc	☑	abc	abc	abc	abc	☑
编辑	abc	abc	abc	☐	abc	abc	abc	abc	☐
编辑	abc	abc	abc	☑	abc	abc	abc	abc	☑
编辑	abc	abc	abc	☐	abc	abc	abc	abc	☐
编辑	abc	abc	abc	☑	abc	abc	abc	abc	☑
编辑	abc	abc	abc	☐	abc	abc	abc	abc	☐
编辑	abc	abc	abc	☑	abc	abc	abc	abc	☑
1 2									

SqlDataSource - StudentDS

图 6-44　系统效果图

（6）测试编辑功能，如图 6-45 所示。单击“编辑”按钮，将出现“更新”和“取消”按钮，如图 6-46 所示；单击“更新”按钮，会将修改的结果保存到数据库中。

	学号	班级	姓名	性别	密码	电子邮件	联系电话	照片	IsAdmin
编辑	00000001	00电子商务	林斌	☑	47FE680E			~\photo\Prairie Wind.bmp	☑
编辑	00000002	00电子商务	彭少帆	☑	A946EF8			~\photo\CIBAM.BMP	☐
编辑	00000003	00电子商务	曾敏馨	☑	777B2DE7			~\photo\CIBAB.BMP	☐
编辑	00000004	00电子商务	张晶晶	☑	EDE4293B			~\photo\Coffee Bean.bmp	☐
编辑	00000005	00电子商务	曹业成	☑	A08E56C4				☐
编辑	00000006	00电子商务	甘蕾	☑	3178C441				☐
编辑	00000007	00电子商务	凌晓文	☑	B7E6F4BE				☐
编辑	00000008	00电子商务	梁亮	☑	BFDEB84F				☐
编辑	00000009	00电子商务	陈燕珊	☑	A4A0BDFF				☐
编辑	00000010	00电子商务	韩霞	☑	4033A878				☐
1 2									

图 6-45　测试编辑功能

	学号	班级	姓名	性别	密码	电子邮件	联系电话	照片	IsAdmin
更新 取消	00000001	00电子商务	林斌	☑	47FE680E			~\photo\Prairie Wind.bmp	☑
编辑	00000002	00电子商务	彭少帆	☑	A946EF8			~\photo\CIBAM.BMP	☐
编辑	00000003	00电子商务	曾敏馨	☑	777B2DE7			~\photo\CIBAB.BMP	☐
编辑	00000004	00电子商务	张晶晶	☑	EDE4293B			~\photo\Coffee Bean.bmp	☐
编辑	00000005	00电子商务	曹业成	☑	A08E56C4				☐
编辑	00000006	00电子商务	甘蕾	☑	3178C441				☐
编辑	00000007	00电子商务	凌晓文	☑	B7E6F4BE				☐
编辑	00000008	00电子商务	梁亮	☑	BFDEB84F				☐
编辑	00000009	00电子商务	陈燕珊	☑	A4A0BDFF				☐
编辑	00000010	00电子商务	韩霞	☑	4033A878				☐
1 2									

图 6-46　单击“编辑”按钮后显示“更新”和“取消”按钮

（7）此时，如果要修改学生所在的班级信息就需要修改相应的班级编号，这对于用户来说很不方便，可采用下拉列表的形式来让用户选择班级。选择“GridView 任务”菜单中的“编辑列”超链接，弹出“字段”对话框，选中“班级”字段，单击“将此字段转换为 TemplateField”超链接。再单击“确定”按钮，如图6-47所示。

（8）展开“GridView任务”菜单，单击“编辑模板”超链接，进入模板编辑模式，如图6-48所示。在“GridView任务”菜单的“显示”下拉列表框中选择“Column[2]-班级”选项。

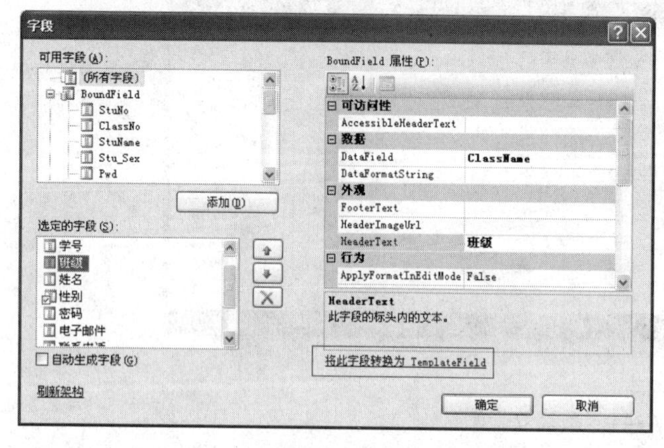

图6-47 将班级字段转换为模板列

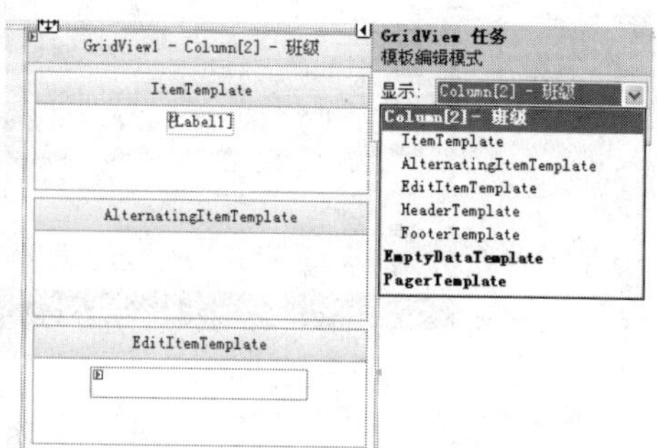

图6-48 进入模板编辑模式

（9）EditItemTemplate模板用来设置GridView处于编辑状态时该列的表现形式。如图6-48所示，该模板中放置的是一个文本框TextBox，因此在编辑此列时，该列会显示一个文本框。要让此列显示下拉列表框，只需要在该模板中放置一个下拉列表控件DropDownList即可。删除EditItemTemplate模板中的文本框控件，从工具箱中拖动一个DropDownList控件放入该模板，将其ID设置为MyDpClass，如图6-49所示。

（10）参照6.2节中的步骤（12）～（16），为MyDpClass下拉列表设置数据源，使其显示Class表中的所有班级信息。

（11）展开MyDpClass的“DropDownList任务”菜单，单击“编辑DataBindings”超链接（见图6-50），弹出MyDpClass DataBindings对话框，如图6-51所示。在“可绑定属性”中选择SelectedValue，将其绑定到ClassNo字段上，并选中“双向数据绑定”复选框。如果该下拉列表框不可选，可单击该对话框左下角的“刷新架构”超链接。

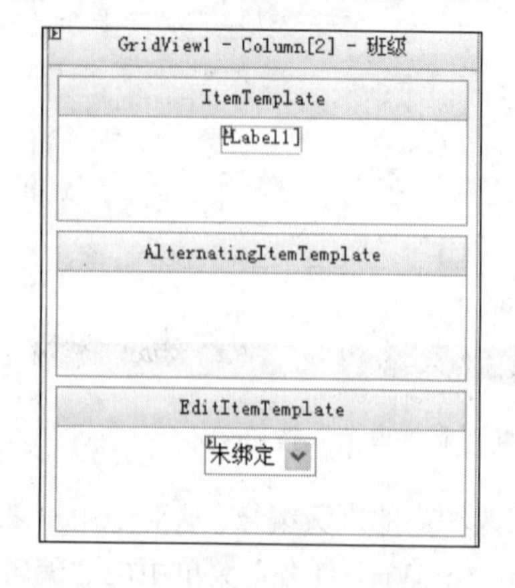

图6-49 将DropDownList控件放入EditItemTemplate模板中

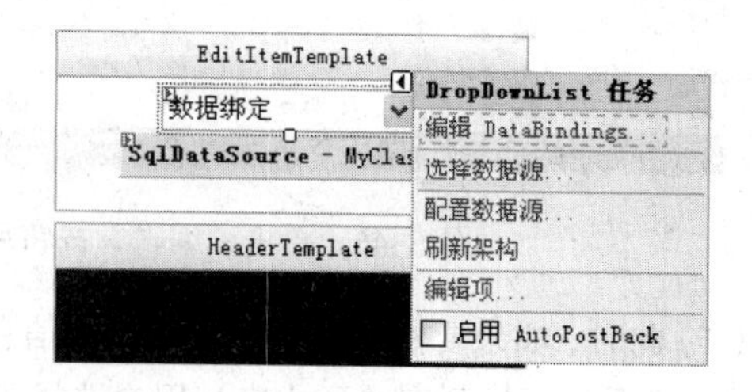

图6-50 展开MyDpClass控件“DropDownList任务”菜单

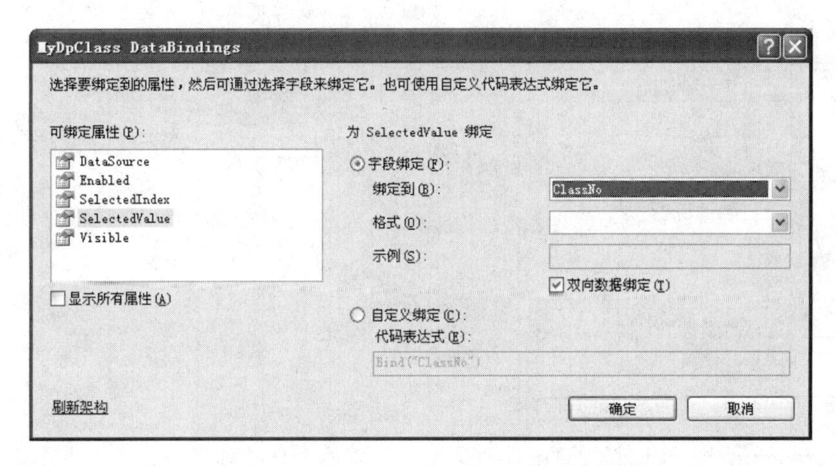

图 6-51　MyDpClass DataBindings 对话框

（12）测试运行，效果如图 6-52 所示。此时班级信息可通过下拉列表来进行选择。

	学号	班级	姓名	性别	密码	电子邮件	联系电话	照片	IsAdmin
更新 取消	00000001	00电子商务	林斌	☑	47FE680E			~\photo\Prairie Wind.bmp	☑
编辑	00000002	00电子商务	彭少帆	☑	A946EF8			~\photo\CIBAM.BMP	☐
编辑	00000003	00电子商务	曾敏馨	☑	777B2DE7			~\photo\CIBAB.BMP	☐
编辑	00000004	00电子商务	张晶晶	☑	EDE4293B			~\photo\Coffee Bean.bmp	☐
编辑	00000005	00电子商务	曹业成	☑	A08E56C4				☐
编辑	00000006	00电子商务	甘蕾	☑	3178C441				☐
编辑	00000007	00电子商务	凌晓文	☑	B7E6F4BE				☐
编辑	00000008	00电子商务	梁亮	☑	BFDEB84F				☐
编辑	00000009	00电子商务	陈燕珊	☑	A4A0BDFF				☐
编辑	00000010	00电子商务	韩霞	☑	4033A878				☐

1 2

图 6-52　添加下拉列表框后的运行效果

（13）实现照片上传功能。当用户修改学生照片时，需要首先上传照片到服务器上，然后再修改照片的相对地址。ASP.NET 中提供了文件上传控件 FileUpload，可以实现文件的选择和上传。在网站中新建目录 pic，用来存放照片文件。选择“GridView 任务”菜单中的“编辑列”选项，弹出“字段”对话框，选中“照片”字段，然后单击“将此字段转换为 TemplateField”超链接，具体可参照操作步骤（7）。

（14）展开“GridView 任务”菜单，单击“编辑模板”超链接，进入模板编辑模式，在“GridView 任务”菜单的“显示”下拉列表框中选择“Column[6]-照片”选项。从工具箱中拖动 Image 控件 Image1，放置到 ItemTemplate 中，设置合适的大小；拖动 Image 控件 Image2 和 FileUpload 控件 FileUpload1 放置到 EditItemTemplate 中，设置合适的大小，如图 6-53 所示。

（15）展开“Image1 任务”菜单，如图 6-54 所示。单击“编辑 DataBindings”超链接，弹出 Image1 DataBindings 对话框，在“可绑定属性”中选择 ImageUrl 属性，单击“字段绑定”单选按钮将其设置为绑定到 photourl 字段，如图 6-55 所示。同样设置 Image2 的 DataBindings 属性。

（16）此时，运行网页，当处于浏览模式时，照片列会显示学生的照片，而不是地址；当单击“编辑”按钮后，照片列会显示上传控件，如图 6-56 所示。

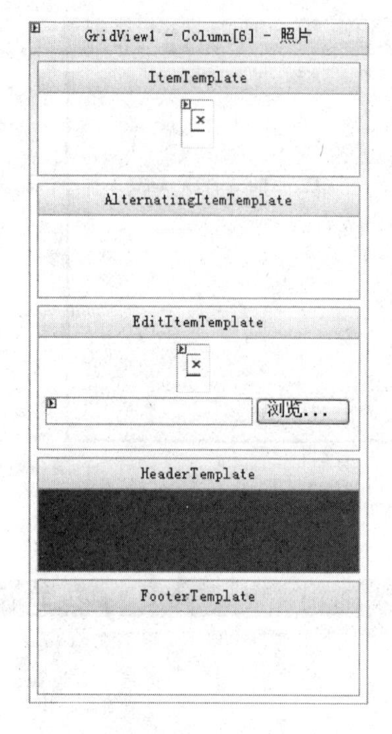

图 6-53 “Column[6]-照片”模板

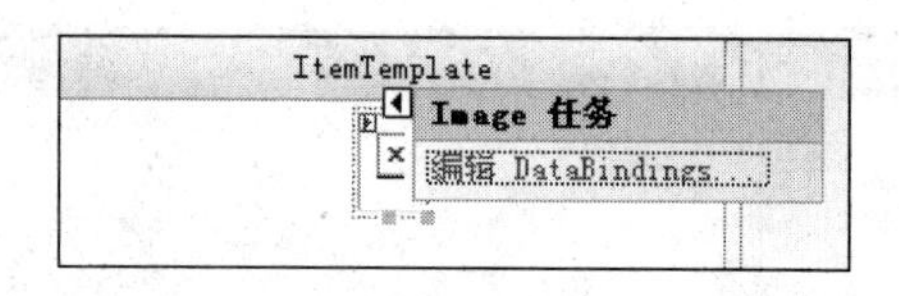

图 6-54 展开“Image1 任务”菜单

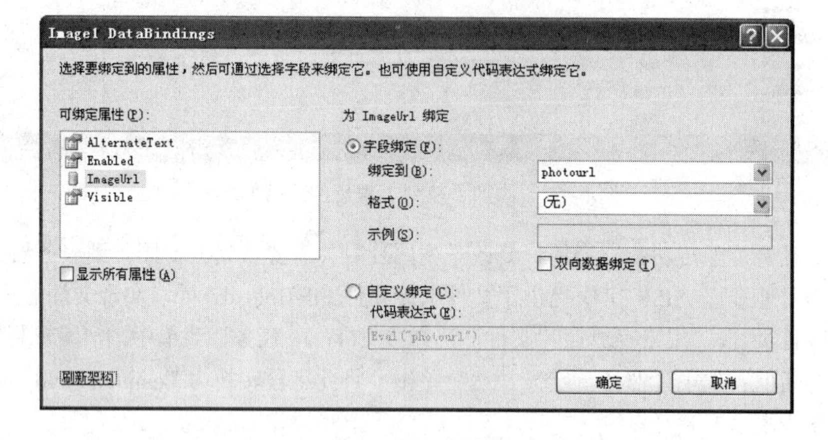

图 6-55 设置 Image1 的 DataBindings

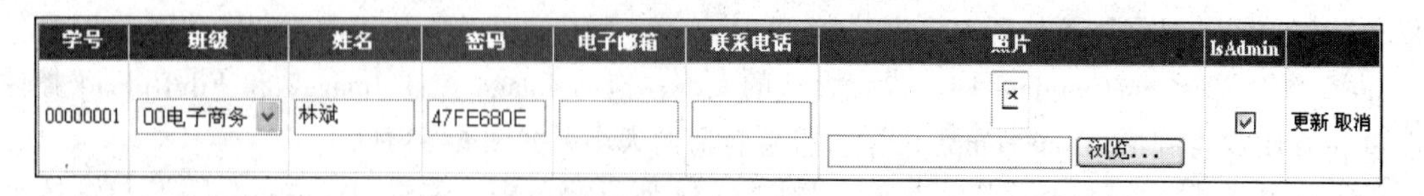

图 6-56 编辑状态

（17）实现文件上传。当用户选择一张照片，并单击“更新”按钮时，应上传文件，并将修改后的照片地址保存到数据库。由于要先上传照片文件，然后才修改数据库中的照片地址，因此，要在 GridView 的 RowUpdating 事件中处理文件上传和修改地址的操作。创建 GridView 的 RowUpdating 事件处理程序，输入如图 6-57 所示的代码。

```
protected void GridView1_RowUpdating(object sender, GridViewUpdateEventArgs e)
{
  FileUpload f=(FileUpload)GridView1.Rows[e.RowIndex].FindControl("FileUpload1");
  Image img=(Image)GridView1.Rows[e.RowIndex].FindControl("Image2");
  if (f!=null)
  {
   if (f.HasFile)
   { //上传照片
     f.PostedFile.SaveAs(Server.MapPath(@"~\pic\" + f.FileName));
     //修改Update语句的参数值
     StudentDS.UpdateParameters["photourl"].DefaultValue=@"~\pic\" + f.FileName;
   }
   else
   {
     StudentDS.UpdateParameters["photourl"].DefaultValue=img.ImageUrl;
   }
  }
}
```

图6-57 上传照片

（18）照片更新功能已实现，但当上传的照片文件大于4 MB时将无法上传。可以在Web.Config文件中修改设置，以实现大文件的上传。打开Web.Config文件，修改<system.web>标记中的设置，如图6-58所示。其中，maxRequestLength的单位是KB（千字节），executionTimeout的单位是秒。

```
<configuration>
  <system.web>
      <httpRuntime maxRequestLength="1000000" executionTimeout="1000"/>
  </system.web>
</configuration>
```

图6-58 修改Web.Config文件

6.3.2 相关知识

1. 数据冲突的解决

如果多名用户同时修改一名学生的信息，就会导致数据冲突，即产生一种并发冲突。对此，SqlDataSource采用了两种策略来解决。

（1）假如数据在取出之后被改变，则修改失败。

指定SqlDataSource控件的ConflictDetection属性为CompareAllValues，此时自动生成的UPDATE语句如下：

```
UPDATE [Student] SET [ClassNo]=@ClassNo, [StuName]=@StuName, [Pwd]=@Pwd,
[Email]=@Email, [Telephone]=@Telephone, [photourl]=@photourl, [IsAdmin]=
@IsAdmin WHERE [StuNo]=@original_StuNo AND [ClassNo]=@original_ClassNo AND
[StuName]=@original_StuName AND [Pwd]=@original_Pwd AND [Email]=@original_Email
AND [Telephone]=@original_Telephone AND [photourl]=@original_photourl AND
[IsAdmin]=@original_IsAdmin
```

（2）无论数据在取出之后是否被改变，修改都会成功。

指定SqlDataSource控件的ConflictDetection属性为OverwriteChanges，此时生成的UPDATE语句如下：

```
UPDATE [Student] SET [ClassNo]=@ClassNo, [StuName]=@StuName, [Pwd]=@Pwd,
[Email]=@Email, [Telephone]=@Telephone, [photourl]=@photourl, [IsAdmin]=
@IsAdmin WHERE [StuNo]=@original_StuNo
```

2. 错误检查测试

数据更新后，如何知道是否更新成功？当数据完成更新后，SqlDataSource会调用SqlDataSource.Updated事件。这样，通过分析该事件处理程序中SqlDataSourceStatusEventsArgs类型的参数e，就能够了解更新是否成功。

```
protected void StudentDS_Updated(object sender, SqlDataSourceStatusEventArgs
e)
{
    if (e.Exception!=null){
    // 数据更新操作发生错误
    // 设置e.ExceptionHandled=true;可以避免抛出异常
    }
     else if (e.AffectedRows==0){
    // 数据更新没有出现异常，但没有记录被更新
    }
 }
```

3. 模板列

使用TemplateField对象可以指定包含标记和控件的模板，以便自定义GridView控件中列的布局和行为。使用ItemTemplate可以指定当GridView显示列中的数据时所使用的布局。若想要设置用户编辑列中的数据时使用的布局，可以创建一个EditItemTemplate。模板中可以包含标记、Web服务器控件和命令按钮。

在模板中，可以使用Eval和Bind方法将控件绑定到数据。当控件仅用来显示值时，可以使用Eval方法。当用户可以修改数据值，也就是存在数据更新时，可以使用Bind方法。可以在任何模板中使用Eval方法来显示数据。如果模板中包含用户可能更改其值的控件，如TextBox和CheckBox控件，或者模板允许删除记录，可以使用Bind方法。

6.4 学生信息的删除

学生信息的删除就是将Student表中的指定记录删除，即需要对Student表执行Delete语句。本节将采用数据源方式实现该功能。

6.4.1 操作步骤

（1）为StudentDS数据源设置Delete语句。选择StudentDS数据源，在它的属性窗口中找到DeleteQuery属性。可参照6.3节中的操作步骤（1）~（4）设置该属性，如图6-59所示。

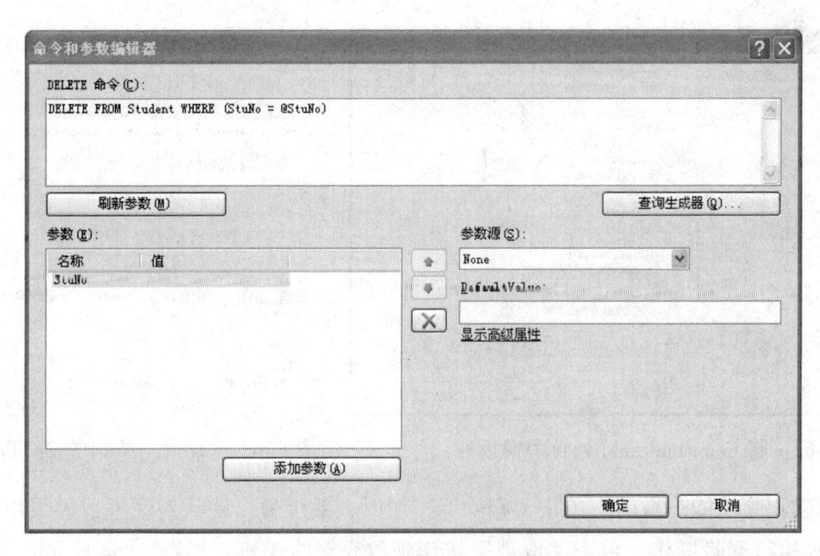

图 6-59　设置 DeleteQuery 属性

（2）展开“GridView 任务”菜单，会发现多了一个“启用删除”复选框。选中该复选框，如图 6-60 所示。此时，系统会自动在 GridView 中添加删除列，如图 6-61 所示。

（3）测试删除功能。仅当该学生没有选课记录时，删除成功。为防止用户意外单击“删除”按钮造成数据丢失，通常会在执行删除操作前询问一下用户，即在客户端浏览器中弹出一个让用户确认删除的对话框。

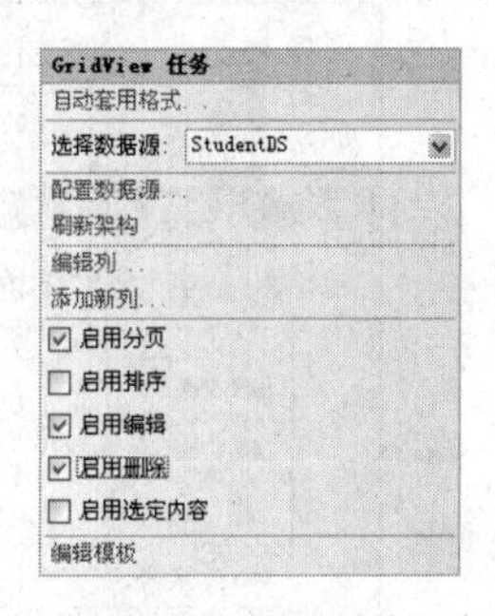

图 6-60　选择“启用删除”复选框

图 6-61　启用删除后的效果

（4）参照 6.3 节中的步骤（7），将 CommandField 列转换为模板列，如图 6-62 所示。

（5）编辑模板。单击“删除”按钮，在其 OnClientClick 属性中输入 return confirm（“确实要删除该学生吗？”），如图 6-63 所示。

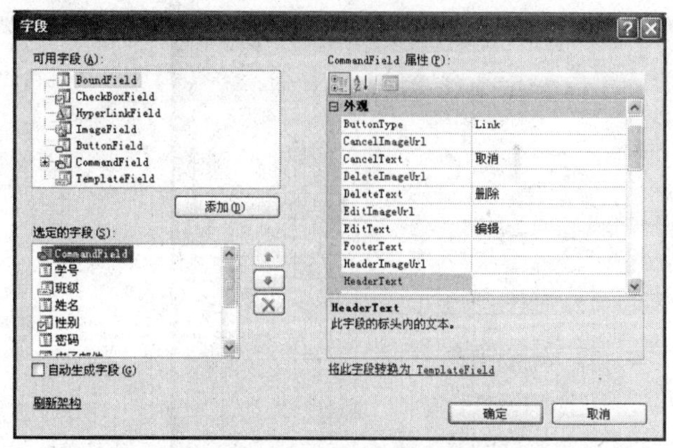

图 6-62　将 CommandField 列转为模板列

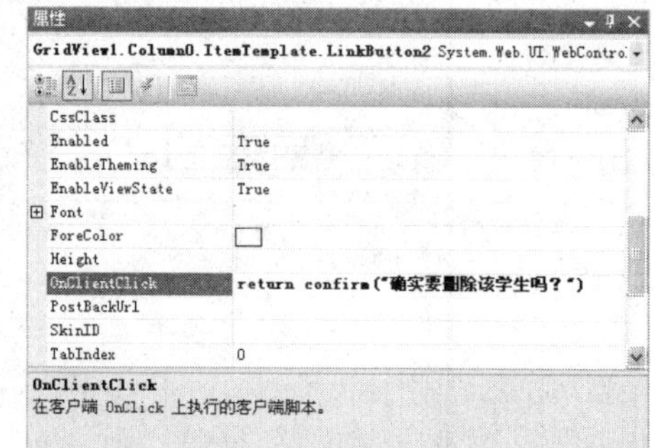

图 6-63　“删除”按钮的 OnClientClick 属性

（6）测试删除功能。当用户单击“删除”按钮时，系统弹出确认对话框，如果用户单击“确定”按钮，则执行删除操作，单击“取消”按钮则放弃删除操作，如图 6-64 所示。

学生选课系统
Innovate the way we live
学生选课　学生评课　学生注册　聊天室
学生信息维护
系部名称：计算机应用工程系　班级名称：00电子商务　添加新学生

	学号	ClassNo	StuName	StuSex	Pwd	Email	Telephone	photourl	IsAdmin
编辑 删除	00000001	00电子商务	林斌	☑	wwww				☑
编辑 删除	00000008	00电子商务	梁亮	☑	BFDEB84F				☐
编辑 删除	00000009	00电子商务	陈燕珊	☑	A4A0BDFF				☐
编辑 删除	00000022	00电子商务	黄磊	☑	2A0BF98F				☐
编辑 删除	02000007	00电子商务	郑贤	☑	E89094ED				
编辑 删除	12344321	00电子商务	ww	☐	wwee				
编辑 删除	19000001	00电子商务	李四	☑	lisi	lisi@21cn.com			
编辑 删除	19000002	00电子商务	爱丽丝	☐	ailisi	ailisi@21cn.co			
编辑 删除	20150001	00电子商务	ailisi	☐	ailisi1	ailisi@21cn.co			
编辑 删除	90000001	00电子商务	张三	☑	zhangsan	zhangsan@21cn.com	0755-26731092		☐

Message from webpage
确定要删除该学生吗？
OK　Cancel

Copyright (C) 2013-2015, All Right Reserved

图 6-64　删除功能的效果

6.4.2　相关知识

Client 端的 Click 事件

由于 ASP.NET 是基于 Server 端的技术，在处理任何消息时都必须传回服务器端处理，因此要在客户端弹出确认对话框会比较麻烦，而且效率较低。

为了简化操作，在 ASP.NET 中针对 Button 提供了 Client 端的 Click 事件，显然它调用的是 Client 端的脚本（如 JavaScript）。当用户需要调用一些客户端脚本时，只需简单地在 Button 的 OnClientClick 属性中添加 JavaScript 程序即可，如本节步骤（5）所示。

6.5　学生信息的添加

在 GridView 控件中可以实现数据的显示、编辑和删除操作，但并不能很方便地实现数据的添加操作。通常，可采用 DetailView 或 FormView 来实现添加数据的功能。

6.5.1　操作步骤

（1）从工具箱中拖动 DetailsView 控件（见图 6-65），放置到布局表格的下方，展开“DetailsView 任务”菜单，选择数据源为 StudentDS，并单击“自动套用格式”超链接，设置 DetailsView 套用“苜蓿地”格式。页面效果如图 6-66 所示。

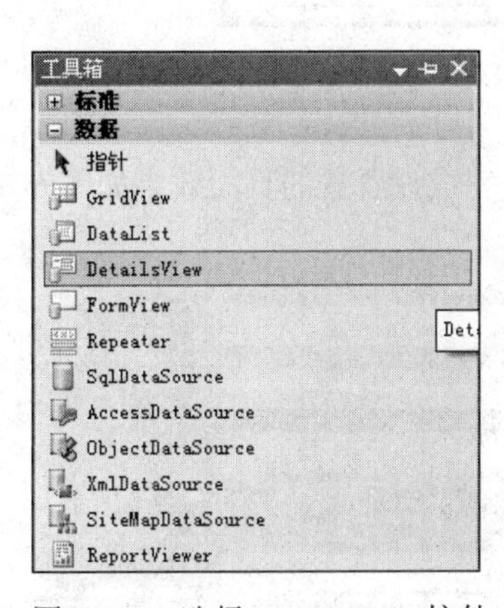

图 6-65　选择 DetailsView 控件

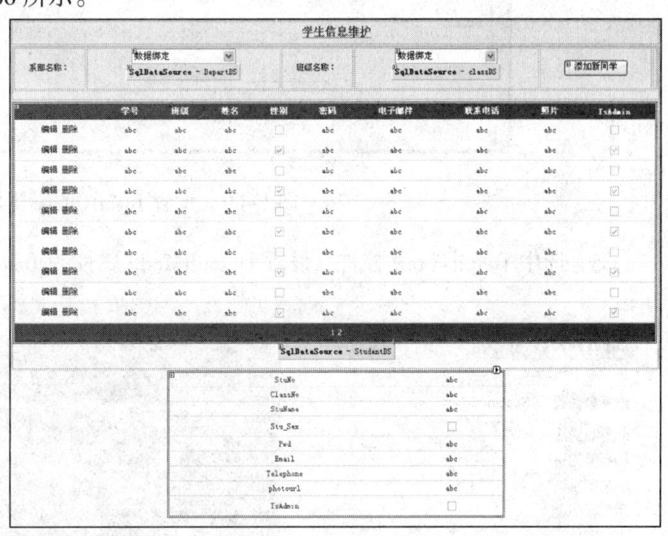

图 6-66　加入 DetailsView 控件后的页面效果

（2）展开“DetailsView 任务”菜单，单击“编辑字段”超链接，可参照 6.2.1 节中的步骤（22）和（23）将显示的字段名改为中文，如图 6-67 所示。

（3）展开“DetailsView 任务”菜单，如图 6-68 所示，会发现没有“启用插入”复选框，这是因为在 StudentDS 没有设置 InsertQuery 属性。

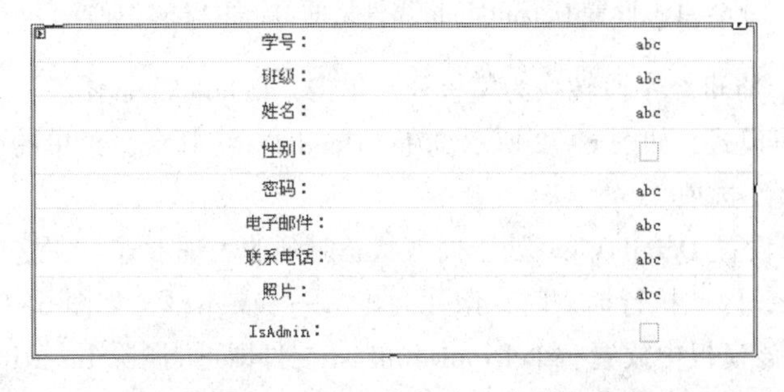

图 6-67　将 DetailsView 控件中的字段名改为中文

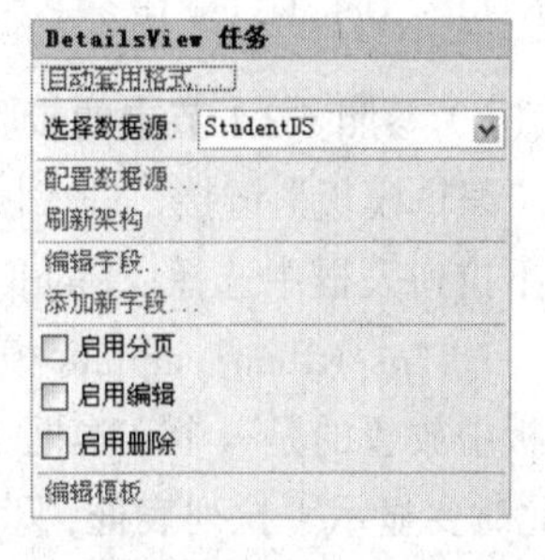

图 6-68　DetailView 任务栏

（4）可参照 6.3.1 节中的步骤（1）~（4）设置 InsertQuery 属性，设置 Insert 语句，如图 6-69 所示。然后，单击“确定”按钮，完成设置。此时展开“DetailsView 任务”菜单，会发现多了一个“启用插入”复选框，如图 6-70 所示。这里选中“启用插入”复选框。

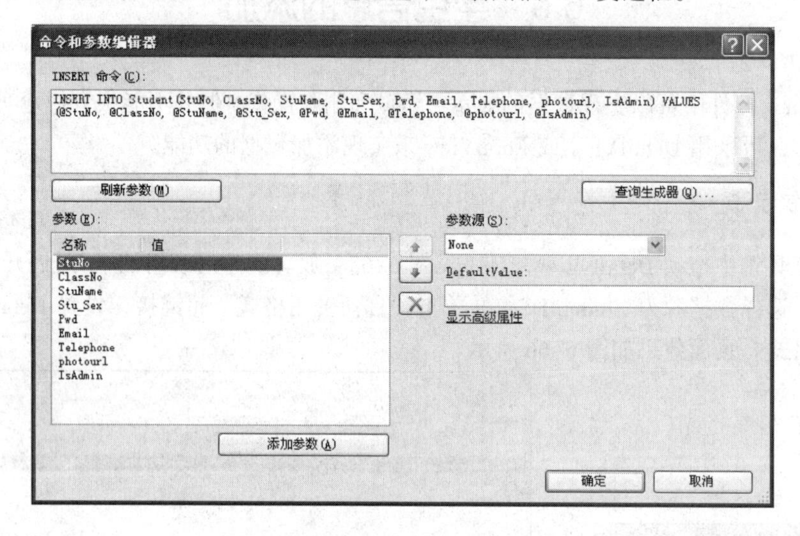

图 6-69　设置 InsertQuery 属性

（5）选中 DetailsView 控件，设置 DefaultMode 属性为 Insert。完成设置后的页面效果如图 6-71 所示。

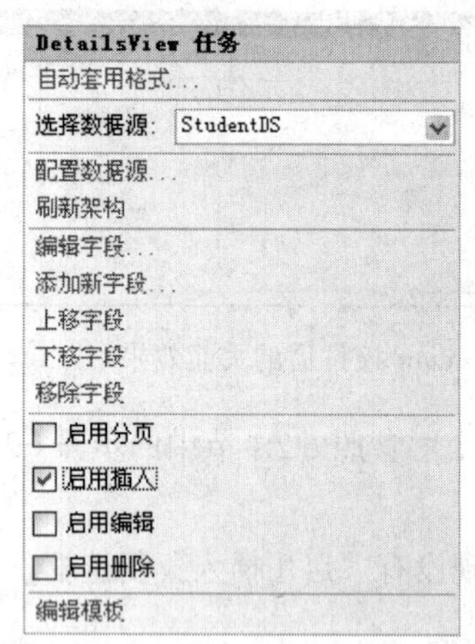

图 6-70　“DetailsView 任务”菜单

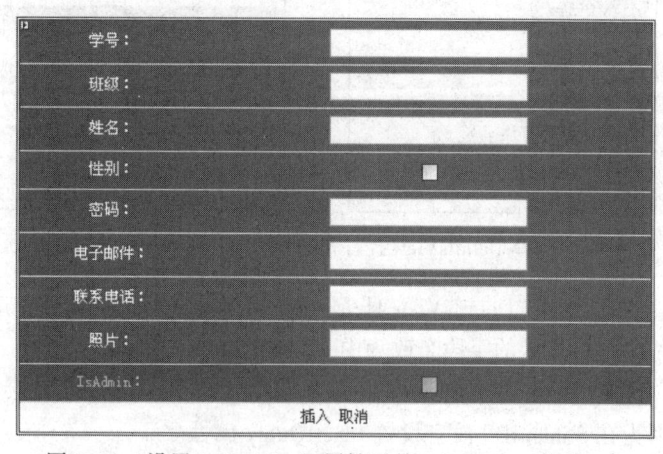

图 6-71　设置 DefaultMode 属性后的 DetailsView 控件

（6）参照 6.3.1 节中的步骤（7），将班级字段转换为模板列。单击“DetailsView 任务”菜单中的“编辑模板”链接，进入模板编辑模式，如图 6-72 所示。在“DetailsView 任务”菜单的“显示”下拉列表框中选择“Field[1]-班级”选项。

（7）InsertItemTemplate 模板用来设置 DetailsView 处于插入状态时列的表现形式。在这里，该模板中放置的是一个文本框 TextBox，因此执行插入时，该列会显示一个文本框，如图 6-72 所示。此时要显示下拉列表框，只需要在该模板中放置一个 DropDownList 控件即可。删除 InsertItem-Template 模板中的文本框控件，从工具箱中拖动一个 DropDownList 控件放入该模板，将其 ID 设置为 InsDpClass。

（8）参照 6.3.1 节中的步骤（10）和（11），为 InsDpClass 下拉列表设置数据源，使其显示

Class 表中的所有班级信息。展开“InsDpClass 任务”菜单，选择“编辑 DataBindings”选项，在“可绑定属性”中选择 SelectedValue，将其绑定到 ClassNo 字段上，并选中“双向数据绑定”复选框，结果如图 6-73 所示。

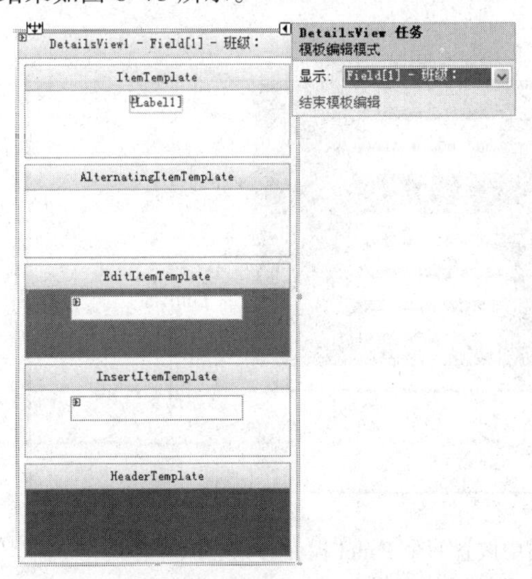

图 6-72　进入模板编辑模式

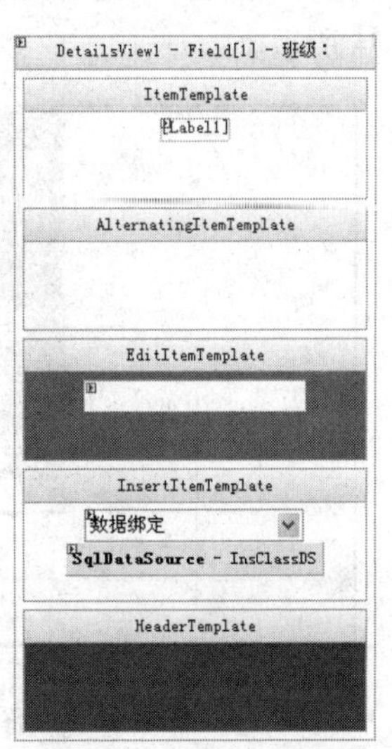

图 6-73　设置 InsertItemTemplate

（9）页面效果如图 6-74 所示。

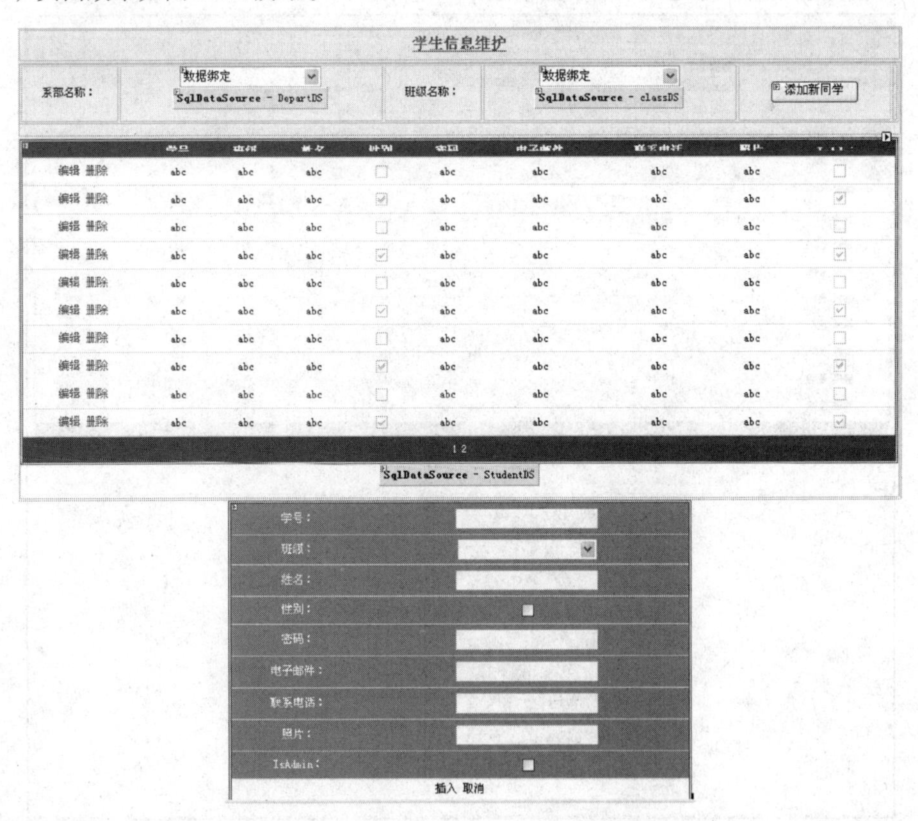

图 6-74　页面效果图

（10）此时的页面长度比较长，为了便于用户操作，可将其分为两部分来显示（即在用户执行修改和删除操作时不显示添加的部分，而在用户执行添加操作的时候，不显示修改和删除的部分）。展开“工具箱”窗口，拖动两个 Panel 控件放在页面下方，并分别命名为 EditPanel 和 InsertPanel，如图 6-75 所示。

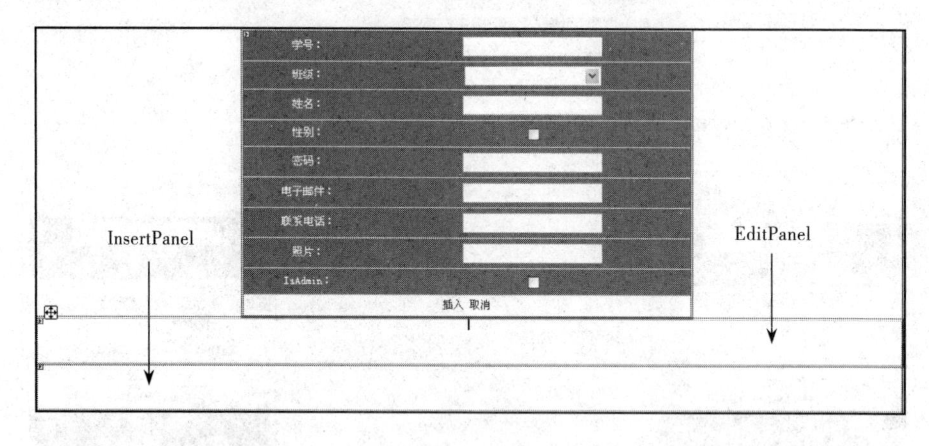

图 6-75　在页面中放置两个 Panel 控件

（11）将上面的布局表格拖入 EditPanel。将 DetailsView 控件拖入 InsertPanel 控件，并在 DetailsView 控件上方输入标题文字“学生信息添加”，如图 6-76 所示。

图 6-76　分别将编辑和添加部分放入相应的 Panel 控件中

（12）设置 InsertPanel 的 Visible 属性为 False。双击“添加新同学”按钮，创建该按钮的 Click 事件，并在事件处理程序中输入如图 6-77 所示的代码。

```
protected void Button1_Click(object sender, EventArgs e)
{
    InsertPanel.Visible=true;
    EditPanel.Visible=false;
}
```

图 6-77　“添加新同学”按钮的 Click 事件处理程序

（13）此时，页面初始状态显示 EditPanel 中的内容，而当用户单击“添加新同学”按钮时会显示 InsertPanel 的内容。为了使用户能来回切换，需要在用户单击“取消”按钮时，再切换回 EditPanel 的内容。这里，我们首先将 DetailsView 控件中的“新建、插入、取消”字段转换为模板列，如图 6-78 所示。

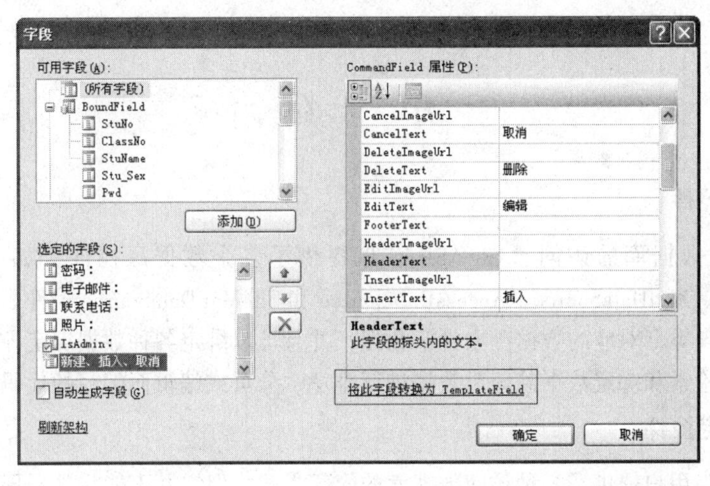

图 6-78　将 DetailView 中的“新建、插入、取消”字段转换为模板列

（14）展开“DetailsView 任务”菜单，单击“编辑模板”超链接，进入模板编辑模式，找到“取消”按钮，双击该按钮，在 Click 事件处理程序中输入如图 6-79 所示的代码。

```
protected void LinkButton2_Click(object sender, EventArgs e)
{
    EditPanel.Visible=true;
    InsertPanel.Visible=false;
}
```

图 6-79　“取消”按钮的 Click 事件处理程序

（15）参照 6.3.1 节中步骤（13）~（17）的相关描述，实现添加新学生时的照片上传功能。

6.5.2　相关知识

DetailsView 控件简介：从上面的操作步骤不难看出 DetailsView 控件和 GridView 控件非常类似，其不同之处有如下几点。

（1）GridView 控件将每一列数据称为列（Column），而 DetailsView 控件则称其为字段（Field）。

（2）GridView 控件将数据按照表格的形式展示，同时显示多行数据，而 DetailView 一次只显示一条数据。

（3）GridView控件一般不处理数据的插入，而DetailView控件可以方便地处理数据的插入、修改和删除操作。如果只需要处理数据的插入，可以指定DetailView控件的属性DefaultMode="Insert"，此时DetailView呈现插入状态。如果在SqlDataSource中为InsertCommand指定插入的SQL语句就可以方便地实现数据插入操作。

另外，不论在DetailsView控件还是GridView控件中使用模板，都可以继续在里面嵌套控件，比如嵌套一个TextBox控件。但如果要在PreRender中直接操作这个TextBox，是不是直接用TextBox的ID就可以了呢（比如设置TextBox1.Text = "";）？注意，这是行不通的，应该用FindControl方法。另外要注意，DetailsView和GridView中FindControl的用法也不尽相同。

（4）在DetailsView中使用 FindControl：

```
FileUpload f=(FileUpload)DetailsView1.FindControl("FileUpload1");
```

（5）在GridView中使用FindControl：

```
FileUpload f=(TextBox)GridView1.Rows[i].FindControl("FielUpload1");
```

小　　结

1. 数据源控件

为了简化对数据库的访问，在ASP.NET提供了多个数据源控件，如SqlDataSource、ObjectDataSource、XmlDataSource、AccessDataSource和SiteMapDataSource控件。这些控件全都可以用来从它们各自类型对应的数据源中检索数据，并且可以绑定各种数据绑定控件。数据源控件极大地减少了为检索和绑定数据甚至对数据进行排序、分页或编辑而编写的代码量。

2. 数据绑定控件

数据源控件为用户提供了一种访问数据库的简便方式，但它并不能将数据展示出来，要让用户看到数据需要借助数据绑定控件。常用的数据绑定控件有GridView、DetailsView、DropDownList、Repeater等控件。

练　　习

仿照学生信息维护页面，实现课程信息维护页面CourseAdmin.aspx、班级信息维护页面ClassAdmin.aspx和系部信息维护页面DepartmentAdmin.aspx。

第 7 章 学 生 选 课

学习目标：

- 深入了解数据源控件的使用。
- 了解数据绑定控件的使用。
- 能够灵活设置数据源控件中的 Select、Update、Insert 和 Delete 语句。
- 完成学生选课的功能。

7.1 学生选课功能演示

学生选课模块主要提供学生选课的功能，其网页界面如图 7-1 所示。进入该页面，学生可对课程按开课系部进行筛选，并可按课程名称或授课教师姓名进行搜索。单击“选课”按钮，用户可执行选课操作。当选课成功后，选修的课程会在页面右边的列表中显示出来。选中某一门选修的课程，单击“取消选课”按钮，还可以取消对该课程的选修。单击“查看评论”按钮，可以查看某门课程的评论信息。可以对每个学生的信息执行添加、编辑和删除操作。

图 7-1 学生选课

7.2 学生选课功能实现

首先，分析页面要求实现的功能，该页面主要涉及对两张表的操作，即 Course（课程表）和

StuCou（选课表）。其中，Course（课程表）主要用于提供查询和筛选功能，而 StuCou（选课表）主要用于插入（选课）和删除（取消选修）所选课程。下面就逐步实现该页面。

7.2.1 操作步骤

（1）新建一个 selectCourse.aspx 网页，然后参照图 7-1 通过层结合表格设置布局。首先在网页中插入两个层，分为左右两部分，代码如图 7-2 所示。

```
<div style="width:780px;float:left;margin:no;" ></div>
<div id="floatw" style="width:165px;float:right;margin:no;"></div>
```

图 7-2 插入两个层

（2）在左边的层中插入一个 3 行 1 列的表格，右边的层中插入一个 2 行 1 列的表格，宽度均设置为 100（百分比）。拖动相应的控件来搭建界面（具体操作可参照 2.2.1 节中的相关步骤）。界面上控件的名称和属性设置如表 7-1 所示。

表 7-1 “学生选课系统”界面上控件的名称和属性设置

控件类型	控件名称	属性名称	属性值	备注
DropDiownList	dpDepart			显示系部列表
DropDiownList	dpFilter			显示筛选选项
TextBox	txtFilter	Text		接受筛选信息
Button	btnFilter	Text	搜索	
GridView	GridView1	DataSourceID	CourseDS	显示课程信息
ListBox	lstSelected			显示已报名选修的课程
Button	btnCancel	Text	取消选修课程	
Label	lblInform	Text		显示选修信息

（3）完成数据源 CourseDS 的配置，设置 SELECT 语句，如图 7-3 所示。参照第 6 章中描述，实现按系部筛选开课信息，设置参数的取值，如图 7-4 所示。

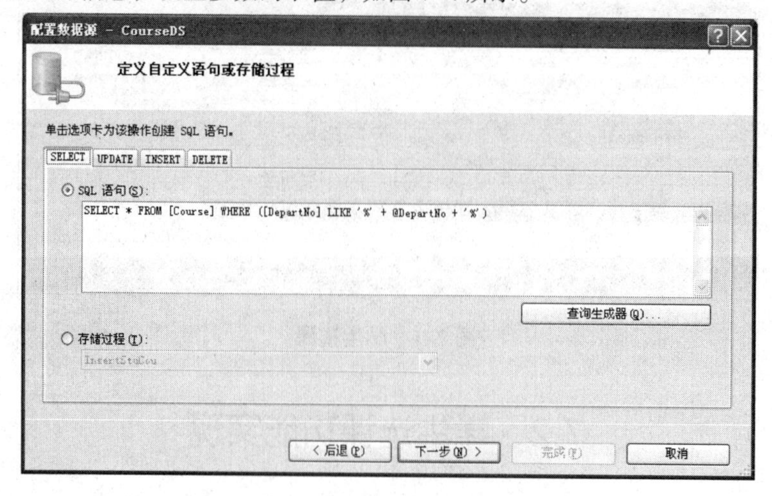

图 7-3 设置 CourseDS 数据源的 SELECT 语句

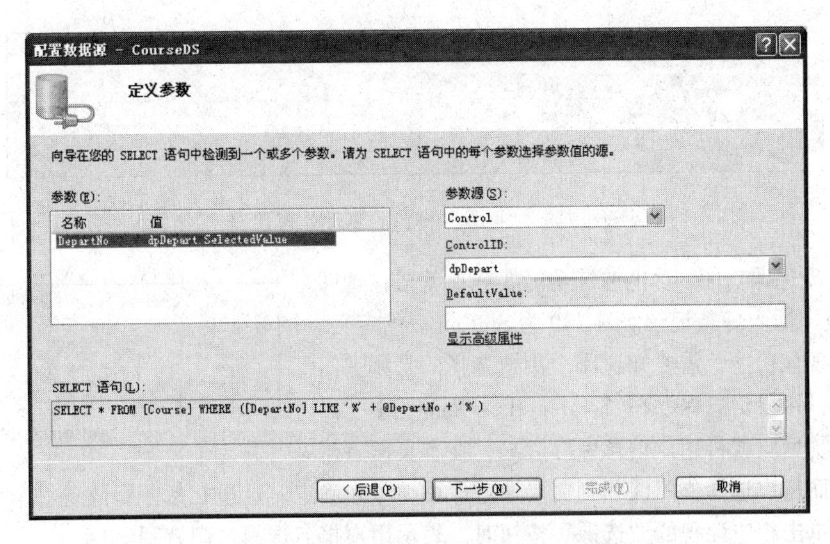

图 7-4　设置 SELECT 语句中的参数取值

（4）在“开课系部”下拉列表 dpDepart 中添加“全部系部”选项，并按照图 7-5 所示进行设置。同时，将 dpDepart 下拉列表的 AppendDataBoundItems 属性设置为 True，如图 7-6 所示。

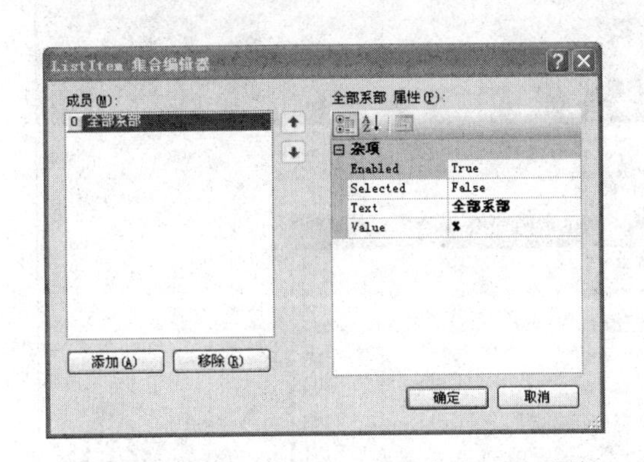

图 7-5　设置 dpDepart 下拉列表的 Items 属性

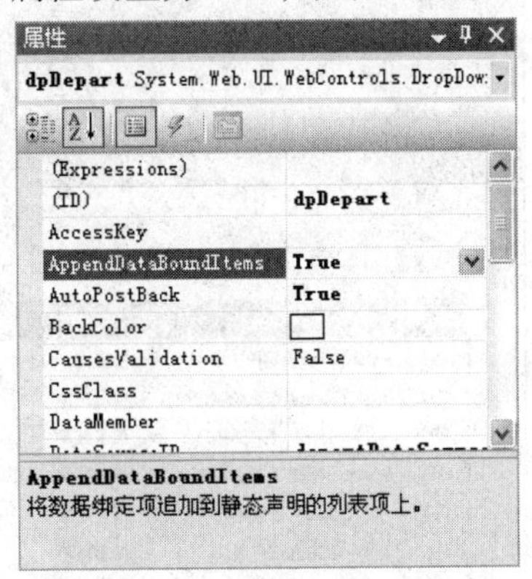

图 7-6　设置 AppendDataBoundItems 属性

（5）实现按课程名称和授课教师搜索开课信息。设置 dpFilter 下拉列表的 Items 属性，如图 7-7 所示。双击“搜索”按钮，输入如图 7-8 所示的事件处理代码。

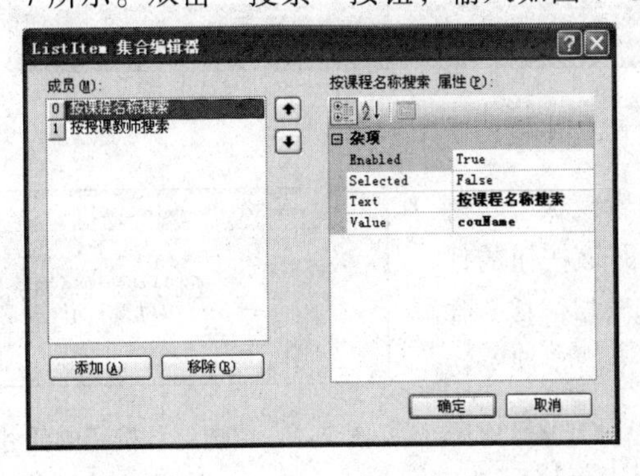

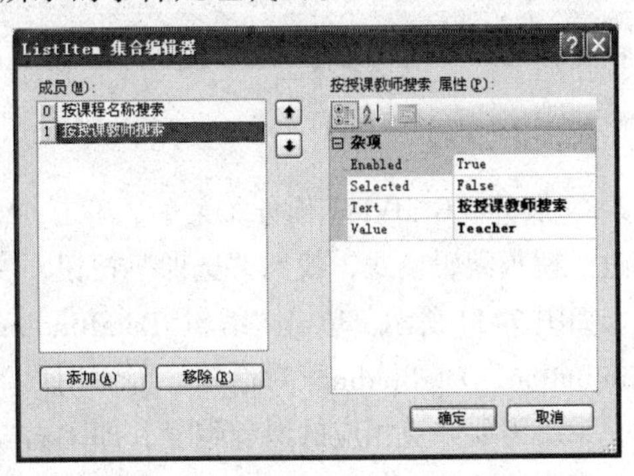

图 7-7　设置 dpFilter 下拉列表的 Items 属性

```
    protected void btnFilter_Click(object sender, EventArgs e)
    {
        CourseDS.FilterExpression = dpFilter.SelectedValue + " like
'%" + txtFilter.Text + "%'";
    }
```

图 7-8 “搜索”按钮的事件处理代码

（6）实现选课功能。学生选课功能实际上就是在选课表 StuCou 表中插入一条记录。图 7-9 为 StuCou 表的定义。因此，要实现该功能，需要知道哪个用户选择的是哪一门课程。其中，用户信息保存在 Session["UserName"]中，当用户登录系统后，就将用户信息保存起来，在本页面直接访问即可。而用户选择哪门课程则需要通过课程编号来确定，这里在每一行放置一个“选课”按钮，当用户单击相应课程的“选课”按钮时，表示用户报名选修这门课程。

列名	数据类型	允许空
StuNo	char(8)	☐
CouNo	char(3)	☐
State	char(4)	☑
		☐

图 7-9 StuCou 表的定义

（7）在 GridView1 中插入一个模板列，编辑该模板，在 ItemTemplate 中放入一个 LinkButton 控件，设置该按钮的 Text 属性为“选课”。此时的网页界面如图 7-10 所示。

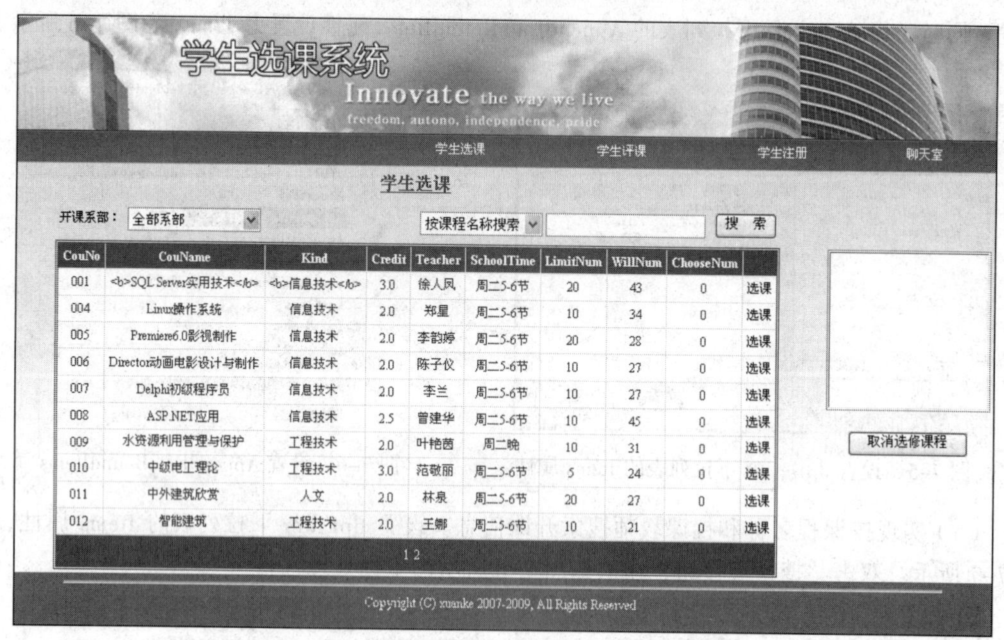

CouNo	CouName	Kind	Credit	Teacher	SchoolTime	LimitNum	WillNum	ChooseNum	
001	<b>SQL Server实用技术</b>	<b>信息技术</b>	3.0	徐人凤	周二5-6节	20	43	0	选课
004	Linux操作系统	信息技术	2.0	郑星	周二5-6节	10	34	0	选课
005	Premiere6.0影视制作	信息技术	2.0	李韵婷	周二5-6节	20	28	0	选课
006	Director动画电影设计与制作	信息技术	2.0	陈子仪	周二5-6节	10	27	0	选课
007	Delphi初级程序员	信息技术	2.0	李兰	周二5-6节	10	27	0	选课
008	ASP.NET应用	信息技术	2.5	曾建华	周二5-6节	10	45	0	选课
009	水资源利用管理与保护	工程技术	2.0	叶艳茵	周二晚	10	31	0	选课
010	中级电工理论	工程技术	3.0	范敬丽	周二5-6节	5	24	0	选课
011	中外建筑欣赏	人文	2.0	林泉	周二5-6节	20	27	0	选课
012	智能建筑	工程技术	2.0	王娜	周二5-6节	10	21	0	选课

图 7-10 网页界面

（8）展开“GridView 任务”菜单，单击“编辑模板”超链接，进入模板编辑模式，找到“选课”按钮，展开该按钮的任务栏，如图 7-11 所示。单击“编辑 DataBindings”超链接，弹出 LinkButton1 DataBindings 对话框。因为用户单击“选课”按钮时，系统需要知道相应的课程编号，即 CouNo，因此要将该信息绑定到按钮的 CommandArgument 属性上，如图 7-12 所示。

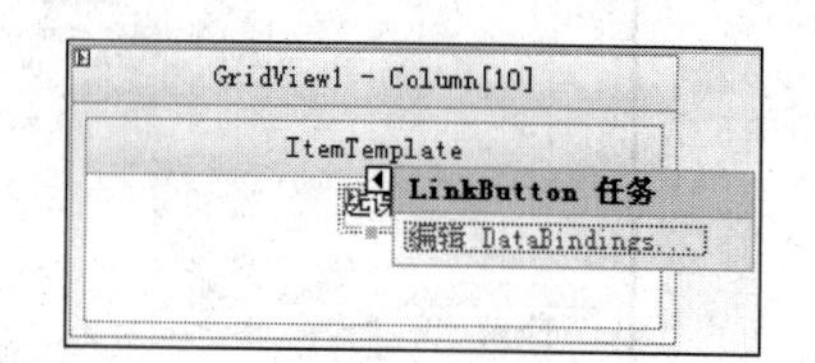

图 7-11 “选课”按钮的任务栏

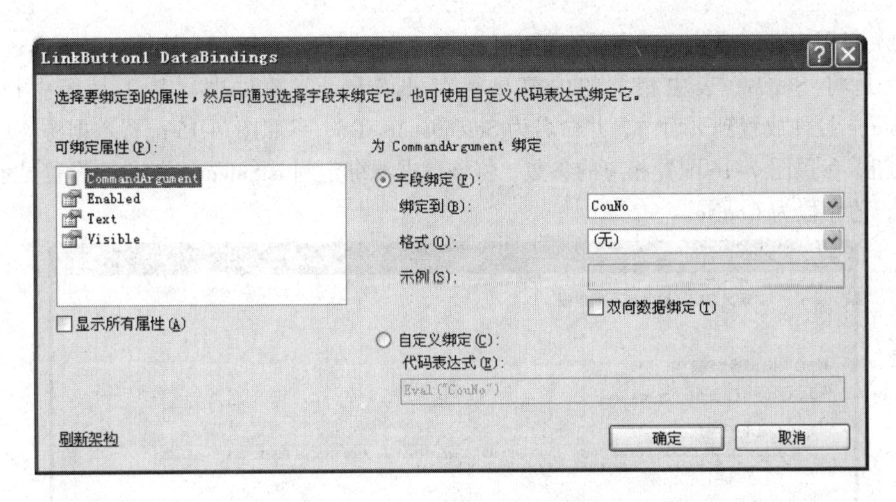

图 7-12　设置“选课”按钮的数据绑定

（9）双击“选课”按钮，产生 Click 事件处理程序框架，在这里需要对 StuCou 表执行插入操作，本章将利用数据源组件来实现这一功能。选中 CourseDs 数据源，在其属性窗口中，设置 InsertQuery 属性，如图 7-13 所示。在“选课”按钮的 Click 事件处理程序中输入如图 7-14 所示的代码。

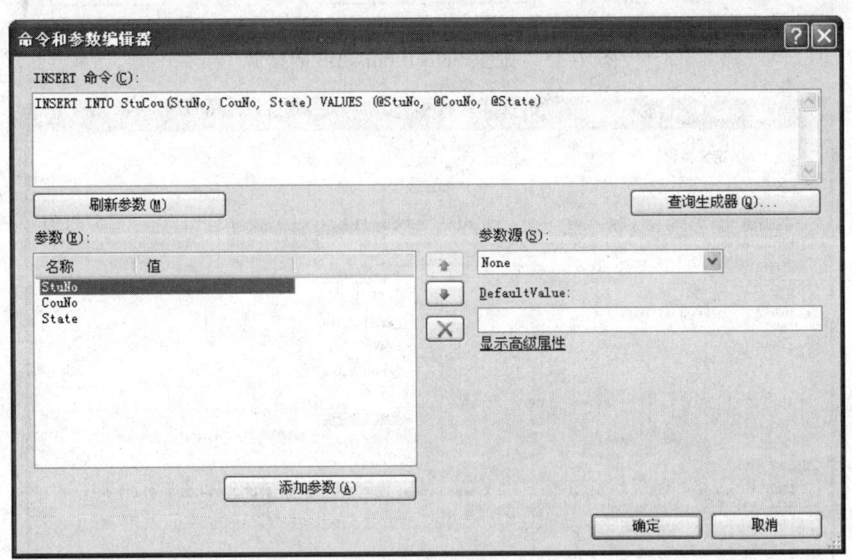

图 7-13　设置 InsertQuery 属性

```
protected void LinkButton1_Click(object sender, EventArgs e)
{
    LinkButton lbtn=(LinkButton)sender;
    CourseDS.InsertParameters["StuNo"].DefaultValue =  Session["StuNo"].ToString();
    CourseDS.InsertParameters["CouNo"].DefaultValue = lbtn.CommandArgument;
    CourseDS.InsertParameters["State"].DefaultValue = "报名";
    CourseDS.Insert();
}
```

图 7-14　“选课”按钮的 Click 事件处理程序

（10）当用户选课成功后，需要在页面右边的ListBox（lstSelected）控件中显示已选的课程，实际上就是将StuCou表中相关的内容显示在lstSelected控件中。从工具箱中拖动一个SqlDataSource控件放置到页面中，并命名为SelectCourseDS，参照图7-15配置数据源。单击“下一步”按钮，参照图7-16配置相应的参数。将该数据源绑定到lstSelected控件，设置显示字段为CouName，值字段为CouNo。

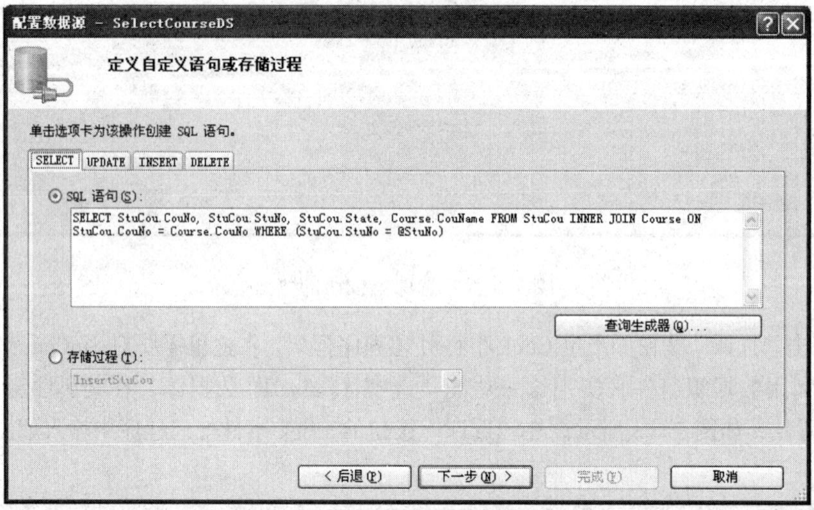

配置数据源 - SelectCourseDS
定义自定义语句或存储过程
单击选项卡为该操作创建 SQL 语句。
SELECT UPDATE INSERT DELETE
SQL 语句(S):
SELECT StuCou.CouNo, StuCou.StuNo, StuCou.State, Course.CouName FROM StuCou INNER JOIN Course ON StuCou.CouNo = Course.CouNo WHERE (StuCou.StuNo = @StuNo)
查询生成器(Q)...
存储过程(T):
InsertStuCou
< 后退(P) 下一步(N) > 完成(F) 取消

图7-15 配置SelectCourseDS数据源

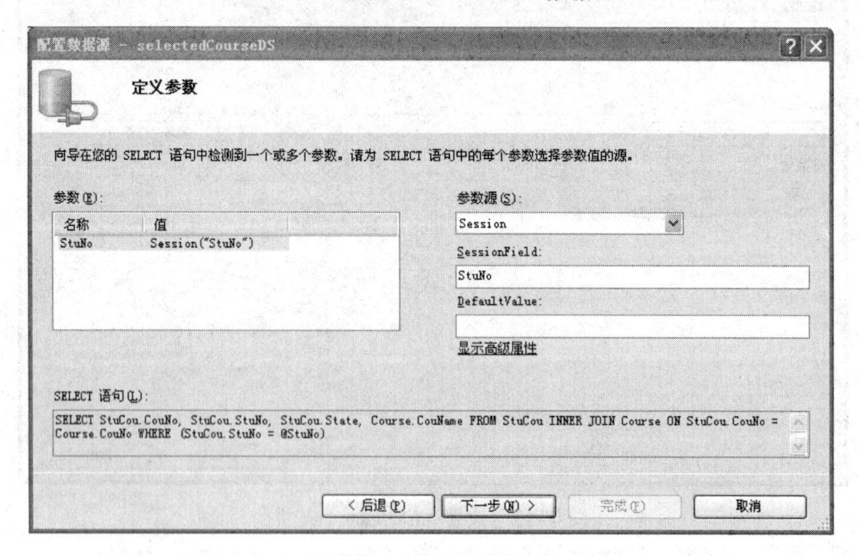

图7-16 配置参数

（11）此时，运行网页，但当单击“选课”按钮选课成功后，并没有同步在lstSelected中显示相应的信息，需要重新加载页面才能显示。归结其原因在于数据没有刷新。修改“选课”按钮的Click事件处理程序，在代码最后加入lstSelected.DataSourceID = SelectCourseDS.ID，如图7-17所示。

（12）实现取消已选修课程的功能。当用户在lstSelected中选中某一门课程后，单击“取消选修课程”按钮，可以撤销已选修的课程。此功能实际上就是在 StuCou 表中删除相关记录。参照步骤（8），设置 CourseDS 数据源的 DeleteQuery 属性，如图 7-18 所示。在“取消选修课程”按钮的 Click 事件处理程序中输入如图 7-19 所示的代码。

```
protected void LinkButton1_Click(object sender, EventArgs e)
{
    LinkButton lbtn=(LinkButton)sender;
    CourseDS.InsertParameters["StuNo"].DefaultValue=Session["StuNo"].ToString();
    CourseDS.InsertParameters["CouNo"].DefaultValue=lbtn.CommandArgument;
    CourseDS.InsertParameters["State"].DefaultValue="报名";
    CourseDS.Insert();
    lstSelected.DataSourceID = SelectCourseDS.ID;
}
```

图 7-17　修改后的“选课”按钮的 Click 事件处理程序

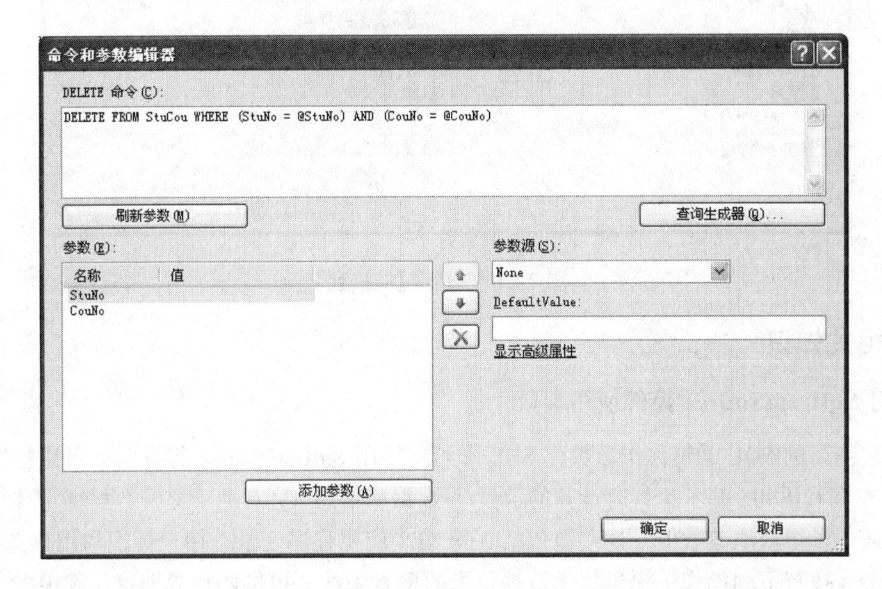

图 7-18　设置 DeleteQuery 属性

```
protected void btnCancle_Click(object sender, EventArgs e)
{
    if (lstSelected.SelectedIndex > -1)
    {
        CourseDS.DeleteParameters["StuNo"].DefaultValue=Session["StuNo"].ToString();
        CourseDS.DeleteParameters["CouNo"].DefaultValue=lstSelected.SelectedValue;
        CourseDS.Delete();
        lstSelected.DataSourceID=SelectCourseDS.ID;
    }
    else
    {
        Literal lit = new Literal();
        lit.Text = "<script>alert('请先选择要取消的课程')</script>";
        Page.Controls.Add(lit);
    }
}
```

图 7-19　“取消选修课程”按钮的 Click 事件处理程序

（13）添加查看评论功能。在 GridView 中添加一个超链接列，参照图 7-20 设置其属性。当用户单击该超链接时，在 CourseComment.aspx 页面中显示相关评论信息。设置 DataNavigate

UrlFields 属性为 CouNo；设置 DataNavigateUrlFormatString 属性为 CourseComment.aspx?CouNo={0}。

（14）在网站中添加新页面 CourseComment.aspx，用以显示相应课程的评论，具体实现过程参见第 8 章。

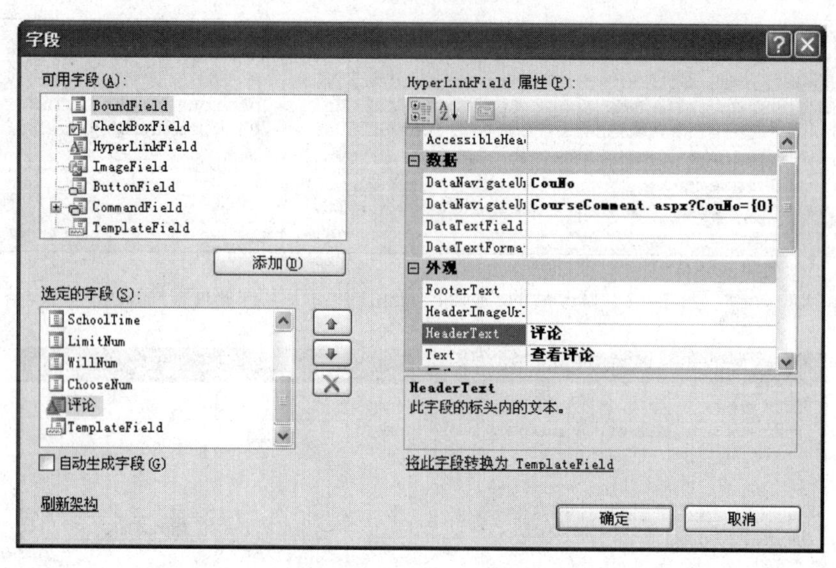

图 7-20　设置超链接列

7.2.2　相关知识

1. 对 SqlDataSource 控件使用参数

用参数编写的 SQL 语句称作参数化 SQL 语句。使用 SqlDataSource 控件时，可以指定使用参数的 SQL 查询和语句。基于运行时计算的值读/写数据库信息，这有助于提升数据绑定环境的灵活性，可以从各种源获取参数值。这些源包括 ASP.NET 应用程序变量、用户标识和用户选择的值。可以使用参数执行下列操作：提供用于数据检索的搜索条件；提供要在数据存储区中插入、更新或删除的值；提供用于排序、分页和筛选的值。

SqlDataSource 控件在运行时接受输入参数，并在参数集合中对参数进行管理。每一项数据操作都有一个相关的参数集合。对于选择操作，可以使用 SelectParameters 集合；对于更新操作，可以使用 UpdateParameters 集合，依此类推。

（1）SelectParameters 集合：为查询命令指定参数。

（2）InsertParameters 集合：为插入命令指定参数。

（3）UpdateParameters 集合：为更新命令指定参数。

（4）DeleteParameters 集合：为删除命令指定参数。

（5）FilterParameters 集合：为过滤器命令指定参数。

可以为每个参数指定名称、类型、方向和默认值。对于从特定对象（例如，控件、会话变量或用户配置文件）获取值的参数，需要设置其他属性。例如，ControlParameter 要求设置 ControlID 以标识要从中获取参数值的控件，以及设置 PropertyName 属性以指定包含参数值的属性。更多信息可参见对数据源控件使用参数的介绍。

（1）ControlParameter：指定唯一源自于控件的参数。

（2）CookieParameter：指定唯一源自于 cookie 的参数。

（3）FormParameter：指定唯一源自于表单的参数。

（4）ProfileParameter：指定唯一源自于 profile 的参数。

（5）QueryStringParameter：指定唯一来源于查询字符串的参数。

（6）Parameter：为数据源绑定唯一参数。

（7）SessionParameter：指定唯一源自 Session 的参数。

参数赋值既可以在设计时指定（见图 7-16），也可以在代码中实现，参见图 7-19 中对 DeleteParameters["StuNo"]的赋值。

2．程序触发 Insert、Update 和 Delete 语句

配置好数据源后，可以在代码中直接触发 SQL 语句的执行，方法为调用数据源控件的相关方法。若要触发 StuDS 数据源的 Insert 语句，执行 StuDS.Insert()程序即可。程序执行完后，数据库中的数据会发生变化，例如添加了一条记录，但在网页中却不会同步刷新，这需要用代码来强制刷新，例如设置 GridView1.DataSourceID=StuDS.ID。

3．超链接列

数据绑定控件（如 GridView 和 DetailsView）使用 HyperLinkField 类，以超链接的形式显示记录。当用户单击超链接时，将会跳转到与此超链接关联的网页。

若要指定超链接形式的标题，可使用 Text 属性。NavigateUrl 属性则用于指定单击超链接时定位到的 URL。如果要在特定的窗口或框架中显示链接的内容，可设置 Target 属性

也可以将 HyperLinkField 对象绑定到数据源中的字段。这样可以为 HyperLinkField 对象中的每个超链接显示不同的标题，并可以使每个超链接定位到不同位置。若要将字段绑定到标题，可设置 DataTextField 属性。若要创建用于导航的 URL，需要将 DataNavigateUrlFields 属性设置为以逗号分隔的列表，此列表列出了用于创建 URL 的字段。

通过分别设置 DataTextFormatString 和 DataNavigateUrlFormatString 属性，可以为标题和导航 URL 指定自定义的格式。

参考图 7-20，设置 DataNavigateUrlFields 属性为 CouNo；设置 DataNavigateUrlFormatString 属性为 CourseComment.aspx?CouNo={0}。此时，用户单击某一行的超链接时，页面会跳转到 CourseComment.aspx，同时将 CouNo 作为 QueryString 参数传递过去。

7.3　限制重复选课

测试选课页面，会发现当用户重复选修某门课程时，系统会出现错误。原因在于 StuCou 表中的主键为 StuNo 和 CouNo，如果同一个用户重复选修一门课会造成主键冲突，因此，需要避免这种情况的发生。即用户单击选修某一门课程时，系统首先需要判断该课程是否已被选修过，没有则执行选修操作，否则，给出相应的提示信息。

7.3.1 操作步骤

（1）通过7.2节的学习可知，选课的操作实质上就是执行向StuCou表插入一条记录的SQL语句，为了避免插入重复记录，可以在执行插入语句前，先运行一条查询语句，如果有相关记录，不执行插入语句，并设置输出参数@flag的值为-1；反之，则执行插入语句，同时设置输出参数@flag的值为0。在Xk数据库中编写存储过程p_SelectCourse，如图7-21所示。

```
    CREATE PROCEDURE p_SelectCourse
    @StuNo char(8),
    @CouNo char(3),
    @State char(4),
@flag int output
 AS
    set @flag=-1
    if(not exists(select  StuNo  from StuCou where StuNo=@StuNo and CouNo=@CouNo))
    begin
    insert StuCou(StuNo,CouNo,State) values(@StuNo,@CouNo,@State)
    set @flag=0
    end
```

图7-21 编写存储过程p_SelectCourse

（2）选中CourseDS数据源，在其属性窗口中，设置InsertCommandType属性为StoredProcedure，如图7-22所示。同时修改InsertQuery属性的内容，如图7-23所示。

图7-22 设置CourseDS数据源的InsertCommandType属性

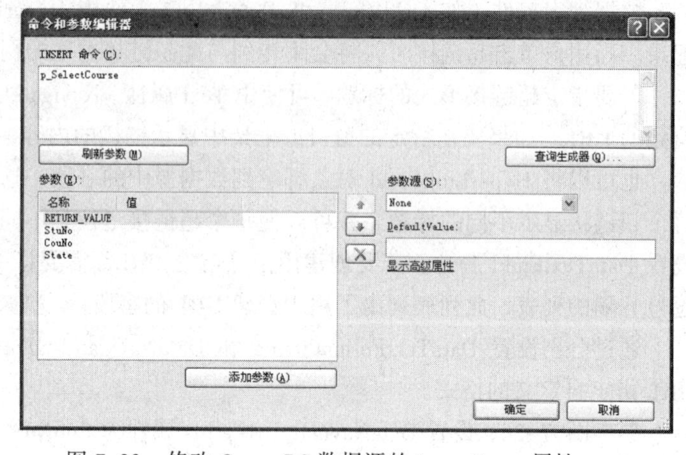

图7-23 修改CourseDS数据源的InsertQuery属性

（3）由于在存储过程中增加了输出参数@flag，因此需要相应地修改“选课”按钮的Click事件处理程序，添加@flag输出参数的定义，如图7-24所示。

```
protected void LinkButton1_Click(object sender, EventArgs e)
{
   LinkButton lbtn=(LinkButton)sender;
   CourseDS.InsertParameters["StuNo"].DefaultValue=Session["StuName"].ToString();
   CourseDS.InsertParameters["CouNo"].DefaultValue=lbtn.CommandArgument;
   CourseDS.InsertParameters["State"].DefaultValue="报名";
   int ret=CourseDS.Insert();
   lstSelected.DataSourceID=SelectCourseDS.ID;
}
```

图7-24 修改“选课”按钮的Click事件处理程序

（4）测试页面。因为在执行存储过程时，会首先查询是否存在重复值，存在则不执行插入语句，但是，系统并未针对选课重复的情况给出相应的提示，不够友好。这里，通过存储过程的输出参数@flag 的返回值来判断是否重复选课。当@flag 为-1 时，表示用户重复选课；而当 @flag 值为 0 时，则表示正常执行，用户选课成功。选择数据源 CourseDS，在“属性”窗口中找到 Inserted 事件，如图 7-25 所示，双击该属性，创建 Inserted 事件处理程序 CourseDS_Inserted。在该事件处理程序中输入如图 7-26 所示的代码。

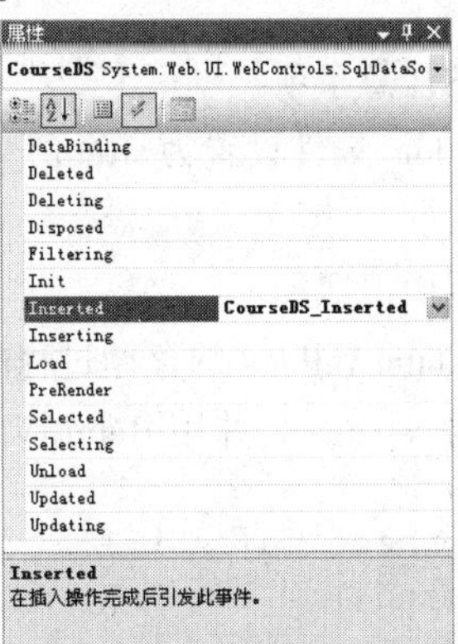

图 7-25　创建 Inserted 事件处理程序 CourseDS_Inserted

```
protected void CourseDS_Inserted(object sender, SqlDataSourceStatusEventArgs e)
    {
        int ret=(int)e.Command.Parameters["@flag"].Value;
        string msg="";
        if (ret==-1)
         msg="该课程您已经报名选修过了";
        else
         msg="选修报名成功";
        Literal lit=new Literal();
        lit.Text="<script>alert('" + msg + "')</script>";
        Page.Controls.Add(lit);
    }
```

图 7-26　CourseDS_Inserted 事件处理程序

7.3.2　相关知识

1. SqlDataSource 控件中的 Insert()、Update()和 Delete()方法

（1）Insert 方法：public int Insert ()

使用 InsertCommand SQL 字符串和 InsertParameters 集合中的所有参数执行插入操作。

返回一个值，该值表示插入到基础数据库中的行数。

（2）Update 方法：public int Update ()

使用 UpdateCommand SQL 字符串和 UpdateParameters 集合中的所有参数执行更新操作。

返回一个值，该值表示基础数据库中更新的行数。

（3）Delete 方法：public int Delete ()

使用 DeleteCommand SQL 字符串和 DeleteParameters 集合中的所有参数执行删除操作。

返回一个值，该值表示从基础数据库中删除的行数。

2. 获取存储过程中的返回值

存储过程常常需要将值传递回调用这些过程的应用程序。获取存储过程中信息的方式主要有两种形式：输出参数；返回值。但是，输出参数可以有多个，且数据类型多样，而返回值只能有一个，且数据类型为整型。输出参数的使用，前面已经介绍，这里补充一下获取存储过程返回值的相关知识。

下面给出获取存储过程返回值的注意事项。

创建一些参数，将它们的 Direction 属性设置为 ReturnValue。注意：返回值的参数对象必须是参数集合中的第一项。

确保参数的数据类型与预期的返回值匹配。

下面的示例演示如何获取名为 CountAuthors 的存储过程的返回值。在此情况下，假定该命令的参数集合中的第一个参数被命名为 retvalue，并用 ReturnValue 方向配置。

```
int returnValue;
SqlConnection cn=new SqlConnection(cnStr);
Sqlcommand cmd=new SqlCommand();
cmd.Connection=cn;
cmd.CommandText="CountAuthors";
cmd.CommandType=CommandType.StoredProcedure;
cn.Open();
cmd.ExecuteNonQuery();
cn.Close();
returnValue=(int)(cmd.Parameters["retvalue"].Value);
```

小　　结

通过存储过程，可以在数据库层面实现一些比较复杂的程序逻辑，在实际中加以灵活应用，有时可以大大降低程序的复杂度。

练　　习

尝试完成“取消选修课程”功能，结果要求只有当该课程处于已报名状态时，才允许用户取消选修该课程，否则不允许取消。

第 8 章　学 生 评 课

学习目标：

- 了解 Repeater 控件的使用。
- 了解 PageDataSource 控件。
- 能够利用 PageDataSource 控件实现 Repeater 的分页功能。
- 完成学生评课的功能。

8.1　学生评课功能演示

学生评课模块主要就是提供学生评课以及查看课程评论的功能，单击“学生评课”导航按钮，进入 Comment.aspx 页面，如图 8-1 所示。学生可对课程按系部进行筛选，并可按课程名称，教师姓名进行搜索。单击“评论”超链接，跳转到课程评论页面 CourseComment.aspx，在该页面中能够浏览指定课程的评论信息，并能够添加新评论，如图 8-2 所示。

学生选课系统
Innovate the way we live
freedom, autono, independence, pride
学生选课　学生评课　学生注册　聊天室

学生评课

开课系部：全部系部　按课程名称搜索　搜索

CouNo	CouName	Kind	Credit	Teacher	DepartNo	LimitNum	
001	SQL Server实用技术	信息技术	3.0	徐人凤	01		查看评论
004	Linux操作系统	信息技术	2.0	郑星	01		查看评论
005	Premiere6.0影视制作	信息技术	2.0	李韵婷	01		查看评论
006	Director动画电影设计与制作	信息技术	2.0	陈子仪	01		查看评论
007	Delphi初级程序员	信息技术	2.0	李兰	01		查看评论
008	ASP.NET应用	信息技术	2.5	曾建华	01		查看评论
009	水资源利用管理与保护	工程技术	2.0	叶艳茵	02		查看评论
010	中级电工理论	工程技术	3.0	范敬丽	02		查看评论
011	中外建筑欣赏	人文	2.0	林泉	02		查看评论
012	智能建筑	工程技术	2.0	王娜	02		查看评论
013	房地产漫谈	人文	2.0	黄强	02		查看评论
014	科技与探索	人文	1.5	顾苑玲	02		查看评论
015	民俗风情旅游	管理	2.0	杨国润	03		查看评论
016	旅行社经营管理	管理	2.0	黄文昌	03		查看评论
017	世界旅游	人文	2.0	盛德文	03		查看评论
018	中餐菜肴制作	人文	2.0	卢萍	03		查看评论
019	电子出版概论	工程技术	2.0	李力	03		查看评论

Copyright (C) 2013-2015,All Right Reserved

图 8-1　Comment.aspx 页面

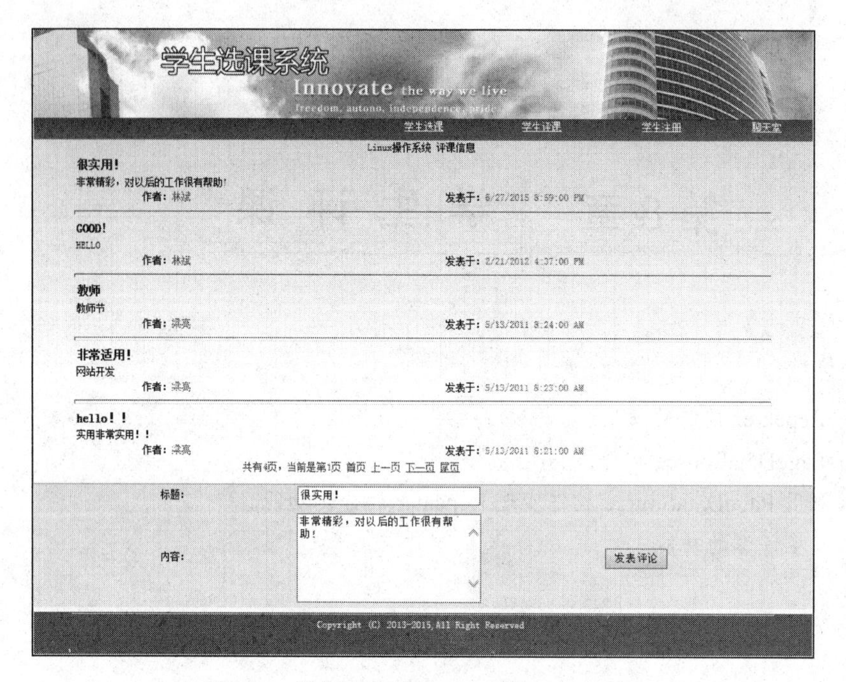

图 8-2 课程评论页面 CourseComment.aspx

8.2 学生评课功能实现

学生评课的功能是在 CourseComment.aspx 页面中实现的，要进入该页面，用户可以通过两条途径，在选课页面 SelectCourse.aspx 中单击“查看评论”按钮进入 Course Comment.aspx 页面，或者在评课页面 Comment.aspx 中单击“评论”超链接进入 Course Comment.aspx 页面。所有的评论信息均被保存在 Xk 数据库的 Comment 表中，Comment 表的定义如图 8-3 所示。

列名	数据类型	允许空
CommentId	bigint	☐
CouNo	char(3)	☐
StuNo	char(8)	☐
CommentTitle	nvarchar(50)	☐
Comments	nvarchar(500)	☐
CommentTime	smalldatetime	☐
		☐

图 8-3 Comment 表的定义

8.2.1 操作步骤

（1）参照第 7 章中针对 selectCourse.aspx 页面的操作步骤，完成 Comment.aspx 页面的布局、按系部筛选以及按课程名称和授课教师搜索课程信息的功能。

（2）参照第 7 章中针对 selectCourse.aspx 页面的操作步骤（13），添加评论功能。在 GridView 中添加一个超链接列，当用户单击该超链接时，在 CourseComment.aspx 页面中显示相关评论信息。

（3）新建页面 CourseComment.aspx，在该页面中显示 Comment 表中的内容。从工具箱中拖动 SqlDataSource 控件放置到页面中，命名为 CommentDS。设置 Select 语句，并配置相应的参数，如图 8-4 所示。

（4）从工具箱中拖动 Repeater 控件放置到页面中，设置 Repeater 的数据源为 CommentDS，如图 8-5 所示。

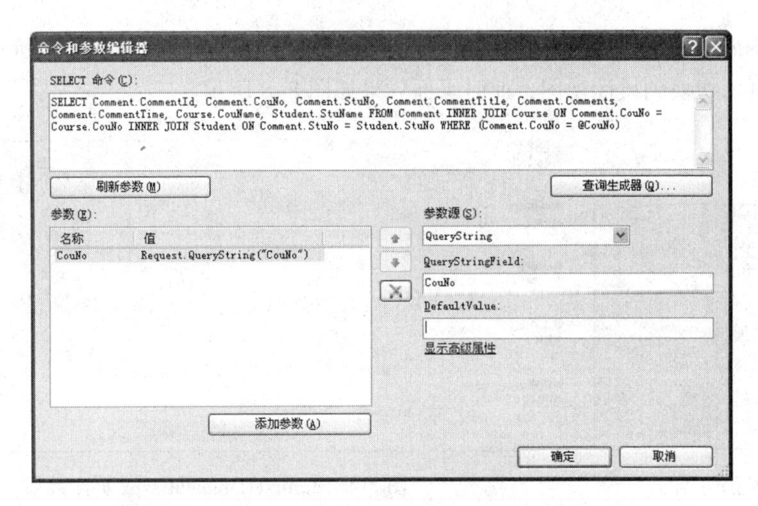

图 8-4　配置数据源 CommentDS 的 SELECT 语句

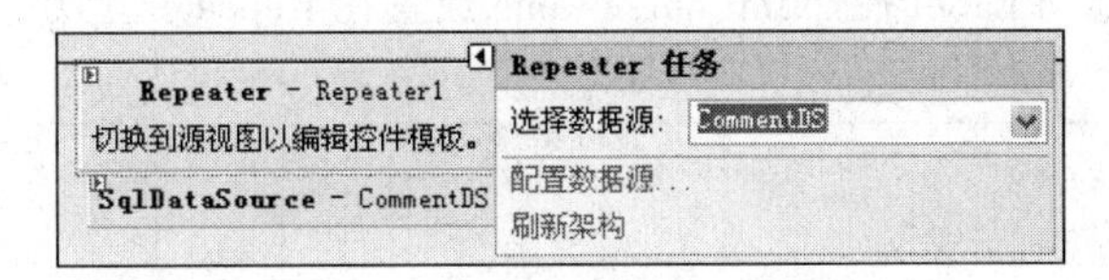

图 8-5　设置 Repeater 的数据源

（5）将 CourseComment.aspx 页面由“设计”视图切换到“源”视图。在<Repeater>和</Repeater>标记之间输入如下代码，如图 8-6 所示。

```
    <asp:Repeater ID="Repeater1" runat="server" DataSourceID="CommentDS" >
      <ItemTemplate>
        <table width="100%">
          <tr>
            <td style="text-align:left">
              <asp:Label ID="title" runat="server" Text=<%# Eval("CommentTitle") %>
cssclass="commentTitle"></asp:Label>
            </td>
            <td ></td>
          </tr>
          <tr>
            <td colspan=2  style="text-align:left;text-indent:2">
                      <asp:Label ID="what" runat="server" Text=<%# Eval("Comments") %>
</asp:Label>
            </td>
         </tr>
         <tr>
            <td align="right">
              作  者: <asp:Label ID="Label1" runat="server" Text=<%# Eval("StuName") %>
CssClass="commentbottom"></asp:Label>
            </td>
            <td align="center">
              发表于: <asp:Label ID="Label2" runat="server" Text=<%# Eval("CommentTime")
%> CssClass="commentbottom"></asp:Label>
            </td>
         </tr>
       </table>
      </ItemTemplate>
      <SeparatorTemplate>
        <hr style="height:3px" />
      </SeparatorTemplate>
    </asp:Repeater>
```

图 8-6　在<Repeater>和</Repeater>标记之间输入的代码

（6）在 css.css 文件中设置 commentTitle 和 commentbottom 样式，如图 8-7 所示。将 Course-Comment.aspx 页面切换到设计视图，此时页面效果如图 8-8 所示。

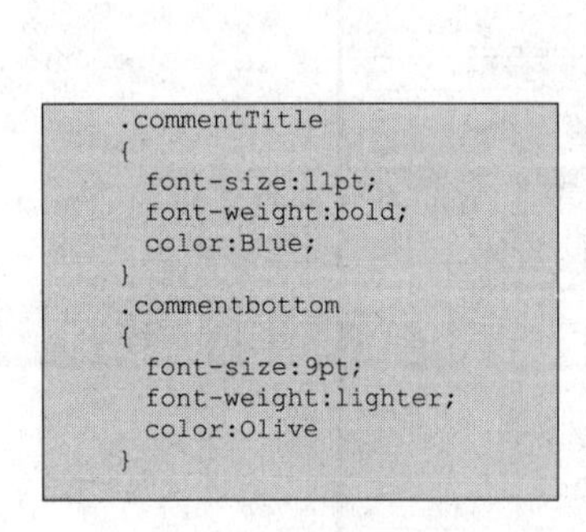

```
.commentTitle
{
  font-size:11pt;
  font-weight:bold;
  color:Blue;
}
.commentbottom
{
  font-size:9pt;
  font-weight:lighter;
  color:Olive
}
```

图 8-7　设置 css 样式

图 8-8　CourseComment.aspx 页面效果

（7）从工具箱中拖动 Label 控件 lblCourseName 放置在 Repeater 上方，如图 8-9 所示。

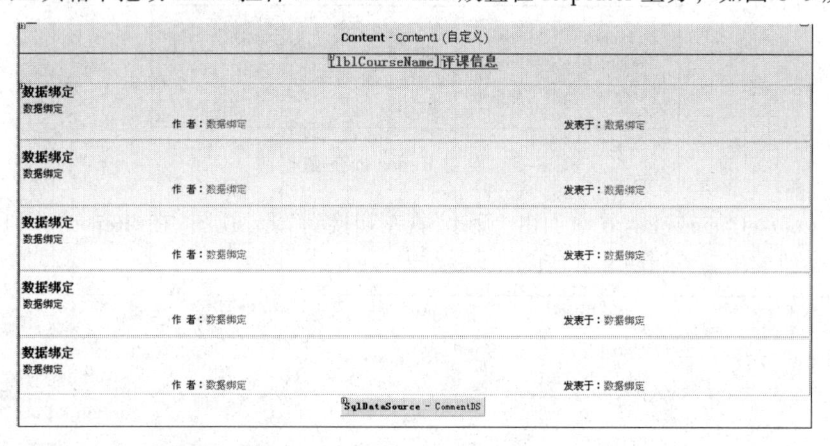

图 8-9　CourseComment.aspx 页面最终效果

（8）获取所评论的课程名称。当用户由选课页面（selectCourse.aspx）或者评课页面（Comment.aspx）通过单击“查看评论”按钮进入 CourseCommane.aspx 页面时，系统通过 QueryString 传入课程编号信息，但要获得课程名称信息，则要到数据库中查询获得。切换到代码页面（SelectCourse.aspx.cs），创建 getCouName()方法，如图 8-10 所示。该方法通过课程编号获取课程名称。

```
    private string getCouName()
    {
        string   connstring=ConfigurationManager.ConnectionStrings
["XkConnectionString"].ConnectionString;
        SqlConnection cn=new SqlConnection(connstring);
        SqlCommand cmd=new SqlCommand();
        cmd.Connection=cn;
        cmd.CommandText="select CouName from course where CouNo=
@CouNo";
        cmd.Parameters.Add("@CouNo",   SqlDbType.Char,   3).Value=
Request.QueryString["CouNo"];
        cn.Open();
        string couName=cmd.ExecuteScalar().ToString();
        cn.Close();
        return couName;
    }
```

图 8-10　getCouName()方法

（9）在网页第一次加载时调用 getCouName()方法，代码如图 8-11 所示。

```
protected void Page_Load(object sender, EventArgs e)
{
    if (!IsPostBack)
    {
      lblCourseName.Text=getCouName();
    }
}
```

图 8-11　在网页第一次加载时调用 getCouName()方法

（10）在 Repeater 控件下方搭建发表评论的界面，如图 8-12 所示。

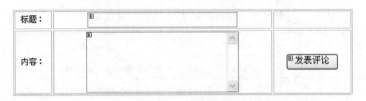

图 8-12　发表评论的界面

（11）发表评论实际上就是向 Comment 表中插入一条记录，即运行一条 Insert 语句，这里利用 SqlDataSourse 控件来实现。配置数据源 CommentDS 的 InsertQuery 属性，如图 8-13 所示。

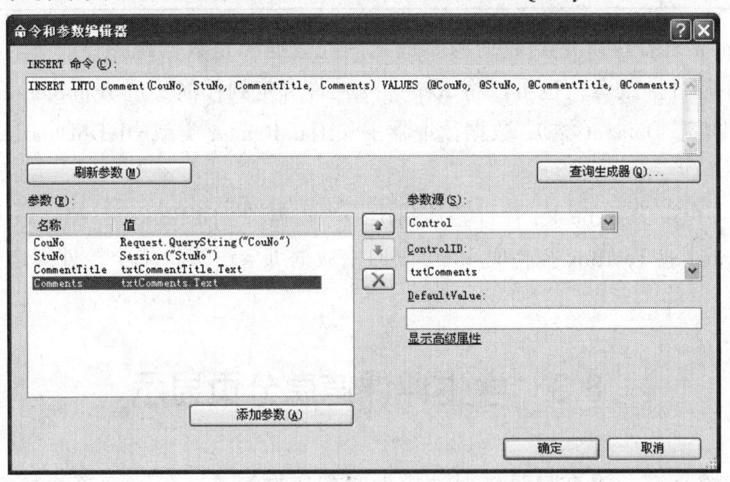

图 8-13　配置数据源 CommentDS 的 InsertQuery 属性

（12）双击“发表评论”按钮，在事件处理程序中，输入如下代码，如图 8-14 所示。

```
protected void Button1_Click(object sender, EventArgs e)
{
    CommentDS.Insert();
}
```

图 8-14　“发表评论”按钮的 Click 事件处理程序

8.2.2　相关知识

Repeater 控件是一个容器控件，它可以从页的任何可用数据中创建出自定义列表。但 Repeater

控件不具备内置的呈现功能，这表示用户必须通过创建模板为 Repeater 控件来提供布局。当该页运行时，Repeater 控件依次获取数据源中的记录，并为每个记录呈现一个项。

由于 Repeater 控件没有默认的外观，因此可以使用该控件创建许多种列表，其中包括：

（1）表布局。

（2）逗号分隔的列表（例如，a、b、c、d 等）。

（3）XML 格式的列表。

若要使用 Repeater 控件，需要创建定义控件内容布局的模板。模板可以包含标记和控件的任意组合。如果未定义模板，或者模板不包含任何元素，则当应用程序运行时，该控件将不显示在页上。表 8-1 描述了 Repeater 控件支持的模板。

表 8-1 Repeater 控件支持的模板属性

模板属性	说明
ItemTemplate	包含要为数据源中每个数据项都呈现一次的 HTML 元素和控件
AlternatingItemTemplate	包含要为数据源中每个数据项都呈现一次的 HTML 元素和控件。通常，可以使用此模板为交替项创建不同的外观，例如指定一种与 ItemTemplate 中指定的颜色不同的背景色
HeaderTemplate 和 FooterTemplate	包含在列表的开始和结束处分别呈现的文本和控件
SeparatorTemplate	包含在每项之间呈现的元素。典型的示例可能是一条直线（使用 hr 元素）

必须将 Repeater 控件绑定到数据源。最常用的数据源是数据源控件，如 SqlDataSource 或 ObjectDataSource 控件。或者，也可以将 Repeater 控件绑定到任何实现 IEnumerable 接口的类，包括 ADO.NET 数据集（DataSet 类）、数据读取器（SqlDataReader 类或 OleDbDataReader 类）或大部分集合。

绑定数据时，可以为 Repeater 控件整体指定一个数据源。向 Repeater 控件添加控件时（例如，向模板中添加 Label 或 TextBox 控件时），可以使用数据绑定语法将单个控件绑定到数据源返回项的某个字段上。

8.3 学生评课信息分页显示

进入课程评论页面，将会显示针对选定课程的所有评论，但当评论比较多时，页面会比较长，此时需要分页显示。而 Repeater 控件本身没有分页功能，所以需要利用代码来实现分页功能。

8.3.1 操作步骤

（1）切换回“源”视图，在 Repeater 控件的页脚模板处输入如下代码，如图 8-15 所示，显示效果如图 8-16 所示。

（2）为了实现分页功能，需要使用 PageDataSource 类，切换到代码页面（select- Course.aspx.cs），在 CourseComment 类中声明成员变量 mypds（PagedDataSource mypds;）。

```
<FooterTemplate><%--这是脚模板--%>
    <table width="80%">
        <tr>
            <td style="color: #0066ff;">
                共<asp:Label ID="lblpc" runat="server" Text="Label"></asp:Label>页 当前为第
                <asp:Label ID="lblp" runat="server" Text="Label"></asp:Label>页
                <asp:HyperLink ID="hlfir" runat="server" Text="首页"></asp:HyperLink>
                <asp:HyperLink ID="hlp" runat="server" Text="上一页"></asp:HyperLink>
                <asp:HyperLink ID="hln" runat="server" Text="下一页"></asp:HyperLink>
                <asp:HyperLink ID="hlla" runat="server" Text="尾页"></asp:HyperLink>
            </td>
        </tr>
    </table>
</FooterTemplate>
```

图 8-15　在 Repeater 控件的页脚模板中输入的代码

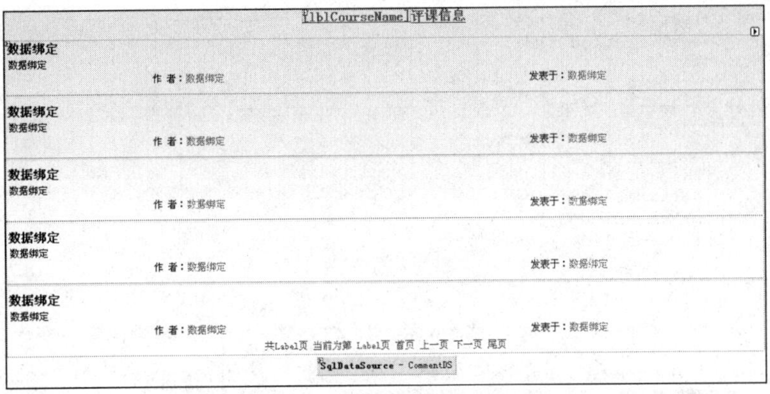

图 8-16　加入页脚模板后的显示效果

（3）创建 pds()方法，返回 PageDataSource 类型的数据，如图 8-17 所示。

```
    private PagedDataSource pds()
    {
       string connstring=ConfigurationManager.ConnectionStrings ["XkConnectionString"].
ConnectionString;
       SqlConnection cn=new SqlConnection(connstring);
       DataSet ds=new DataSet();
       string sqlstr="SELECT Course.CouName, Comment.*, Student.StuName FROM Comment " +
                    "INNER JOIN  Course ON Comment.CouNo=Course.CouNo INNER JOIN " +
                    "Student ON Comment.StuNo=Student.StuNo " +
                    "where Comment.CouNo=@CouNo order by CommentTime Desc";
       SqlCommand cmd=new SqlCommand();
       cmd.Connection=cn;
       cmd.CommandText=sqlstr;
       cmd.Parameters.Add("@CouNo", SqlDbType.Char, 8).Value=Request. QueryString["CouNo"];
       SqlDataAdapter sda=new SqlDataAdapter(cmd);
       sda.Fill(ds, "comment");
       PagedDataSource pds=new PagedDataSource();
       pds.DataSource=ds.Tables["comment"].DefaultView;
       pds.AllowPaging=true;//允许分页
       pds.PageSize=5;//单页显示项数
       return pds;
    }
```

图 8-17　创建 pds()方法

（4）创建 Repeater 控件的 ItemDataBound 事件处理程序，输入如图 8-18 所示的代码。

```
protected void Repeater1_ItemDataBound(object sender, RepeaterItemEventArgs e)
{
  if (e.Item.ItemType==ListItemType.Footer)
   {
      HyperLink lpfirst=(HyperLink)e.Item.FindControl("hlfir");
      HyperLink lpprev=(HyperLink)e.Item.FindControl("hlp");
      HyperLink lpnext=(HyperLink)e.Item.FindControl("hln");
      HyperLink lplast=(HyperLink)e.Item.FindControl("hlla");
      int n=Convert.ToInt32(mypds.PageCount);//n 为分页数
      int i=Convert.ToInt32(mypds.CurrentPageIndex);//i 为当前页
      Label lblpc=(Label)e.Item.FindControl("lblpc");
      lblpc.Text=n.ToString();
      Label lblp=(Label)e.Item.FindControl("lblp");
      lblp.Text=Convert.ToString(mypds.CurrentPageIndex + 1);
      if (i <= 0)
      {
         lpfirst.Enabled=false;
         lpprev.Enabled=false;
         lplast.Enabled=true;
         lpnext.Enabled=true;
      }
      else
   lpprev.NavigateUrl="?CouNo=" + Request.QueryString["CouNo"] + "&&page=" + (i - 1);
     if (i >= n - 1)
     {
        lpfirst.Enabled=true;
        lplast.Enabled=false;
        lpnext.Enabled=false;
        lpprev.Enabled=true;
     }
   else
   {
   lpnext.NavigateUrl = "?CouNo=" + Request.QueryString["CouNo"] + "&&page=" + (i + 1);
   }
     lpfirst.NavigateUrl = "?CouNo=" + Request.QueryString["CouNo"] + "&&page=0";
     //向本页传递参数 page
   lplast.NavigateUrl = "?CouNo=" + Request.QueryString["CouNo"] + "&&page=" + (n - 1);
   }
}
```

图 8-18 ItemDataBound 事件处理程序

（5）清除 Repeater 控件指定的数据源，如图 8-19 所示。

图 8-19 清除 Repeater 控件指定的数据源

（6）在 Page_Load 方法中，利用代码指定 Repeater 控件的 DataSource 属性为 PageDataSource 类型的数据，如图 8-20 所示。

```
protected void Page_Load(object sender, EventArgs e)
{
  if (!IsPostBack)
  {
     lblCourseName.Text=getCouName();
     mypds=pds();
     if (Request.QueryString["page"]!=null)
       mypds.CurrentPageIndex=Convert.ToInt32(Request.QueryString["page"]);
     Repeater1.DataSource=mypds;
     Repeater1.DataBind();
       }
}
```

图 8-20 指定 Repeater 控件的 DataSource 属性

（7）修改“发表评论”按钮的 Click 事件处理程序，实现当用户发表评论后刷新数据，代码如图 8-21 所示。

```
protected void Button1_Click(object sender, EventArgs e)
{
    CommentDS.Insert();
    mypds = pds();
    mypds.CurrentPageIndex = 0;
    Repeater1.DataSource = mypds;
    Repeater1.DataBind();
}
```

图 8-21　修改“发表评论”按钮的 Click 事件处理程序

8.3.2　相关知识

PageDataSource 简介

可封装数据绑定控件（如 DataGrid、GridView、DetailsView 和 FormView 控件）的与分页相关的属性，以允许该控件执行分页操作，但无法继承此类。

表 8-2 列出了 PagedDataSource 类型的公开成员。

表 8-2　PagedDataSource 类型的公开成员

名　称	说　明
AllowCustomPaging	获取或设置一个值，指示是否在数据绑定控件中启用自定义分页
AllowPaging	获取或设置一个值，指示是否在数据绑定控件中启用分页
AllowServerPaging	获取或设置一个值，指示是否启用服务器端分页
Count	设置要从数据源获取的项数
CurrentPageIndex	获取或设置当前页的索引
DataSource	获取或设置数据源
DataSourceCount	获取数据源中的项数
FirstIndexInPage	获取页面中显示的首条记录的索引
IsCustomPagingEnabled	获取一个值，该值指示是否启用自定义分页
IsFirstPage	获取一个值，该值指示当前页是否是首页
IsLastPage	获取一个值，该值指示当前页是否是最后一页
IsPagingEnabled	获取一个值，该值指示是否启用分页
IsReadOnly	获取一个值，该值指示数据源是否是只读的
IsServerPagingEnabled	获取一个值，指示是否启用服务器端分页支持
IsSynchronized	获取一个值，该值指示是否同步对数据源的访问（线程安全）
PageCount	获取显示数据源中的所有项所需要的总页数
PageSize	获取或设置要在单页上显示的项数
SyncRoot	获取可用于同步集合访问的对象
VirtualCount	获取或设置在使用自定义分页时数据源中的实际项数

其公共方法如表 8-3 所示。

表 8-3　PagedDataSource 类型的公共方法

名　称	说　明
CopyTo	从 System.Array 中指定的索引位置开始，将数据源中的所有项复制到指定的 System.Array 中
Equals	已重载，确定两个 Object 实例是否相等（从 Object 类继承）
GetEnumerator	返回一个实现了 System.Collections.IEnumerator 的对象，该对象包含数据源中的所有项
GetHashCode	用作特定类型的哈希函数。GetHashCode 适合在哈希算法和数据结构（如哈希表）中使用（从 Object 类继承）
GetItemProperties	返回表示用于绑定数据的每项上属性的 System.ComponentModel.Property Descriptor Collection
GetListName	返回列表的名称
GetType	获取当前实例的 Type（从 Object 类继承）
ReferenceEquals	确定指定的 Object 实例是否是相同的实例（从 Object 类继承）
ToString	返回表示当前 Object 的 String（从 Object 类继承）

小　结

1. 使用 Repeater 控件的一般步骤

将数据源控件（如 SqlDataSource 或 ObjectDataSource 控件）添加到页。配置数据源控件以执行查询。如果要使用 SqlDataSource 或 AccessDataSource 控件，要指定 SelectCommand 属性的连接信息和 SQL 查询。如果要使用 ObjectDataSource 控件，要配置其 SelectMethod 属性。

（1）向页中添加<asp:Repeater>元素。

（2）将 Repeater 控件的 DataSourceID 属性设置为数据源控件的 ID。

（3）将<ItemTemplate>元素作为 Repeater 控件的子元素添加到页中。

Repeater 控件必须至少包含一个 ItemTemplate，该模板应包含数据绑定控件，以便在运行时呈现控件。

（1）向 ItemTemplate 添加 HTML 标记和 Web 服务器控件或 HTML 服务器控件。

（2）使用 Eval 数据绑定函数绑定子控件和查询获取的数据。例如，

```
<asp:Label ID="Label1" runat="server" Text=<%#Eval("StuName")%> >
</asp: Label>
```

（3）有选择地定义 AlternatingItemTemplate、SeparatorTemplate、HeaderTemplate 或 Footer Template 模板。

2. 自定义分页

PagedDataSource 类可封装那些允许数据源控件（如 DataGrid、GridView、DetailsView 和 FormView 控件）执行分页操作的属性。如果控件开发人员需对自定义数据绑定控件提供分页支持，即可使用此类。

此类使用最合适的方法来枚举属于当前页的数据。如果基础数据源支持索引访问（如 System.Array 和 System.Collections.IList），则此类使用索引访问。否则，此类使用由 GetEnumerator 方法创建的枚举数。

但应用 PageDataSource 类实现自定义分页代码较为复杂，同时执行效率不高。为此，在网上有很多第三方提供的分页控件，如 AspNetPager、QuickPager 等。应用第三方控件可以极大地简化分页操作。

练　习

利用 Repeater 控件，结合母版页实现图 8-22 所示的网上商城浏览页面，并分别尝试使用 PageDataSource 和第三方分页控件实现分页操作。数据库为 shop.mdb。

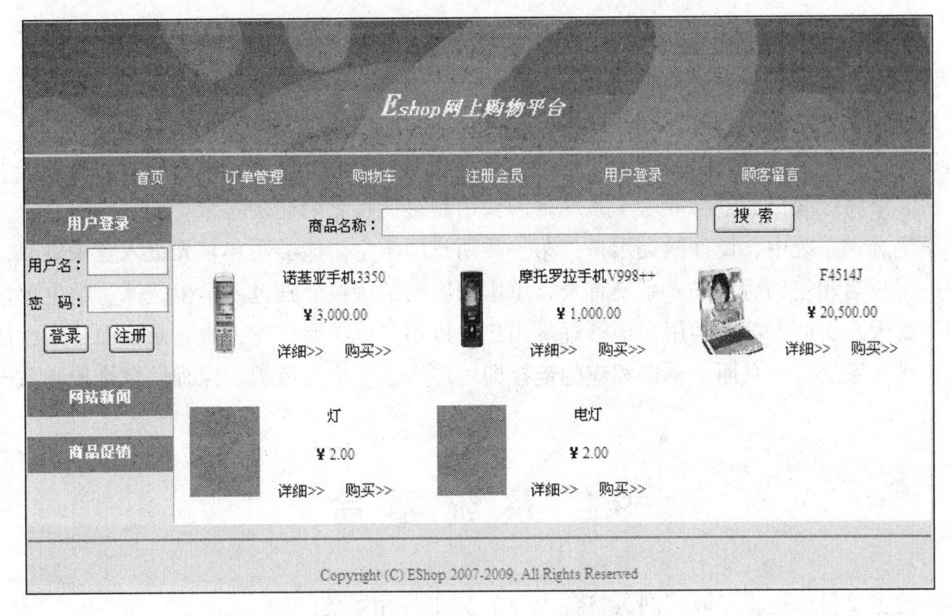

图 8-22　网上商城浏览页面

第9章 权 限 管 理

学习目标：

- 了解权限管理的必要性。
- 了解权限管理的基本方式。
- 完成学生选课系统的权限管理功能。

通过前面章节的学习，已经把选课系统的各个功能页面设计完成，但它们目前还是一个个独立的页面。要将这些页面整合成一个系统，需要用超链接将它们连接起来。

在学生选课系统中，设计两类用户：第一类用户即学生，该类用户首先进入登录页面，当输入正确的用户名和密码后，进入系统首页，单击相应的链接可分别进入学生选课、学生评课、学生注册和聊天室页面；第二类用户即管理员用户，该用户也需要首先进入登录页面，当验证身份通过后，进入系统管理页面，单击相应的链接即可进入学生信息维护、课程信息维护和系部信息维护页面。

9.1 系 统 整 合

本节的主要目标是将零散的网页整合为一个 Web 应用系统。

9.1.1 操作步骤

（1）设置 login.aspx 页面设为起始页。右击“解决方案资源管理器”窗口中的 login.aspx 项，选择“设为起始页”命令。

（2）修改“登录”按钮的 Click 事件处理代码，将跳转页面改为 Default.aspx，如图 9-1 所示。

（3）添加新网页 SysLogin.aspx 作为系统管理员的登录入口，网页外观参照 login.aspx。由于用户信息都保存在Student表中，为了区分某个用户是否为管理员，需要在Student表中加入IsAdmin字段（bit 类型），用以表示该用户是否为系统管理员。于是，当用户单击“登录”按钮后，系统从 Xk 数据库的 student 表中查找相应的用户名和密码是否存在，同时要求其 IsAdmin 字段的值为 true。所要执行的 SQL 语句如图 9-2 所示。

（4）在 SysLogin.aspx 中，双击“登录”按钮，创建其 Click 事件的处理程序，相应处理代码可参照 login.aspx 中的代码，只需修改执行的 SQL 语句，并将 IsAdmin 的信息保存到 Session 中，以及添加登录成功后的跳转语句即可，如图 9-3 所示。

```
    //......省略
    if (dr.Read())
    {//登录成功
       Response.Cookies["UserName"].Value=txtUserName.Text.Trim();
       Response.Cookies["Password"].Value=txtPassword.Text.Trim();
       Response.Cookies["UserName"].Expires=DateTime.Now.AddDays
(int.Parse(dpExpires.SelectedValue));
       Response.Cookies["Password"].Expires=DateTime.Now.AddDays
(int.Parse(dpExpires.SelectedValue));
       Session["StuName"]=dr["StuName"].ToString();
       Session["StuNo"]=dr["StuNo"].ToString();
       Session["IsAdmin"]=dr["IsAdmin"];
       Response.Redirect("Default.aspx");
    }
    else
    {//登录失败
       Literal lit=new Literal();
         lit.Text="<script language='javascript'>window.alert('登录失
败')</script>";
       Page.Controls.Add(lit);
    }
```

图 9-1 修改“登录”按钮的 Click 事件处理代码

```
   Select * from [Student] where [StuNo]=@StuNo and
[Pwd]=@Pwd and IsAdmin=1
```

图 9-2 验证登录信息的 SQL 语句

```
   //......省略
   if (dr.Read())
   {//登录成功
     ......省略
      Session["IsAdmin"]=dr["IsAdmin"];
      Response.Redirect("SysAdmin.aspx");
   }
   else
   {//登录失败
     ......省略
   }
```

图 9-3 SysLogin.aspx 页面登录代码

（5）参照 MasterPage.master 母版页，在网站中添加新母版页 SysMasterPage.master，如图 9-4 所示。

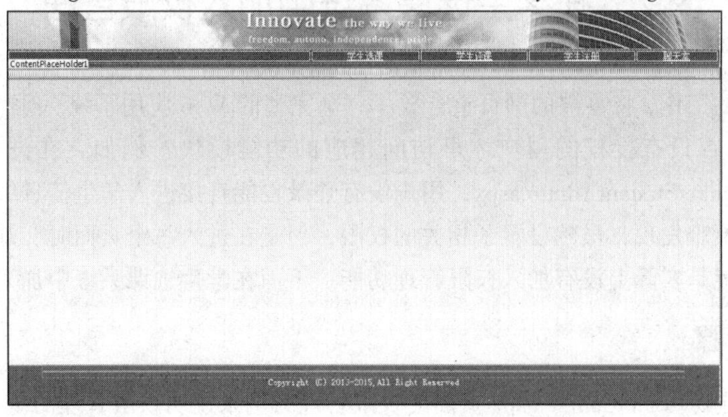

图 9-4 母版页 SysMasterPage.master

（6）以 SysMasterPage.master 为母版，在网站中添加新页面 SysAdmin.aspx，如图 9-5 所示。

图 9-5　SysAdmin.aspx 页面

（7）设置相应的链接地址，完成系统整合。

9.1.2　相关知识

链接

链接也称超链接。所谓的超链接是指从一个网页指向一个目标的连接关系，这个目标可以是另一个网页，也可以是相同网页上的不同位置，还可以是一张图片，一个电子邮件地址，一个文件，甚至是一个应用程序。而在一个网页中设置为超链接的对象，可以是一段文本或者是一张图片。当浏览者单击已经链接的文字或图片后，链接目标将显示在浏览器上，并且根据目标的类型来打开或运行。

按照链接路径的不同，网页中超链接一般分为内部链接、锚点链接和外部链接 3 种。

按照使用对象的不同，网页中的链接又可以分为文本超链接、图像超链接、E-mail 链接、锚点链接、多媒体文件链接、空链接等。

利用链接，可以方便地将零散的网页整合成一个完整的应用系统。

9.2　在学生选课系统中加入权限管理

通过上一节的工作，将零散的网页整合成了一个完整的 Web 应用系统。但当用户由登录页面进入系统时，是否只有授权的用户才可访问相应的功能模块？例如，在浏览器中直接输入 http://localhost/xuanke/StudentAdmin.aspx，用户没有登录也能直接进入学生信息维护页面。

分析其原因不难发现，虽然设置了相关的权限，但是在进入每个页面时，却没有对权限进行相应的验证，也就是实际上没有加入权限管理功能。下面在学生选课系统中加入权限管理。

9.2.1　操作步骤

下面以学生选课 selectCourse.aspx 页面的权限管理为例来说明权限管理的基本操作。

（1）在学生选课 selectCourse.aspx 页面的空白处双击，进入 selectCourse.aspx 页面的 Page_Load

事件处理程序，输入相应的代码，如图 9-6 所示。

```
protected void Page_Load(object sender, EventArgs e)
 {
     if (Session["StuNo"]==null)
     {
        Response.Redirect("login.aspx");
     }
 }
```

图 9-6　selectCourse.aspx 页面的 Page_Load 事件处理程序

（2）其中，Session["StuNo"]如果为 null，则说明用户可能不是由登录页面 login.aspx 跳转过来的，而可能是直接输入网址进入的。因此，系统将禁止这种方式，直接跳转回登录页面 login.aspx。这样就避免了用户不经过授权直接访问功能页面。

（3）对于学生选课模块的其他功能页面，采取同样的方式设置权限管理。

（4）对于系统管理模块，采用类似的方式解决。以学生信息维护页面 StudentAdmin.aspx 的权限管理为例，在学生信息维护页面 StudentAdmin.aspx 页面的空白处双击，进入 StudentAdmin.aspx 页面的 Page_Load 事件处理程序，输入相应的代码，如图 9-7 所示。

```
protected void Page_Load(object sender, EventArgs e)
 {
     if (Session["StuNo"]==null)
     {
        Response.Redirect("SysLogin.aspx");
     }
     else if(!(bool)Session["IsAdmin"])
     {
        Response.Redirect("SysLogin.aspx");
     }
 }
```

图 9-7　StudentAdmin.aspx 页面的 Page_Load 事件处理程序

9.2.2　相关知识

上面对系统的权限设置非常简单，只适合比较简单的系统。对于较为复杂的权限设置，通常要采取基于角色的权限控制方式。

RBAC（角色访问控制）

RBAC 的基本思想可简单地表示为把整个访问控制过程分成两步：访问权限与角色相关联，角色再与用户关联，从而实现用户与访问权限的逻辑分离。

由于 RBAC 实现了用户与访问权限的逻辑分离，因此它极大地方便了权限管理。例如，如果一个用户的职位发生变化，只要将用户当前的角色去掉，加入代表新职务或新任务的角色即可，角色/权限之间的变化相对角色/用户关系之间的变化要慢得多，并且委派用户到角色不需要很多技术，可以由行政管理人员来执行。而配置权限到角色的工作比较复杂，需要一定的技术，可以由专门的技术人员来承担，但是不给他们分配委派用户的权限，这与现实中情况正好一致。

小　　结

权限管理是任何系统都必不可少的组成部分，是保障系统安全稳定运行的必要条件。本章只是对系统做了一个最简单的权限设计，主要为了展示权限管理的原理和基本过程。对于较为复杂的系统，通常可采用角色访问控制。

练　习

进一步细化系统管理，要求系统可以对学生信息维护、课程信息维护和系部信息维护分别授权。

提高篇

提高篇围绕网上商城项目展开，以开发人员的角度入手，通过对需求分析、数据库设计、前台后台的实现直至最终功能的测试及发布等一系列开发阶段的讲解，使学生了解项目开发的一般过程和步骤，接触到企业中实际开发常用的一些技术和方法，帮助学生开阔眼界，提升水平。其中，第10章主要通过对一个简单的通讯录管理应用的实现，展示了三层架构下，Web 应用系统开发的一般步骤；第11章针对网上商城项目进行需求分析和数据库设计；第12、13章详细介绍了网上商城项目的后台管理和前台展示功能的实现。

第 10 章 Web 系统多层结构之通讯录

学习目标：

- 了解多层结构之间的关系。
- 会建立多项目的解决方案。
- 会建立模型层、数据访问层、业务逻辑层、用户表示层。
- 了解并实现多层开发模式。
- 学会引用第三方组件。

前面基础章节介绍了 ASP.NET 的开发基础，而在企业开发过程中，并不都是用控件式的开发，而是通过系统管理整个项目，不同的部件，可能由不同工程师负责开发，需要提高组件的可复用性、易维护性。

B/S 系统常常采用如图 10-1 所示的多层结构，这种结构在层与层之间相互独立，任何一层的改变不会影响其他层的功能。

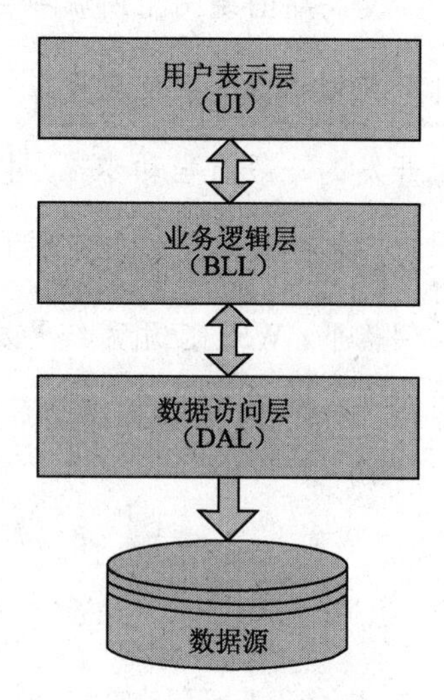

图 10-1 B/S 系统多层结构关系

下面分别介绍这几个层：

（1）用户表示层：将业务能在浏览器上显示出来，如通讯录的联系人姓名、性别、联系电话、移动电话等。

（2）业务逻辑层：实现业务的具体逻辑功能，如通讯录添加联系人、查询、删除等。

（3）数据访问层：实现对数据的访问功能，如 Insert、Update、Delete、Select 等。

除这些层外，实际开发中，还会添加更多其他的层，比如一些辅助功能、缓存、文件管理操作之类的，常常根据实际情况增加，总体的原则是：每一层次都完成相对独立的功能。层次之间清晰，不互相引用，否则会造成系统逻辑混乱，使庞大的系统难于管理和维护，容易导致系统的失败。下面以一个通讯录的例子，简单演示如何构建三层架构的系统，项目结构图如图 10-2 所示。该项目实现好友信息的添加、删除、编辑、查询功能，基本界面如图 10-3 所示。

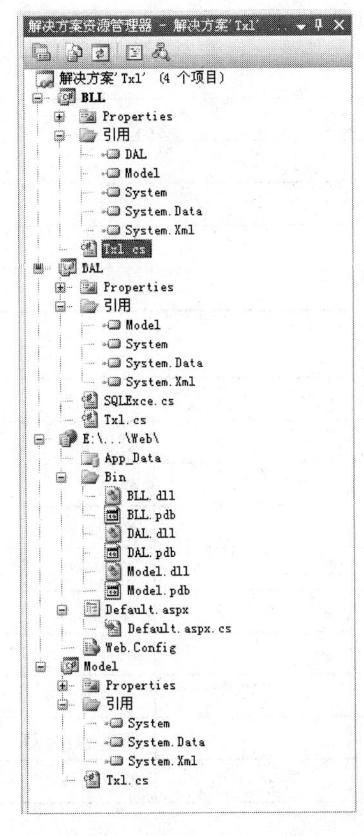

图 10-2　三层架构的项目结构图

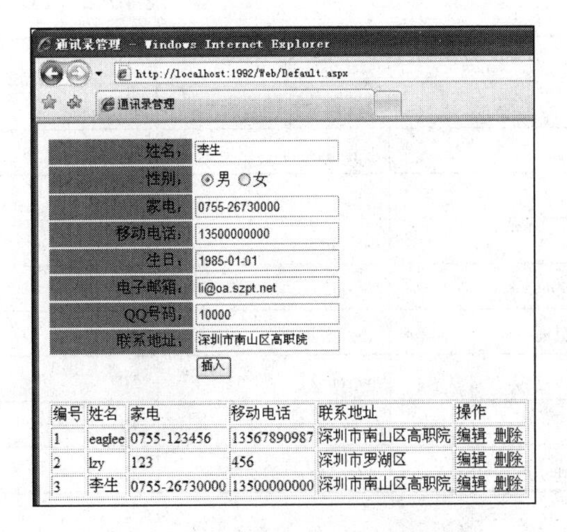

图 10-3　三层演示结果图

10.1　设计通讯录数据库 Txl

打开 SQL Server 2008，新建数据库 Txl，相应的数据库服务器信息如表 10-1 所示，然后在该数据库中新建表 Txl，如图 10-4 所示，表结构如表 10-2 所示。

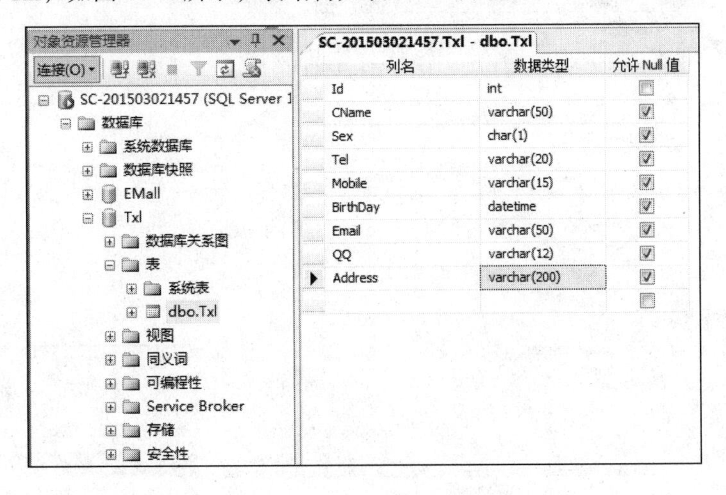

图 10-4　Txl 表结构

表 10-1 数据库服务器信息

项　　目	值
数据库服务器	127.0.0.1
用户	sa
密码	qwertyuiop
数据库名	Txl
通讯录表	Txl

表 10-2 Txl 表 结 构

列　　名	数 据 类 型	长　　度	允 许 为 空	说　　明
Id	Int	8	No	自增 Id
CName	varchar	50	Yes	姓名
Sex	char	1	Yes	性别
Tel	varchar	20	Yes	家电
Mobile	varchar	15	Yes	移动电话
BirthDay	datetime	8	Yes	生日
Email	varchar	50	Yes	电子邮箱
QQ	varchar	12	Yes	腾讯 QQ 号码
Address	varchar	200	Yes	联系地址

10.2 新建一个解决方案

启动 Visual Studio，在“文件菜单”中选择“新建项目”→“其他项目类型”→“Visual Studio 解决方案”→“空白解决方案”命令，在“名称”中输入 Txl，“位置”选择一个本解决方案的所有代码的保存路径，如图 10-5 所示。单击“确定”按钮，建立解决方案 Tx1 项目，如图 10-6 所示。

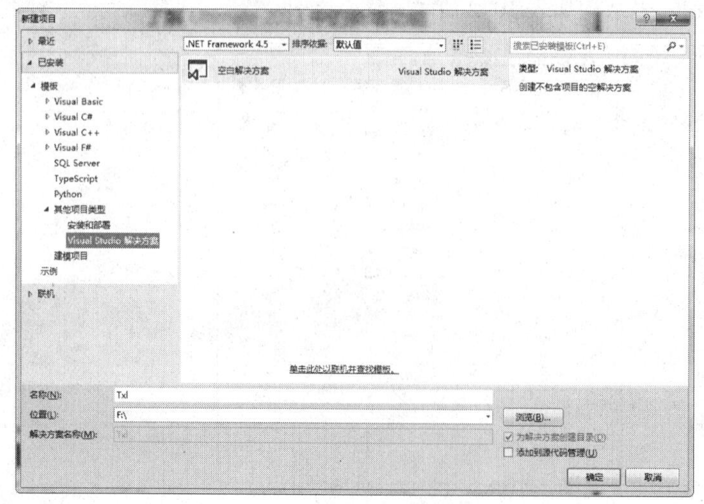

图 10-5　新建空白解决方案

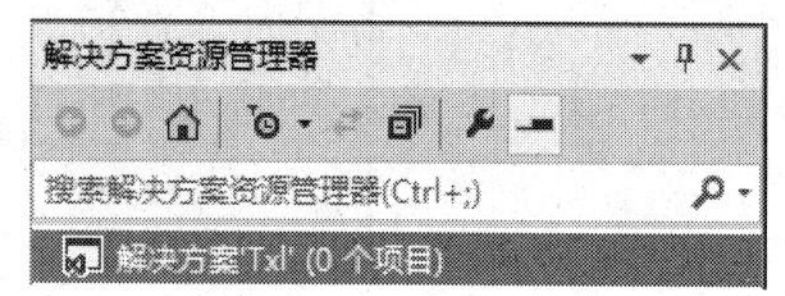

图 10-6　新建空白解决方案成功

10.3　建立 Model 层

在视图菜单的“解决方的案资源管理器”中可看到此方案，还是一个空白方案，下面一步一步添加三层的项目。

现在开始添加 Model 层，选择“文件”→“新建项目”命令，在“已安装”列表中选择“Visual C#”→“Windows”→“类库”选项，在“名称”文本框中输入 Model，“位置”输入保存项目的路径，单击“确定”按钮，如图 10-7 所示。Visual Studio 开发工具会自动建立一个 Class1.cs 的类，如图 10-8 所示。将此类重命名为 Txl，即数据库的表名。

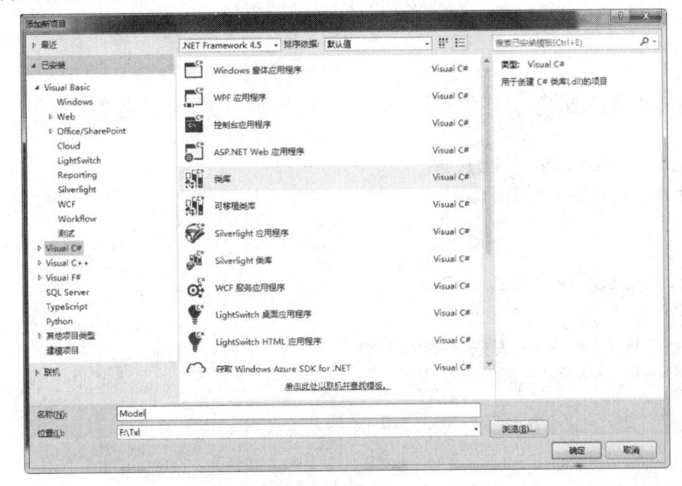

图 10-7　建立 Model 层项目

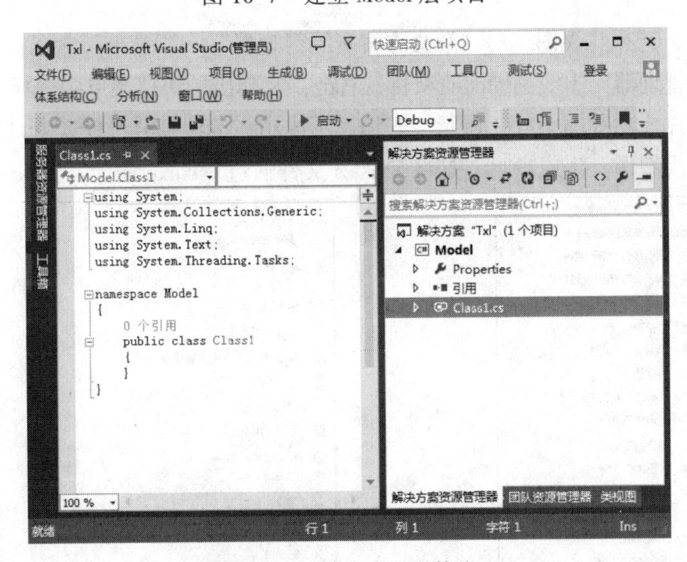

图 10-8　建立 Txl 实体类

1. 建立基础类

建立基础类，是按表的字段名称、数据类型建立。就这样，Model 层的一个实体类就完成了。

请关注本层的类名、属性、属性类型与数据库表名、列名、数据类型的关系。

```
using System;
using System.Text;

namespace Model
{
    public class Txl
    {
        // 域
        private int _id;
        private string _cname;
        // 省略......
        private DateTime _birthday;
        // 省略......
        // 属性
        public int Id
        {
            get { return _id; }
            set { _id=value; }
        }
        // 省略......
        public DateTime BirthDay
        {
            get { return _birthday; }
            set { _birthday=value; }
        }
    }
}
```

2. 编译、调试

开始进行编译，选择“视图”→“解决方案资源管理器”→“输出”命令，如图 10-9 所示。在“解决方案资源管理器”中找到 Model 项目，右击，在弹出的快捷菜单中选择“生成”命令，如图 10-10 所示。编译成功如图 10-11 所示。若编译不成功，请认真分析输入窗口提示的错误信息，对其进行改正，再次编译。生成项目，是将多个 cs 文件通过 csc.exe 编译，输入一个.dll 文件集。

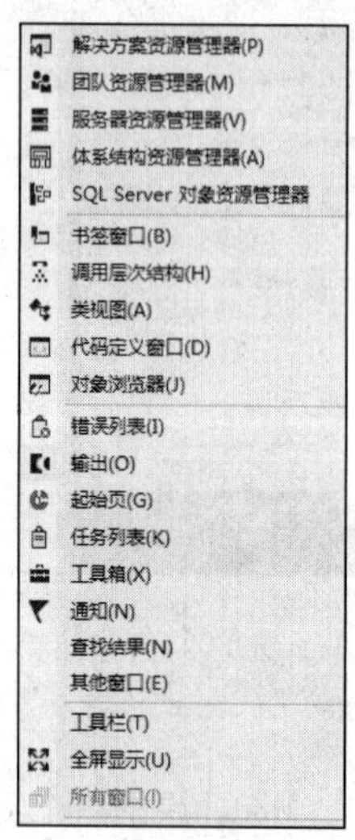

图 10-9 调出输出窗口

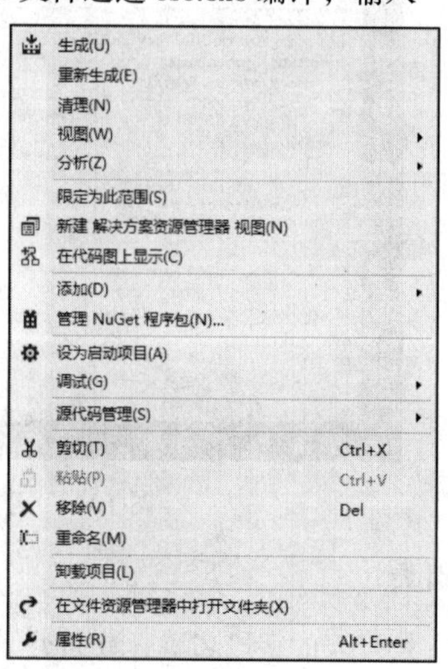

图 10-10 生成项目

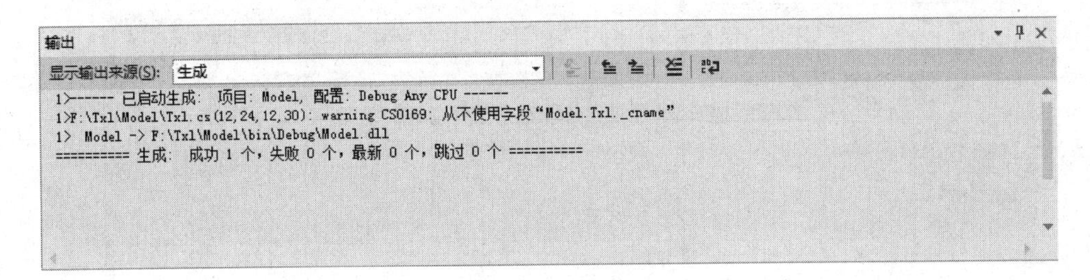

图 10-11　生成成功结果

10.4　建立 DAL 层

1. 添加新项目 DAL 层

和建立 Model 的一样，建立 DAL 层，如图 10-12 所示，之后添加 Model 层的引用。

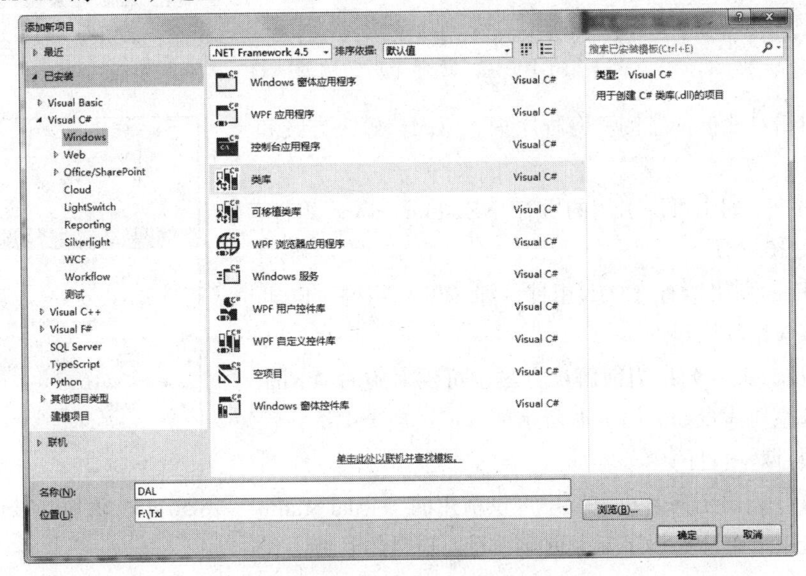

图 10-12　添加 DAL 层

2. 添加引用

在 DAL 层处，展开引用的文件夹，右击，在弹出的快捷菜单中选择“添加引用”命令，在弹出的“引用管理器”对话框，选择“项目”选项卡，选中 Model 的项目名称，单击“确定”按钮。

图 10-13　添加 Model 层引用

在 DAL 层处，展开引用的文件夹，右击，在弹出的快捷菜单中（见图 10-13），选择“添加引用”→“解决方案”→“项目”命令，选中 Model 的项目名称，如图 10-14 所示。单击“确定”按钮，添加成功后如图 10-15 所示。

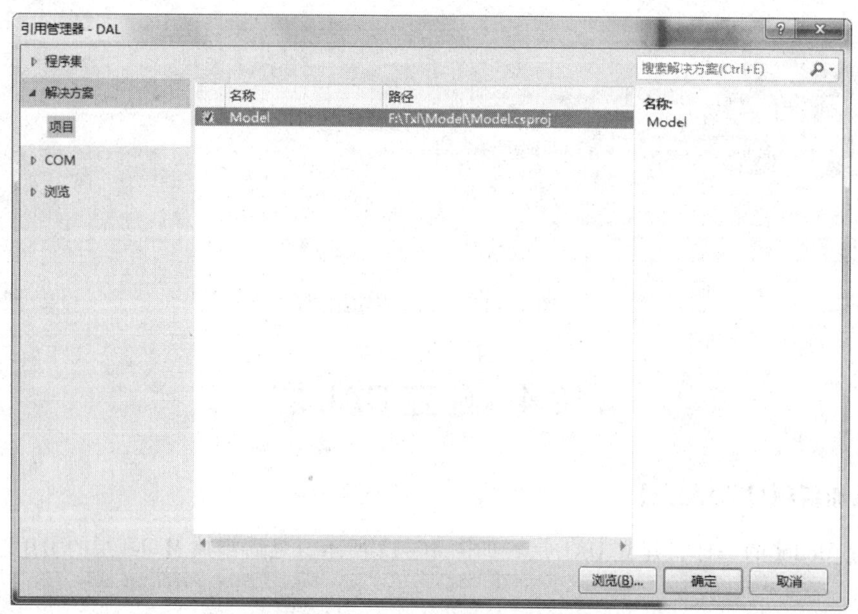

图 10-14　选择添加引用的项目

在添加引用对话框的左侧，有程序集、COM、解决方案和浏览 4 种选项：

（1）程序集：列出可供引用的所有 NET Framework 组件，主要信息如表 10-3 所示。

（2）COM：列出所有 COM 组件，如 Office 组件、Flash 播放器等一些应用程序组件。

（3）解决方案：列出当前解决方案中可供引用的 Visual Studio 项目，主要信息如表 10-4 所示。从该选项卡中选择程序集来创建项目对项目的参考。

（4）浏览：列出当前解决方案中可供引用的 Visual Studio 项目。从该选项卡中选择程序集来创建项目对项目的参考。

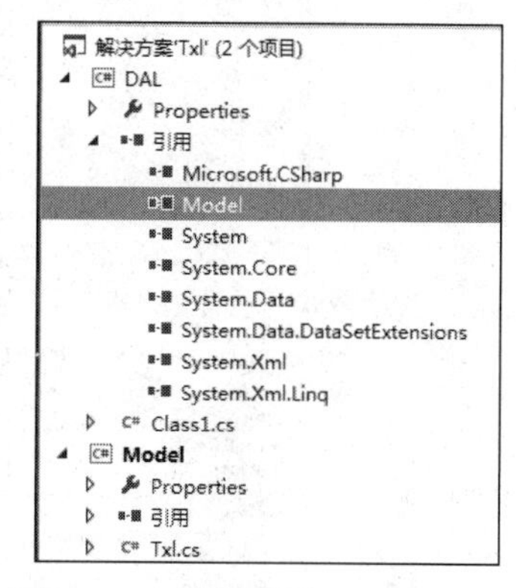

图 10-15　添加引用 Model 层成功

表 10-3　.NET Framework 组件信息

组　件	说　明
组件名称	组件的全名或“友好”名称
版本	组件的版本号
运行库	创建组件所使用的 .NET Framework 版本号
路径	组件的文件夹路径和文件名

表 10-4　解决方案信息

组　件	说　明
项目名称	显示引用项目的名称
项目目录	显示引用项目的文件夹路径

10.5　建立数据操作类 SQLExce.cs

数据操作类的主要功能:

（1）连接并打开数据库。

（2）根据一个 SQL 查询字符串，获取一个数据集 DataSet。

（3）根据一个 SQL 字符串，执行数据的操作，如 Insert、Update、Delete。

（4）SQL 语法问题抛出异常。

（5）关闭数据库连接。

在 DAL 层项目处，右击，在弹出的快捷菜单中选择“添加”→“类”命令（见图 10-16），在弹出的“添加新项”对话框中，选择“类”选项，在“名称”栏中输入 SQLExce.cs，然后再单击“添加”按钮，如图 10-17 所示。在解决方案管理器中显示新添加的 SQLExce.cs 类，如图 10-18 所示。

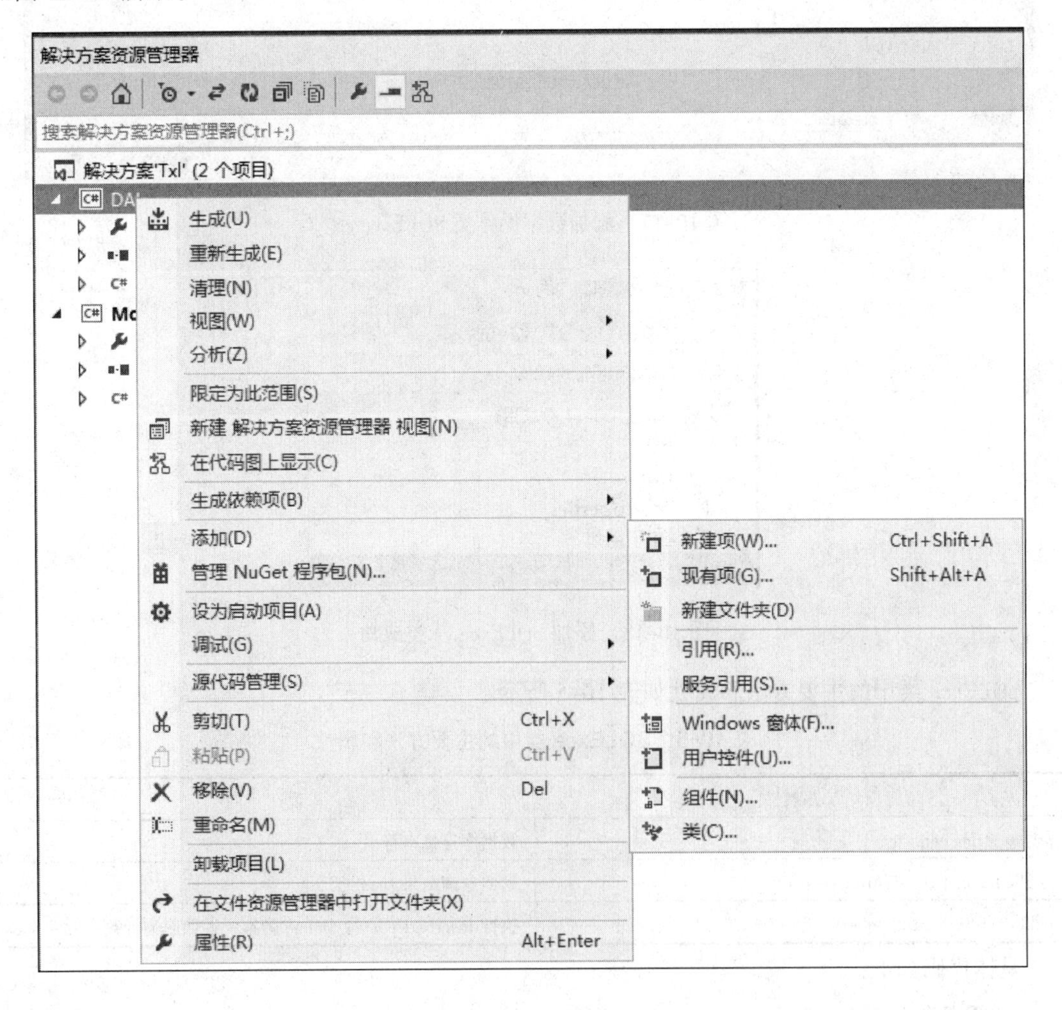

图 10-16　选择添加类

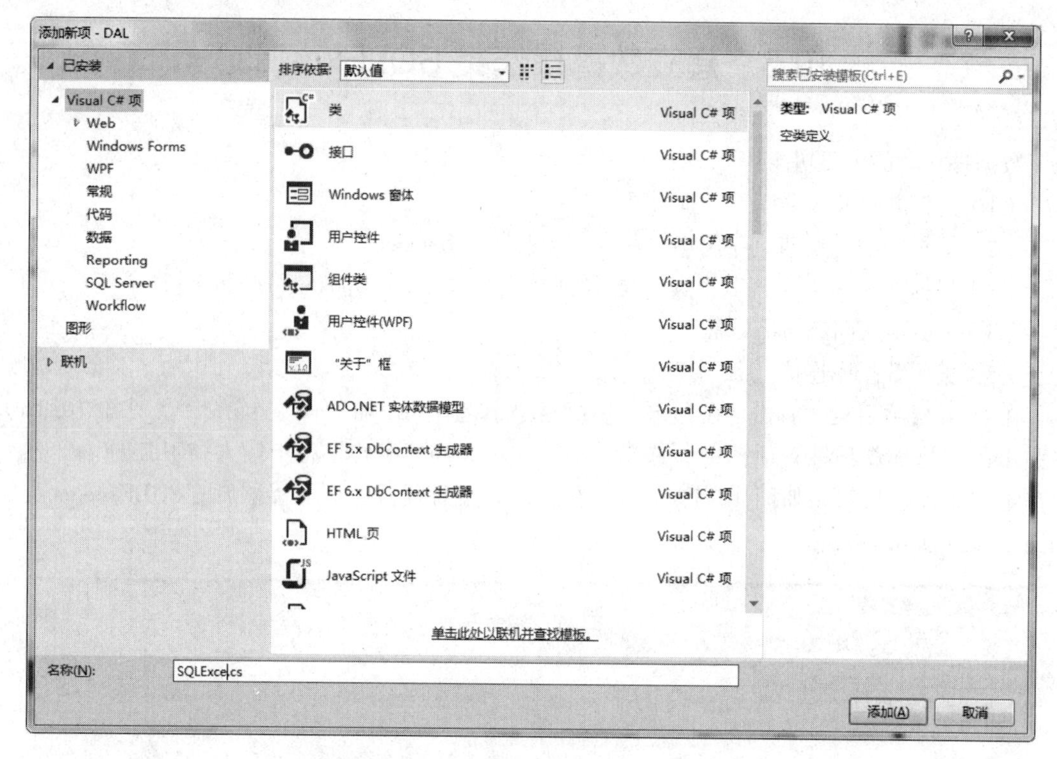

图 10-17　添加数据操作类 SQLExce.cs

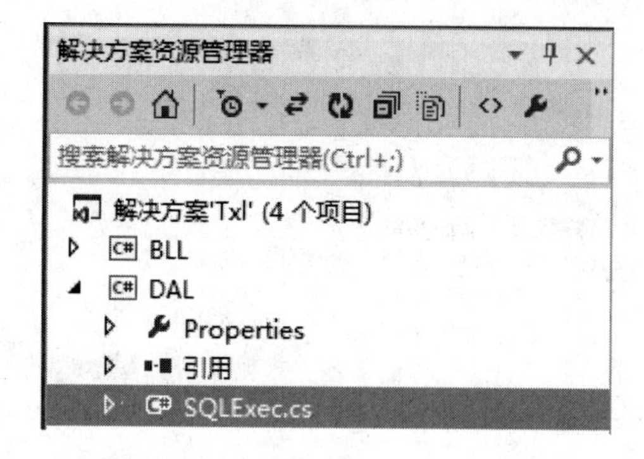

图 10-18　添加 SQLExce.cs 类成功

SQLExce 类中的主要方法和属性如表 10-5 所示。

表 10-5　SQLExce 类中的主要方法和属性

方法/属性	说　明
private string connstr	数据库连接字符串
public DataSet Query(string sqlstr)	返回查询结果 DataSet
public int Exce(string sqlstr)	执行 Insert、Update、Delete 脚本，返回影响行数

具体代码如下：

```
// 引用命名空间
using System;
```

```
using System.Data;
using System.Data.SqlClient;
using System.Collections.Generic;
using System.Text;

namespace DAL
{
   public class SQLExce
   {
      /// <summary>
      /// 数据库连接字符串（可在Web.config下配置，并获取）
      /// </summary>
      private  string  connstr="server=127.0.0.1;database=txl;uid=sa;pwd=
      qwertyuiop";

      /// <summary>
      /// 查询select
      /// </summary>
      /// <param name="sqlstr"></param>
      /// <returns></returns>
      public DataSet Query(string sqlstr)
      {

      }

      /// <summary>
      /// 执行insert/update/delete
      /// </summary>
      /// <param name="sqlstr"></param>
      /// <returns></returns>
      public int Exce(string sqlstr)
      {

      }
   }
}
```

1. 返回查询结果方法

（1）创建 DataSet 对象。

（2）创建 SqlConnection 对象，并初始化连接字符串。

（3）连接打开数据库。

（4）创建 SqlDataAdapter 对象，并初始化脚本与连接对象。

（5）填充数据到 DataSet 对象。

（6）关闭数据库连接。

（7）若打开数据库、填充数据有异常，则抛出。

```
public DataSet Query(string sqlstr)
{
   DataSet ds=new DataSet();
```

```
    SqlConnection conn=new SqlConnection(connstr);
    try
    {
        conn.Open();      // 打开数据库
        // 实例化数据库适配器
        SqlDataAdapter da=new SqlDataAdapter(sqlstr, conn);
        da.Fill(ds);      // 填充数据
    }catch (Exception ex){//抛出异常 }
    finally
    {
        conn.Close();     // 关闭数据库
    }
    return ds;
}
```

2. 返回执行数据操作后影响行数

（1）创建 SqlConnection 对象，并初始化连接字符串。

（2）连接并打开数据库 Open。

（3）创建 SqlCommand 对象，并初始化执行脚本与连接对象。

（4）根据一个 SQL 字符串，执行数据的操作，如 Insert、Update、Delete。

（5）关闭数据库连接 Close。

（6）若打开数据库、执行 SQL 有异常，则抛出。

```
public int Exce(string sqlstr)
{
    int result=0;
    SqlConnection conn = new SqlConnection(connstr);
    try
    {
        conn.Open();      // 打开数据库
        // 实例化 SqlCommand，用于执行 T-SQL
        SqlCommand cmd=new SqlCommand(sqlstr, conn);
        result=cmd.ExecuteNonQuery();// 执行 SQL
    }catch (Exception ex)
    {
        result=0;
    }
    finally
    {
        conn.Close();     // 关闭数据库
    }
    return result;
}
```

10.6 建立 Txl 的数据操作类

Txl 的数据操作类的主要功能：

（1）实现数据插入到 Txl 表，即 Insert 方法。

（2）实现数据更新，即 Update 方法。

（3）实现删除指定数据行，即 Delete 方法。

（4）实现根据条件数据查询，即 Select 方法。

在 DAL 层项目处，右击，在弹出的快捷菜单中选择“添加”→“类”命令。在弹出“添加新项”对话框中，选择“类”选项，在“名称”栏内输入 Txl.cs，再单击“添加”按钮，如图 10-19 所示。在解决方案管理器中显示新添加的 Txl.cs 类，如图 10-20 所示。

在 Txl.cs 类中，添加 Insert 方法、Update 方法、Delete 方法和 Select 方法框架，如图 10-21 所示。

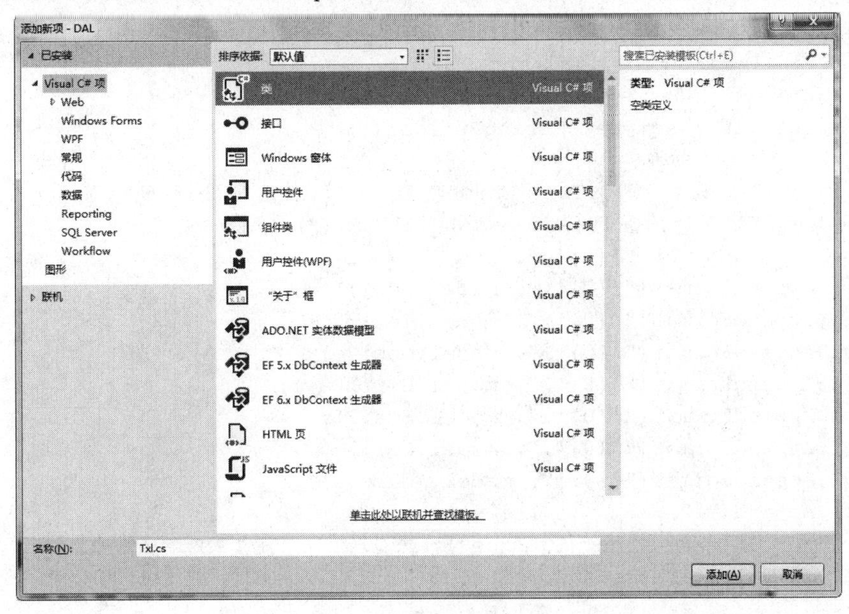

图 10-19　添加 Txl 表的操作类

图 10-20　添加 Txl 类

```
Txl.cs
DAL.Txl
 1 using System;
 2 using System.Data;
 3 using System.Collections.Generic;
 4 using System.Text;
 5
 6 namespace DAL
 7 {
 8     public class Txl
 9     {
10
11         /// <summary>
12         /// 插入一条数据
13         /// </summary>
14         /// <param name="model"></param>
15         /// <returns></returns>
16         public int Insert(Model.Txl model)...
33
34         /// <summary>
35         /// 更新一条数据
36         /// </summary>
37         /// <param name="model"></param>
38         /// <returns></returns>
39         public int Updata(Model.Txl model)...
57
58         /// <summary>
59         /// 删除一条数据
60         /// </summary>
61         /// <param name="id"></param>
62         /// <returns></returns>
63         public int Delete(int id)...
71
72         /// <summary>
73         /// 根据条件查询结果
74         /// </summary>
75         /// <param name="strwhere"></param>
76         /// <returns></returns>
77         public DataSet GetDataSet(string strwhere)...
87
88     }
89 }
```

图 10-21　DAL.Txl 类程序主要结构

1. 实现 Insert 方法

Insert 的语法：

```
Insert into tablename(column1,column2,column) values(val1,val2,valN);
```

本方法的参数是一个对象，即模型层的某个对象（或都说是一个表），此对象保存有所有需要插入到数据库的数据，在此方法中拆分，对应相对的列，将 Insert 的脚本用串字符串的方式生成，通过上面的 SQLExce 类创建对象执行，实现把数据插入到数据库，返回执行后影响的行数。如果为 0 则插入不成功，同时，在 SQLExce 也会抛出异常。

```
public int Insert(Model.Txl model)
{
    StringBuilder sql=new StringBuilder();
    // 组成insert的脚本
sql.Append("INSERT INTO Txl([CName],[Sex],[Tel],[Mobile],
[BirthDay],[Email],[QQ],[Address]) VALUES (");
    sql.AppendFormat("'{0}',", model.CName);
    sql.AppendFormat("'{0}',", model.Sex);
    sql.AppendFormat("'{0}',", model.Tel);
    sql.AppendFormat("'{0}',", model.Mobile);
    sql.AppendFormat("'{0}',", model.BirthDay);
    sql.AppendFormat("'{0}',", model.Email);
    sql.AppendFormat("'{0}',", model.QQ);
    sql.AppendFormat("'{0}'", model.Address);
    sql.Append(")");
    SQLExce sqlexce = new SQLExce();          // 建立数据库操作对象
    return sqlexce.Exce(sql.ToString());      // 执行，并返回影响行数
}
```

2. 实现 Update 方法

Update 的语法：

```
Update tablename set column1=val1,column2=val2 where condition
```

相关代码如下：

```
public int Update(Model.Txl model)
{
    StringBuilder sql=new StringBuilder();
    // 组成insert的脚本
    sql.Append("update txl set ");
    sql.AppendFormat("cname='{0}',sex='{1}',", model.CName, model.Sex);
    sql.AppendFormat("tel='',", model.Tel);
    sql.AppendFormat("mobile='{0}',", model.Mobile);
    sql.AppendFormat("birthday='{0}',", model.BirthDay);
    sql.AppendFormat("email='{0}',", model.Email);
    sql.AppendFormat("qq='{0}',", model.QQ);
    sql.AppendFormat("address='{0}'", model.Address);
    sql.AppendFormat("where id={0}", model.Id);
    // 建立数据库操作对象
    SQLExce sqlexce=new SQLExce();
    return sqlexce.Exce(sql.ToString());      // 执行，并返回影响行数
}
```

3. 实现 Delete 方法

Delete 语法：

```
Delete [from] table where condtion
```

相关代码如下：

```
public int Delete(int id)
{
    StringBuilder sql=new StringBuilder();
    // 组成 insert 的脚本
    sql.AppendFormat("delete txl where id={0}", id);
    SQLExce sqlexce=new SQLExce();        // 建立数据库操作对象
    return sqlexce.Exce(sql.ToString()); // 执行，并返回影响行数
}
```

4. 实现 Select 方法

Select 语法：

```
Select column1,column2,column
from table
where condition
[group by]
[order by]
```

相关代码如下：

```
public DataSet GetDataSet(string strwhere)
{
    StringBuilder sql=new StringBuilder();
    // 组成 insert 的脚本
    sql.Append("select * from txl");
    if (strwhere != "")
        sql.AppendFormat(" where {0}", strwhere);
    // 建立数据库操作对象
    SQLExce sqlexce=new SQLExce();
    // 执行，并返回结果集
    return sqlexce.Query(sql.ToString());
}
```

到此，Txl.cs 的数据操作就完成了，接下来完成 BLL 层。

注意：StringBuilder 在 System.Text 命名空间下，是新建的类，默认不会引用，需开发者手工添加 using System.Text;。

10.7　建立 BLL 层

1. 新建 BLL 项目

在“解决方案资源管理器”右击，在弹出的快捷菜单中选择“添加”→“新建项目”命令，在“添加新项目”对话框中，左边项目类型选择“Visual C#”下的“Windows”选项，右边“模板”选择“类库”选项，在“名称”文本框中输入 BLL，“位置”选择默认设置，单击“确定”按钮，如图 10-22 所示。

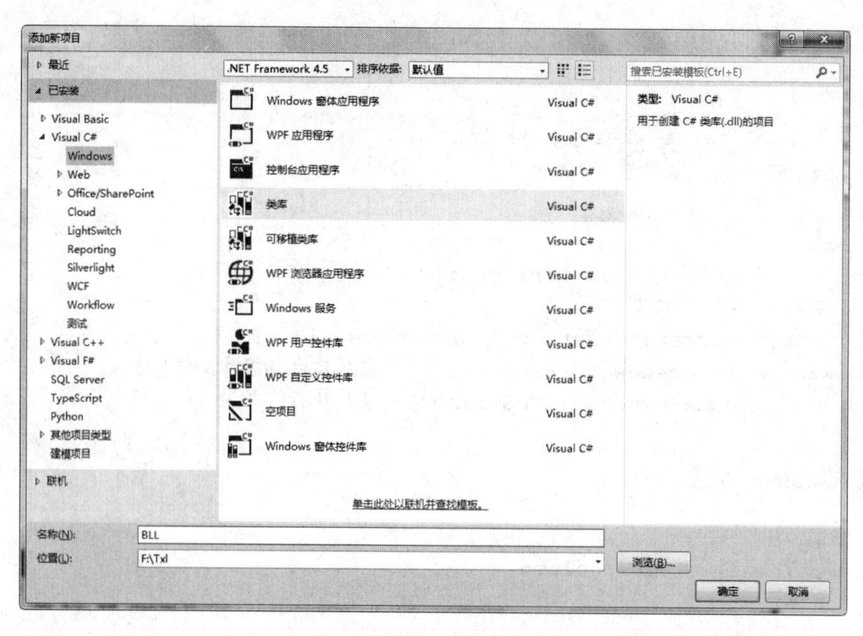

图 10-22　添加新项目 BLL 层

2. 添加 Txl.cs 类

Txl.cs 类的主要结构如图 10-23 所示，下面通过具体的方法实现业务的操作。

```
Txl.cs
BLL.Txl
 1  using System;
 2  using System.Data;
 3  using System.Collections.Generic;
 4  using System.Text;
 5
 6  namespace BLL
 7  {
 8      public class Txl
 9      {
10          DAL.Txl dal = new DAL.Txl();
11
12          /// <summary>
13          /// 插入一条记录
14          /// </summary>
15          /// <param name="model"></param>
16          /// <returns></returns>
17          public bool Insert(Model.Txl model)...
21
22          /// <summary>
23          /// 更新一条记录
24          /// </summary>
25          /// <param name="model"></param>
26          /// <returns></returns>
27          public bool Updata(Model.Txl model)...
31
32          /// <summary>
33          /// 删除一条记录
34          /// </summary>
35          /// <param name="id"></param>
36          /// <returns></returns>
37          public bool Delete(int id)...
41
42          /// <summary>
43          /// 查询结果
44          /// </summary>
45          /// <param name="strwhere"></param>
46          /// <returns></returns>
47          public DataSet GetDataSet(string strwhere)...
51
52
53      }
54  }
```

图 10-23　BLL.Txl 类的主要结构

先创新一个 DAL.Txl 类的对象，以便给下面 Insert()、Update()、Delete()、GetDataSet()方法使用。

```
DAL.Txl dal=new DAL.Txl();
```

3. 实现 Insert 业务方法

```
public bool Insert(Model.Txl model)
{
    // 这里可以写判断此朋友是否已经存在的业务
    // 如姓名是否存在、手机号码是否存在、电子邮箱是否在存等判断
    if(dal.GetDataSet(" CName='" + model.CName + "'").Tables[0].Rows.Count > 0)
        return false;
    // 添加成功后，可以将此数据缓存，以便下次调用，不必再访问数据，加快速
    return dal.Insert(model) > 0;
}
```

4. 实现 Update 业务方法

```
public bool Update(Model.Txl model)
{
    // 更新后，也得更新一下缓存数据，起到数据同步作用
    // 或更新其他有关联的数据表
    return dal.Update(model)>0;
}
```

5. 实现 Delete 业务方法

```
public bool Delete(int id)
{
    // 删除成功后，从缓存中移除
    // 删除其它有关联的数据表数据
    return dal.Delete(id)>0;
}
```

6. 实现 GetDataSet 业务方法

```
public DataSet GetDataSet(string strwhere)
{
    // 对于一些常用的查询，而这些数据又不常改动，可以考虑把这些数据缓存
    return dal.GetDataSet(strwhere);
}
```

7. 返回一行记录

```
public Model.Txl GetModel(int Id)
{
    DataSet ds=GetDataSet("Id="+Id);
    if(ds.Tables[0].Rows.Count>0)
    {
        Model.Txl model=new Model.Txl();
        DataRow dr=ds.Tables[0].Rows[0];
        model.Id=int.Parse(dr["Id"].ToString());
        model.CName=dr["CName"].ToString();
        model.Address=dr["Address"].ToString();
        model.BirthDay=Convert.ToDateTime(dr["BirthDay"].ToString());
        model.Email=dr["Email"].ToString();
        model.Mobile=dr["Mobile"].ToString();
```

```
            model.QQ=dr["QQ"].ToString();
            model.Sex=Convert.ToChar(dr["Sex"].ToString());
            model.Tel=dr["Tel"].ToString();
            return model;
        }
        return null;
    }
```

大家也许觉得 BLL 层很简单，几乎就是取到一个过渡的效果，但不是这样，因为这个实验在此只是一个简单的类。在实际企业开发中，多表之间的关系，有大量业务逻辑，需要大量的前期操作，或后期操作，这层将起很大的作用，已用注释的方式写出，这些技术是真正企业开发才需用到，大家需要继续学习。

10.8 建立 Web 层

1. 添加 Web 站点

右击“解决方案资源管理器”，在弹出的快捷菜单中选择“添加”→“新建网站”命令，如图 10-24 所示。

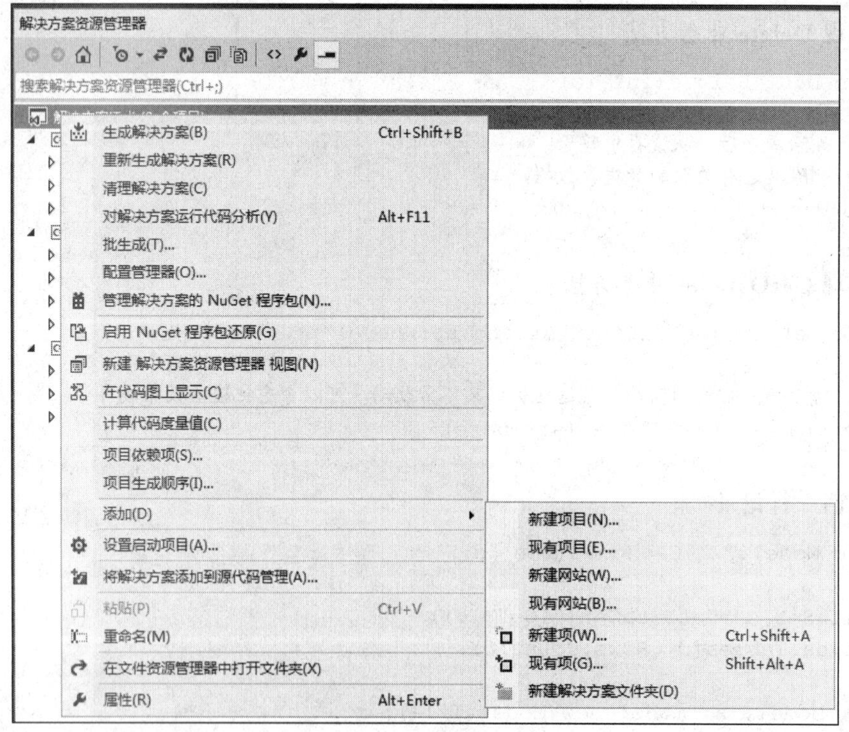

图 10-24 新建网站

在“添加新网站”对话框中，选择“ASP.NET 空网站”选项，“Web 位置”选择“文件系统”，后面文本框是本网站保存的路径，一般保存在解决方案的目录下，“语言”选择“Visual C#”，单击“确定”按钮，如图 10-25 所示。

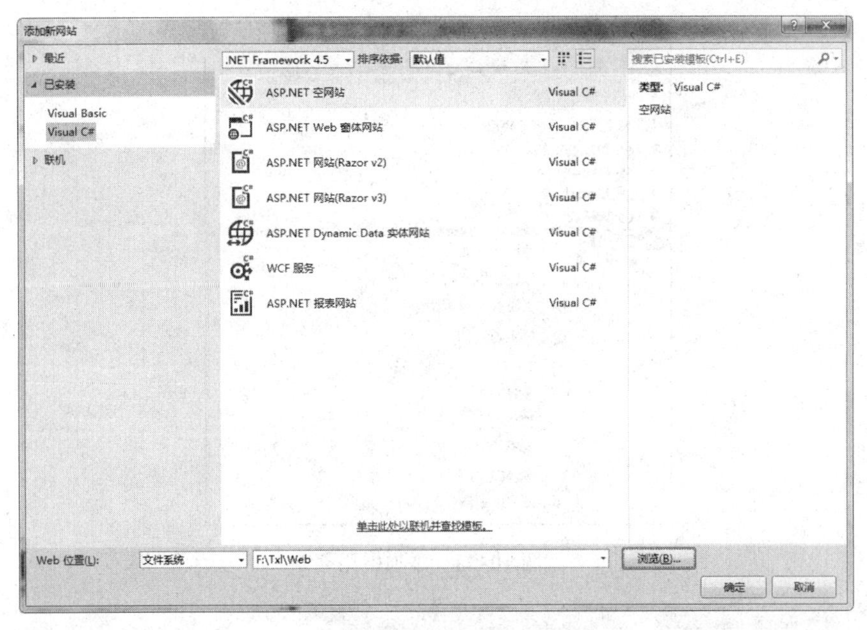

图 10-25　添加新网站

这里只显示一个空网站的架构，包含一个 Web.Config 文件，如图 10-26 所示。

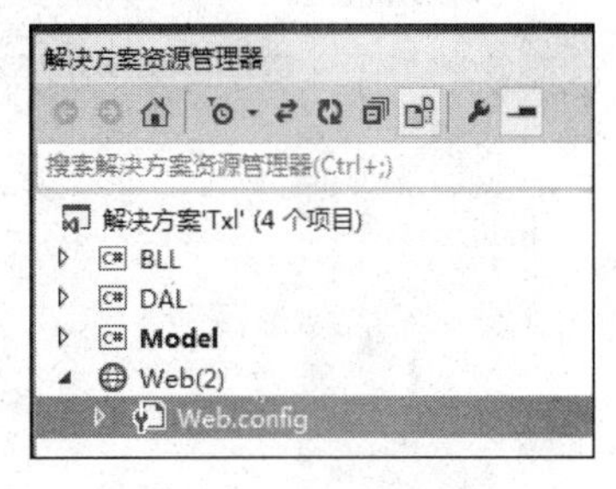

图 10-26　新网站结构

2. 添加引用

和上面几层一样，要调用别的层或别的组件时，需要在该项目添加其需引用的动态库。在 Web 项目上右击，在弹出的快捷菜单中选择“添加”→“添加 ASP.NET 文件夹” →“BIN”命令，如图 10-27 所示。在 Bin 文件夹上右击，在弹出的快捷菜单上选择“添加引用”命令（见图 10-28），在“添加引用”对话框中，选择“项目”选项卡，按住【Shift】键不放，选中 BLL、DAL、Model 项目（见图 10-29），单击“确定”按键，添加成功后，在 Bin 文件夹下会自动生成*.dll 和*.pdb 文件，如图 10-30 所示。

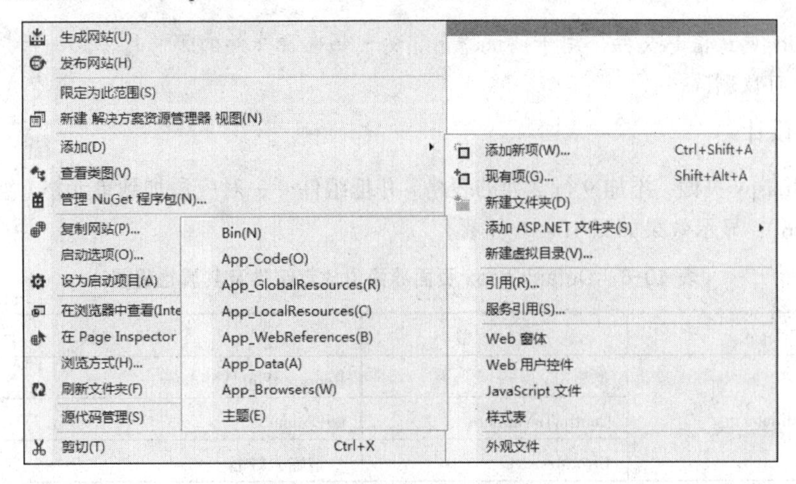

图 10-27　添加 BIN 文件夹

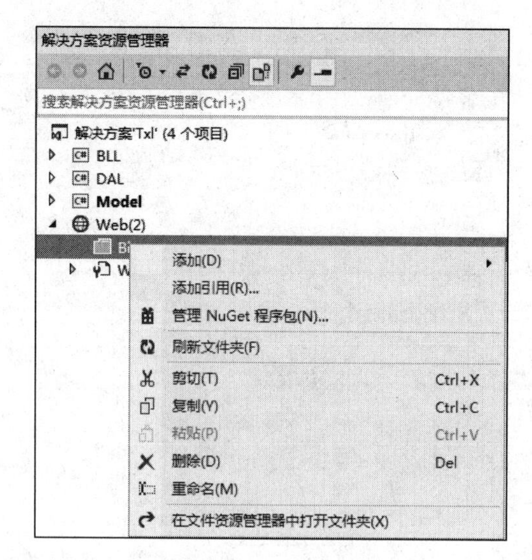

图 10-28　添加引用

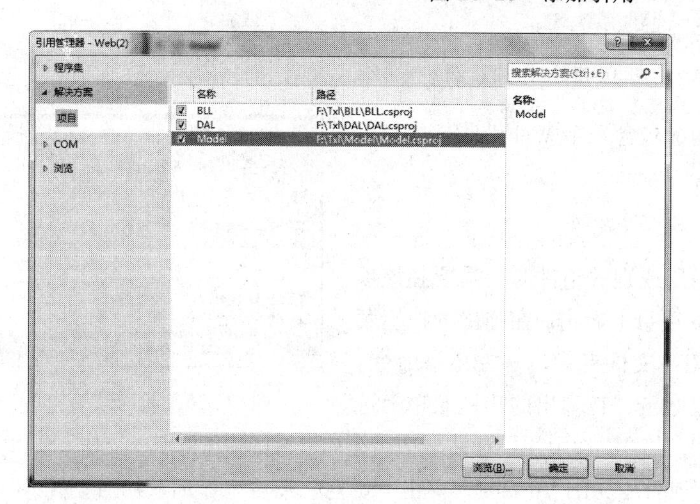

图 10-29　选择需添加引用的项目

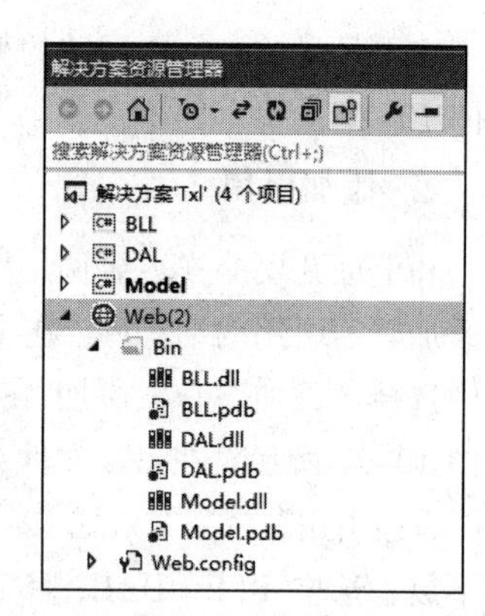

图 10-30　Web 层的框架结构

注意：pdb 调试信息文件，用于调试器出错的代码在源文件的哪一行，那一行是什么内容，发布程序后，可以删除。

3. 界面设计

在 Default.aspx 页面，添加 9 行 2 列的表格，并把组件一一对应添加到单元格（组件的名称和属性见表 10-6），显示效果如图 10-31 所示。

表 10-6　Default.aspx 页面界面中放置组件及其属性设置

txtCName	类　型	TextBox
RequiredFieldValidator1	类型	RequiredFieldValidator
	ControlToValidate	txtCName
	ErrorMessage	* 请输入姓名

续表

txtCName	类　型	TextBox
rbSex	类型	RadioButtonList
	RepeatDirection	Horizontal
	ListItem	Text：男 Value：1　Selected：True Text：女 Value：2
txtTel	类型	TextBox
txtMobile	类型	TextBox
txtBirthDay	类型	TextBox
txtEmail	类型	TextBox
RequiredFieldValidator2	类型	RequiredFieldValidator
	ControlToValidate	txtEmail
	ErrorMessage	*
RegularExpressionValidator1	类型	RegularExpressionValidator
	ControlToValidate	txtEmail
	ErrorMessage	* 请输入正确格式
	ValidationExpression	\w+([-+.']\w+)*@\w+([-.]\w+)*\.\w+([-.]\w+)*
txtQQ	类型	TextBox
txtAddress	类型	TextBox
btnInsert	类型	Button
	Text	插入
	OnClick	btnInsert_Click

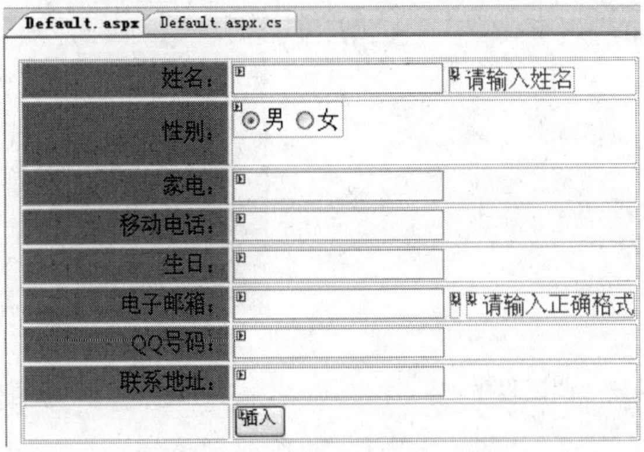

图 10-31　添加好友信息界面

4. 代码实现

在设置界面，双击“插入”按钮，在代码界面，实现插入通讯录代码。代码清单：

```
protected void btnInsert_Click(object sender, EventArgs e)
{
    // 创建业务层对象
    BLL.Txl bll=new BLL.Txl();
```

```
        // 创新模型对象，以便保护数据
        Model.Txl model=new Model.Txl();
        // 给模型对象初始化赋值
        model.CName=txtCName.Text;
        model.Address=txtAddress.Text;
        model.BirthDay=Convert.ToDateTime(txtBirthDay.Text);
        model.Email=txtEmail.Text;
        model.Mobile=txtMobile.Text;
        model.QQ=txtQQ.Text;
        model.Sex=Convert.ToChar(rbSex.SelectedItem.Value);
        model.Tel=txtTel.Text;
        // 保存到数据库（持久化）
        bool result=bll.Insert(model);
        // 提示操作是否成功
        if (result)
        {
            Response.Write("<script>alert('插入成功');</script>");
        }
        else
        {
            Response.Write("<script>alert('插入失败');</script>");
        }
    }
```

5. 调试程序

在“解决方案资源管理器”中选中Web层，选择“调试”→“启动调试”命令，或按【F5】键（见图10-32），即可进入调试，运行效果如图10-33所示。

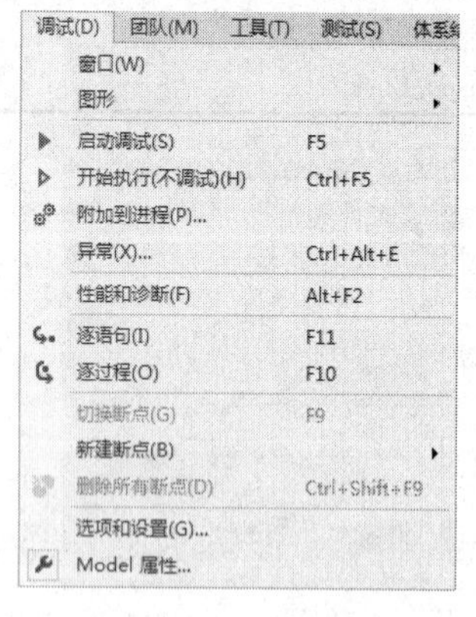

图10-32 调试程序

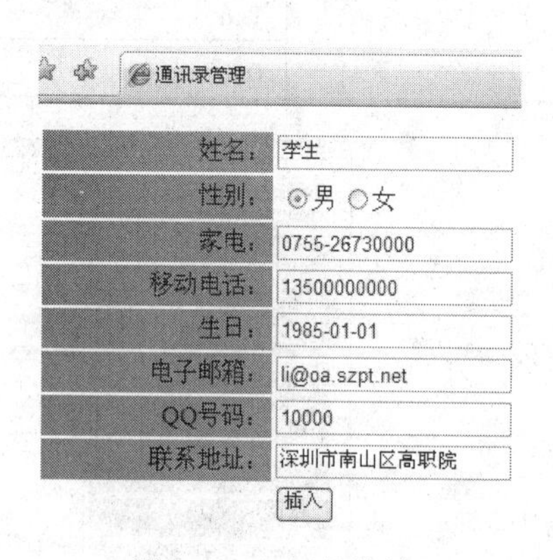

图10-33 运行效果

6. 查询功能

在Default.aspx中加入一个Repeater，用Table控制输出列表，一共6列，分别是编号、姓名、家电、移动电话、联系地址、操作。

（1）前台代码：

```
<table border="1">
        <tr>
            <td>编号</td>
            <td>姓名</td>
```

```
            <td>家电</td>
            <td>移动电话</td>
            <td>联系地址</td>
            <td>操作</td>
        </tr>
    <asp:Repeater ID="rtpDataList" runat="server">
        <ItemTemplate>
            <tr>
                <td><%#Eval("id") %></td>
                <td><%#Eval("cname")%></td>
                <td><%#Eval("tel")%></td>
                <td><%#Eval("mobile")%></td>
                <td><%#Eval("address")%></td>
                <td>
                    <a href="Edit.aspx?id=<%#Eval("id")%>">编辑</a>
                    <a href="Delete.aspx?id=<%#Eval("id")%>">删除</a>
                </td>
            </tr>
        </ItemTemplate>
    </asp:Repeater>
</table>
```

（2）后台代码：

```
protected void Page_Load(object sender, EventArgs e)
{
    if (!IsPostBack)
    {
        bindingdb();
    }
}

public void bindingdb()
{
    BLL.Txl bll=new BLL.Txl();                          //创建业务层对象
    rtpDataList.DataSource=bll.GetDataSet("");   // 获取所有数据
    rtpDataList.DataBind();
}
```

（3）调试运行：进入 Default.aspx 页面后，就显示刚刚插入成功的数据，如图 10-34 所示。

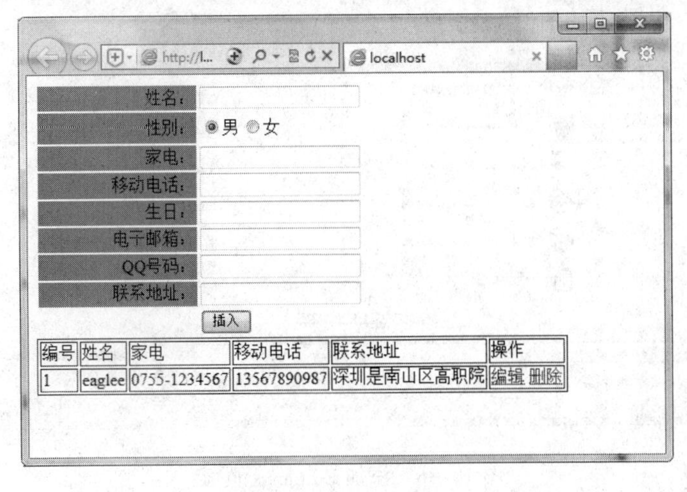

图 10-34 查询结果

注意：IsPostBack是Page类有一个bool类型的属性，用来判断针对当前Form的请求是第一次还是非第一次请求。当IsPostBack = true时表示非第一次。

也可以加上些查询条件，按多条件组合查询结果。

7. 编辑功能

（1）添加新项：在Web层右击，在弹出的快捷菜单中选择“添加新项”命令（见图10-35），在弹出的“添加新项”对话框的 “名称”文本框中输入Edit.aspx，“语言”选择“Visual C#”（见图10-36），单击“确定”按钮，Edit.aspx页面添加成功。

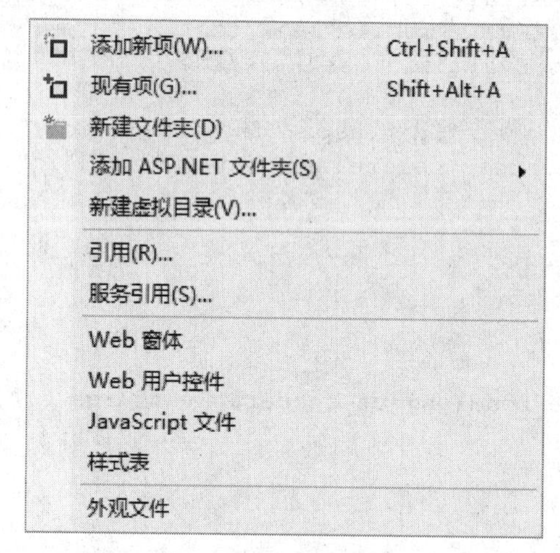

图10-35 添加新项

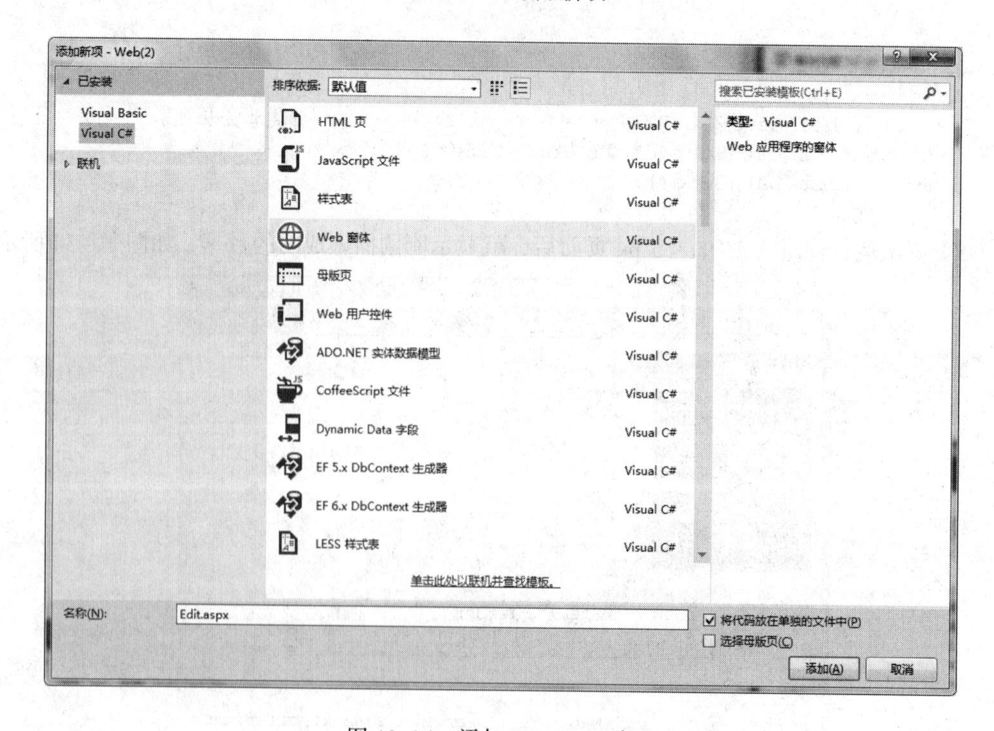

图10-36 添加Edit.aspx页面

我们可编辑通讯录的姓名、性别、家电、移动电话、生日、电子邮箱、QQ 号码、联系地址等，只有 Id 不可编辑，因为这是数据表里唯一的标识。

（2）前台页面代码：

```
<table style="border-color: Gray; border: 1px;">
    <tr>
        <td align="right" style="text-align: right; background-color: Gray;
        width: 150px;">
          姓名:
        </td>
        <td>
          <asp:TextBox ID="txtCName" runat="server" />
          <asp:RequiredFieldValidator  ID="RequiredFieldValidator1"  runat=
          "server"
            ControlToValidate="txtCName"
            ErrorMessage="* 请输入姓名">
          </asp:RequiredFieldValidator>
        </td>
    </tr>
    <tr>
        <td align="right" style="text-align: right; background-color: Gray;
        width: 150px;">
          性别:
        </td>
        <td>
            <asp:RadioButtonList ID="rbSex" runat="server"
            RepeatDirection="Horizontal">
                <asp:ListItem  Selected="True"  Text=" 男 "  Value="1"></asp:
                ListItem>
                <asp:ListItem Text="女" Value="2"></asp:ListItem>
            </asp:RadioButtonList>
        </td>
    </tr>
    <tr>
        <td align="right" style="text-align: right; background-color: Gray;
        width: 150px;">
            家电:
        </td>
        <td>
            <asp:TextBox ID="txtTel" runat="server"></asp:TextBox>
        </td>
    </tr>
    <tr>
        <td align="right" style="text-align: right; background-color: Gray;
        width: 150px;">
            移动电话:
        </td>
```

```
        <td>
            <asp:TextBox ID="txtMobile" runat="server"></asp:TextBox>
        </td>
    </tr>
    <tr>
        <td align="right" style="text-align: right; background-color: Gray;
        width: 150px;">
            生日:
        </td>
        <td>
            <asp:TextBox ID="txtBirthDay" runat="server"></asp:TextBox>
        </td>
    </tr>
    <tr>
        <td align="right" style="text-align: right; background-color: Gray;
        width: 150px;">
            电子邮箱:
        </td>
        <td>
            <asp:TextBox ID="txtEmail" runat="server"></asp:TextBox>
            <asp:RequiredFieldValidator  ID="RequiredFieldValidator2"  runat=
            "server"
            ControlToValidate="txtEmail"
            ErrorMessage="*"></asp:RequiredFieldValidator>
            <asp:RegularExpressionValidator ID="RegularExpressionValidator1"
            runat="server" ControlToValidate="txtEmail"
            ErrorMessage="* 请输入正确格式"
            ValidationExpression="\w+([-+.']\w+)*@\w+([-.]\w+)*\.\w+([-.]\w+)*">
                </asp:RegularExpressionValidator>
            </td>
    </tr>
    <tr>
        <td align="right" style="text-align: right; background-color: Gray;
        width: 150px;">
            QQ号码:
        </td>
        <td>
            <asp:TextBox ID="txtQQ" runat="server"></asp:TextBox>
        </td>
    </tr>
    <tr>
        <td align="right" style="text-align: right; background-color: Gray;
        width: 150px;">
            联系地址:
        </td>
        <td>
```

```
            <asp:TextBox ID="txtAddress" runat="server"></asp:TextBox>
        </td>
    </tr>
    <tr>
        <td>
        </td>
        <td>
            <asp:Button ID="btnEdit" runat="server" Text="编辑"
            OnClick="btnEdit_Click" />
        </td>
    </tr>
</table>
```

（3）后台代码：

```
// 新建页面后默认引用
using System;
using System.Data;
using System.Configuration;
using System.Collections;
using System.Web;
using System.Web.Security;
using System.Web.UI;
using System.Web.UI.WebControls;
using System.Web.UI.WebControls.WebParts;
using System.Web.UI.HtmlControls;

public partial class Edit : System.Web.UI.Page
{
    // 因为在第一次显示、编辑的时候，都得获取到最新的数据
    // 所以，将这两个放到公有，减去内存的开支
    private BLL.Txl bll=new BLL.Txl();
    private Model.Txl model=null;

    protected void Page_Load(object sender, EventArgs e)
    {
        if (!IsPostBack)
        {
            model=GetModel();

            txtCName.Text=model.CName;
            txtAddress.Text=model.Address;
            txtBirthDay.Text=model.BirthDay.ToString("yyyy-MM-dd");
            txtEmail.Text=model.Email;
            txtMobile.Text=model.Mobile;
            txtQQ.Text=model.QQ;
            rbSex.SelectedValue=model.Sex.ToString();
            txtTel.Text=model.Tel;
```

```
        }
    }

        // 返回一个 Txl 对象
        private Model.Txl GetModel()
        {
            string id=Request.QueryString["id"] + "";// 从 URL 参数中获取 Id
            return bll.GetModel(int.Parse(id));  // 根据 Id 从数据库获取该记录
        }

        protected void btnEdit_Click(object sender, EventArgs e)
        {
            // 获取一行记录
            model=GetModel();

            model.CName=txtCName.Text;
            model.Address=txtAddress.Text;
            model.BirthDay=Convert.ToDateTime(txtBirthDay.Text);
            model.Email=txtEmail.Text;
            model.Mobile=txtMobile.Text;
            model.QQ=txtQQ.Text;
            model.Sex=Convert.ToChar(rbSex.SelectedItem.Value);
            model.Tel=txtTel.Text;
            // 保存到数据库（持久化）
            bool result=bll.Update(model);
            // 提示操作是否成功
            if (result)
            {
                Response.Write("<script>alert('编辑成功');</script>");
            }
            else
            {
                Response.Write("<script>alert('编辑失败');</script>");
            }
        }
    }
```

（4）调试程序：在选中“解决方案资源管理器”中，选中 Web 层，选择“调试”→“启动调试”命令，或按【F5】键，即可进行调试。

在默认显示的 Default.aspx 页面（见图 10-37）中单击“编辑”按钮，进入编辑页面，编辑家电为：0755-12345678、联系地址为：深圳市南山区高职院电信学院软件工程系（见图 10-38），单击“编辑”按钮，提示“编辑成功”消息（见图 10-39），返回 Default.aspx 页面，姓名 eaglee 的家电和联系地址编辑成功，如图 10-40 所示。

姓名：eaglee
性别：⊙男 ○女
家电：0755-123456
移动电话：13567890987
生日：1989-01-01
电子邮箱：eaglee@szpt.net
QQ号码：10000
联系地址：深圳市南山区高职院
编辑

图 10-37　编辑原始数据

图 10-38　编辑家电和联系地址

图 10-39　编辑成功界面

编号	姓名	家电	移动电话	联系地址	操作
1	eaglee	0755-12345678	13567890987	深圳市南山区高职院电信学院软件工程系	编辑 删除
2	lzy	123	456	深圳市罗湖区	编辑 删除
3	李生	0755-26730000	13500000000	深圳市南山区高职院	编辑 删除

图 10-40　家电和联系地址编辑成功

注意：也许有人会说电子邮箱、QQ 号码、移动电话等，也都是唯一的。但这些项目有人有，有人没有。在此项目中，也不是必填项，而对数据库来说，整型做主键，建立索引，对查询数据也是比较有优势的。在调试过程中，遇到问题，请单步调试，找到出错的地方与原因，特别注意 SQL 的语法是否正确。

8. 删除功能

（1）添加新项：在 Web 层右击，在弹出的快捷菜单中选择“添加新项”命令，在弹出“添加新项”对话框中，在“名称”文本框输入 Delete.aspx，“语言”选择“Visual C#”，单击“确定”按钮，Delete.aspx 页面添加成功。

本功能无页面界面，只需后台处理，将处理结果显示即可，最后返回到 Default.aspx 页面。

（2）后台代码如下：

```
using System;
using System.Data;
```

```
using System.Configuration;
using System.Collections;
using System.Web;
using System.Web.Security;
using System.Web.UI;
using System.Web.UI.WebControls;
using System.Web.UI.WebControls.WebParts;
using System.Web.UI.HtmlControls;
using System.Text;
public partial class Delete : System.Web.UI.Page
{
    protected void Page_Load(object sender, EventArgs e)
    {
        // 从URL参数中获取Id
        string id=Request.QueryString["id"] + "";
        BLL.Txl bll=new BLL.Txl();
        // 根据Id从数据库中删除
        bool result=bll.Delete(int.Parse(id));

        StringBuilder Builder=new StringBuilder();
        Builder.Append("<script language='javascript'>");

        if (result)
        {
            Builder.Append("alert('删除成功');");
        }
        else
        {
            Builder.Append("alert('删除失败');");
        }

        Builder.Append("location.href='Default.aspx'");
        Builder.Append("</script>");
        Response.Write(Builder.ToString());
    }
}
```

注意：删除也可以在本页完成，没必要新建一个 Delete.aspx 页面来处理。

小　结

本章通过一个简单的通讯录管理项目，重点讲解了构建一个三层应用的一般过程。

（1）多项目开发需首先建立解决方案。

（2）创建与数据库表结果一致的基础类，有多少个表，就多少个基础类，模型层的基础类与数据表的名称一般保持一致，且基础类的属性都有 Get、Set 方法。

（3）创建数据操作层，主要是对每个表的 Insert、Update、Delete、Select 等常用方法。

（4）创建与数据操作隔离的业务层。

（5）创建与业务结合的 Web 层。

Web 层收集访客提交的数据，经业务层处理，最终经数据操作层持久化，即保存到数据库。模型层几乎是其他层传递数据的灵魂。

练　　习

参照第 5 章练习，采用三层架构实现博客资料注册功能，如图 10-41 所示。

图 10-41　博客注册页面

第 11 章　网上商城需求分析及框架搭建

学习目标：

- 了解需求文档编写。
- 了解商城系统需求规划。
- 了解基于 Power Designer 数据库建模。

11.1　系 统 分 析

1. 总体介绍

本商城总体分为客户浏览前台、产品管理中心、订单处理中心、客服中心（包括会员管理中心、投诉建议）等，业务总体关系如图 11–1 所示。

这些功能，主要分为前台与后台，前台主要是买家浏览产品、注册成为会员、订购产品等，基本流程如图 11–2 所示。后台主要用于商城的日常管理，主要由产品模块、会员模块、订单管理、文章模块、管理员模块、其他功能等组成，之间具有复杂的数据关系。下面分别说明功能模块的用处。

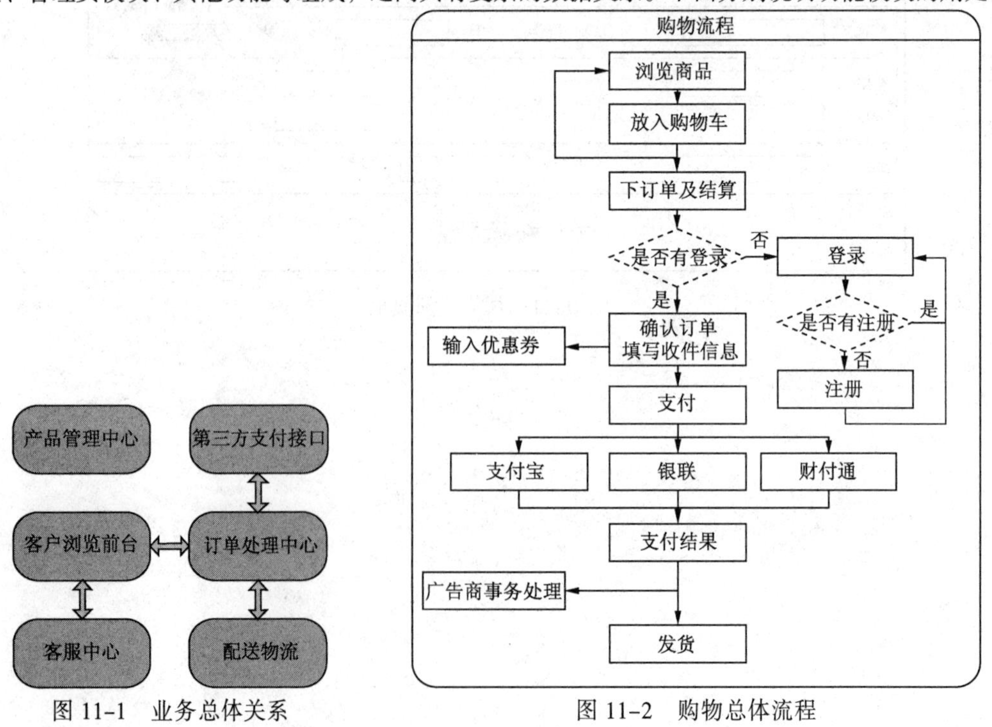

图 11–1　业务总体关系

图 11–2　购物总体流程

2．客户浏览前台

前台，即访客浏览本商城时，无权限限制的页面，比如首页的浏览、产品详细内容浏览、产品检索、在线咨询等。

前台主要是买家，即普通浏览者、老顾客等都称为买家。而后台主要是商城管理人员，如超级管理员、销售人员、编辑人员、备货发货人员、财务人员等。

（1）产品列表与查询：所有或符合搜索条件的产品列表，如图 11–3 所示。可按列表方式、图文方式和图像方式显示列表，也可按上架日期、价格高低、销量高低等提出产品，方便买家更好地用适合自己的浏览方式查看产品，对产品名称进行搜索，模糊查询。

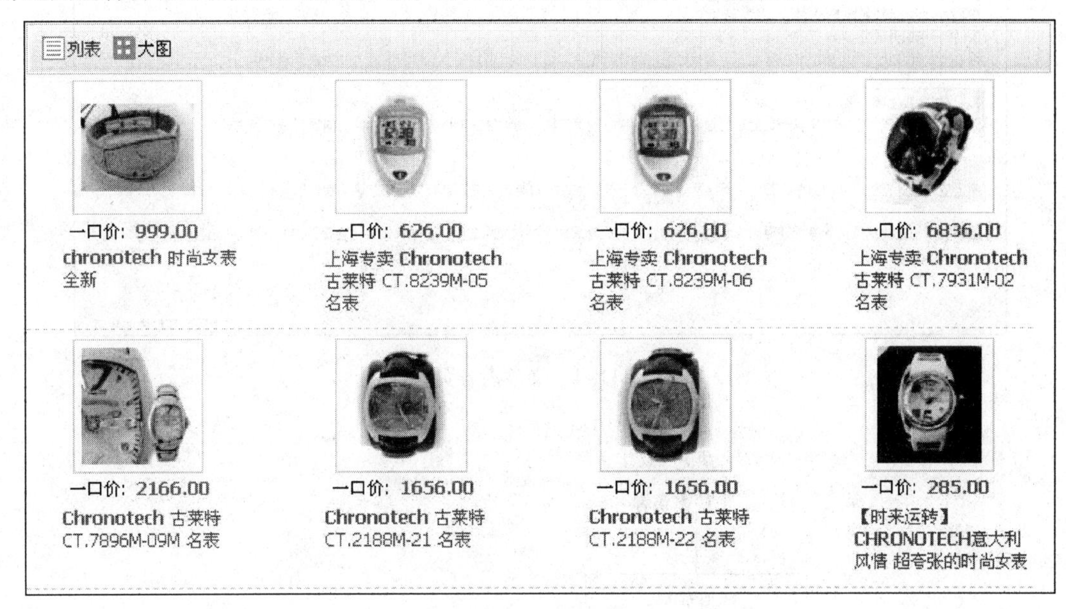

图 11–3　列表页

（2）产品详细页：用于列出某产品的详细信息，需要发布成静态页面。买家可以在这里了解关于该产品的重要参数（如图片、重量等）和别的买家对于该产品的评论。

3．投诉建议

用于所有网站访客对商城进行交流的页面，任何浏览者可在线提交信息，由后台处理，处理后可通过电子邮件或电话与商城取得联系，解释说明。

4．文章详细页

显示文章的详细信息。文章信息有：文章标题和文章内容，如图 11–4 所示。

5．会员管理中心

会员中心是普通浏览者注册成为会员后，所具有的操作功能，可以添加送货地址、查询已下订单、编辑登录密码，已忘记密码的会员，可通过邮件方式重置新密码等。

（1）会员注册：用于会员注册，检查该会员名是否已经注册，否则，注册成功，自动登录，流程图如图 11–5 所示。

帮助中心

支付方式-在线支付

1. 本商城为您提供快钱网上支付、网汇通网上支付、财付通账户支付、首信易支付、支付宝支付和中国移动手机钱包账户支付六种在线支付方式，几乎涵盖所有大中型银行发行的银行卡，覆盖率达98%，包括可通过在邮局购买网汇通卡进行网汇通线上支付和充值财付通账户进行支付。 选择在线支付，您的银行卡需要开通相应的在线。

网上支付平台所支持的银行卡种有：

支付平台名称	支持银行卡种/账户
快钱网上支付	点此查看
网汇通在线支付	邮局出售的网汇通卡
财付通支付	点此查看
首信易支付	点此查看
支付宝支付	点此查看
中国移动手机钱包账户支付	点此查看

2. 银行卡的开通

因各地银行政策不同，建议您在网上支付前拨打所在地银行电话，咨询该行可供网上支付的银行卡种类及开通手续。

3. 支付金额上限

目前各银行对于网上支付均有一定金额的限制，由于各银行政策不同，建议您在申请网上支付功能时向银行咨询相关事宜。

4. 到款时间

网上支付均是支付成功即到账。若由于网络故障导致您已支付成功的订单未改变订单状态，请您联系我们的客服人员为您解决。

温馨提示：在线支付付款等待期限为24小时。请您在订购成功后24小时内完成支付，否则我们将不会保留您的订单。

↑TOP|返回到帮助中心首页>>

图 11-4 文章内容页

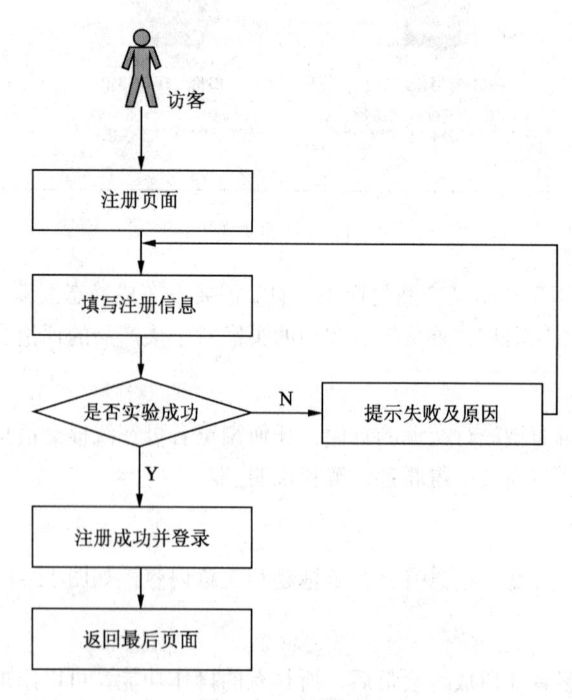

图 11-5 注册流程

（2）会员登录：用于所有会员（普通会员、代理商和广告商）的登录，因为角色的不同，登录进入不同的页面操作。

（3）找回密码：会员用于找回密码的程序，流程图如图 11-6 所示。修改密码的页面链接会用 E-mail 发送给会员，会员单击链接输入新密码即可修改密码。

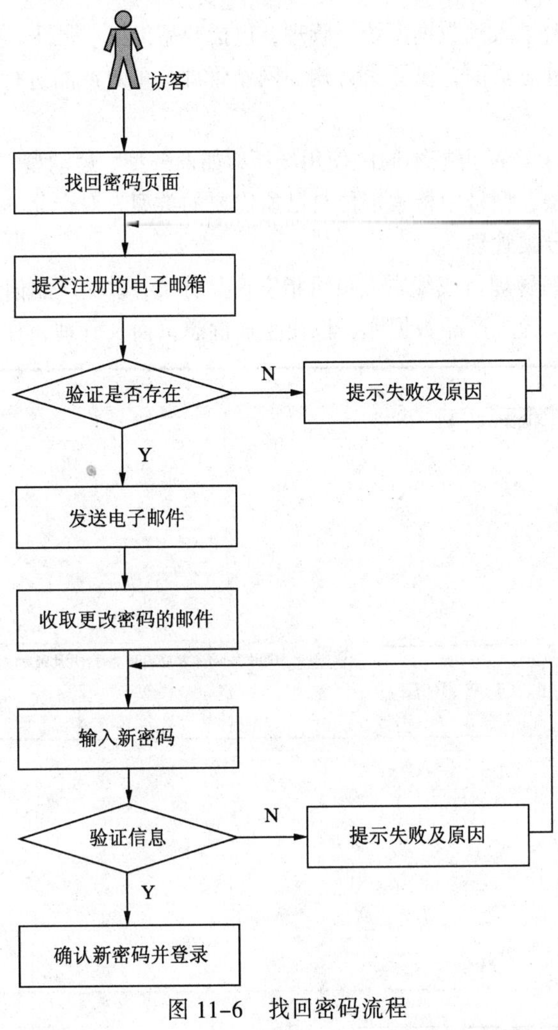

图 11-6　找回密码流程

（4）会员信息修改：成功验证登录后的会员，可修改自己的部分信息，如联系电话、性别、联系地址、邮政编码，登录密码等。

（5）订单查询：用于买家查看自己的订单信息，如订单号、下单时间、订单状态、发货号等，如图 11-7 所示。

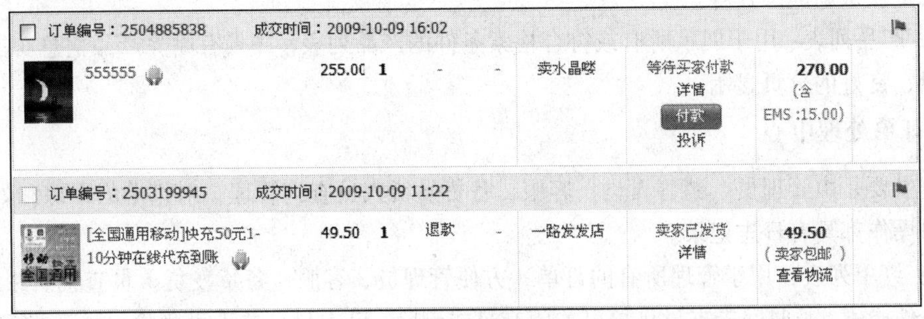

图 11-7　会员订单列表

6. 产品管理中心

商城的产品通过后台录入到数据库统一管理，包括产品价格、属性、型号、产地、特价产品、促销产品等，最后生成静态页面，供买家订购。网站管理员可对产品进行检索、完善编辑、上下架等操作。

（1）产品分类管理：产品可按不同的使用场所，如商务型、运动型、休闲型进行分类，方便访客更快地从上千种类型、型号中检索定位自己所需要的类型，对产品的分类添加、编辑、删除和检索等，便于产品的分类管理。

（2）产品添加：网站管理员或编辑人员可指定产品分类，添加产品信息，如产品价格、属性、详细介绍、配套图片等，导入产品数据库，以便生成静态页面及管理，如图 11–8 所示。

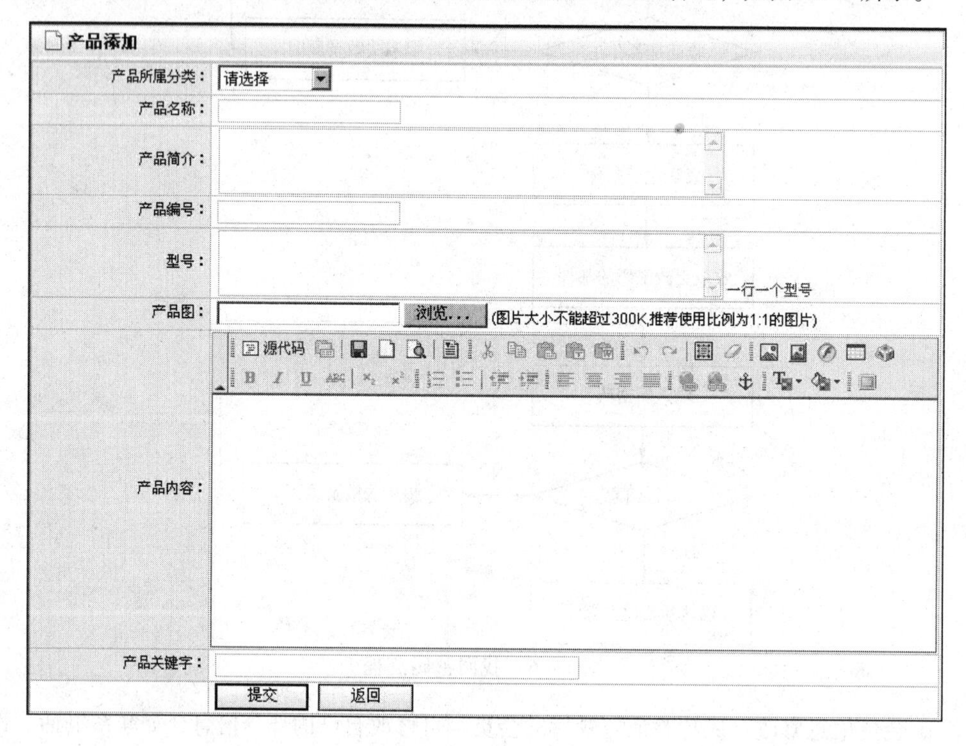

图 11–8　后台添加产品

（3）产品编辑：网站管理员或编辑人员对产品进行编辑、完善，对顾客咨询的问题一步一步完善，或更换最新的图片等。

（4）产品列表：用于展示所有或符合检索条件的产品列表，并具有删除产品信息功能、统计产品总量、良好的分页显示。

7. 订单处理中心

订单主要是由管理员、销售人员、客服、备货发货人员查询管理，对订单的跟踪和处理，所有的订单操作都具有日志记录。

（1）订单列表：用于管理所有的订单，方便管理员、客服、备货发货人员查询、跟踪处理，可组合条件检索，长时间未支付订单可关闭交易或删除，已支付订单不可删除，并记录所有状态，如图 11–9 所示。

订单表列表

会员名称：　订单编号：　订单状态：请选择　搜索　删除

共有 127 条记录，每页15条 1/9 ，首页　上一页　1　2　3　4　5　6　7　8　9　下一页　尾页

送货地址	总价(RMB)	下单时间	状态	EMS	编辑	删除
云南省玉溪市红塔区红塔大...	166.99	2009-10-08 00:03:58	已订货			
重庆市县綦江县沱湾上升街...	360.02	2009-10-05 16:08:35	已订货	EI526494148		
广东省深圳市福田区梅林一...	145.54	2009-10-02 20:25:06	已发货	EI526494117		
山东省聊城市冠县店子乡赵...	171.28	2009-10-02 09:48:19	已发货	EI526494125		
浙江省湖州市长兴县雉城镇...	520.88	2009-09-30 17:40:35	已发货	EI526494134		
浙江省湖州市长兴县雉城镇...	225.97	2009-09-30 14:50:22	已发货	EI526494103		
上海市静安区上海万航渡路...	681.74	2009-09-27 18:54:39	未付款	EI526494094		×
广东省深圳市福田区彩田路...	252.78	2009-09-24 13:55:53	已完成	EI526494165		
黑龙江哈尔滨市南岗区西大...	360.02	2009-09-24 11:11:16	已完成	EI526494151		
辽宁省沈阳市和平区丹东路...	206.05	2009-09-19 19:53:13	已完成	EI526494063		
上海市闵行区顾戴路200...	279.59	2009-09-17 14:26:58	已完成	EI526494050		
北京市西城区北京　西城...	563.78	2009-09-16 22:53:24	已完成	EI526494032		
Blk 234 Choa...	188.44	2009-09-13 22:43:40	已完成	EI526494046		
上海市松江区九亭涞寅路1...	124.09	2009-09-13 21:20:57	已完成	EI526494015		
浙江省杭州市上城区庆春路...	211.42	2009-09-11 17:59:30	已完成	EI526494029		

图 11-9　后台订单管理

（2）订单编辑：可编辑订单状态、收件人、送货地点、联系电话等信息，查看订单清单、总金额、EMS 费用，各产品单价、数量、型号等，如图 11-10 所示。

订单表编辑

订单编号：	0910012650020001	下单时间：	2009-10-2 9:48:19
收件人：	赵	会员编号：	233
送货地点：	山东省聊城市冠县店子乡赵	联系电话：	1581
订单状态：	已发货	电子邮箱：	
优惠券编号：		优惠券面值：	0
汇率：		支付方式：	银联
EMS费用：	38.15 CNY	总金额：	￥170.61 CNY
订单备注：			

订单产品：

选择	商品名称	型号	数量	单价	小计
463	睫毛生长液		1	132.46	132.46

EMS编号：EI526494125

保存　返回　上一个　下一个　已订货　已发货　已完成　重订货

图 11-10　后台订单编辑

8. 会员管理中心

所有在本商城购买产品的访客，必须注册成为会员或代理商。

会员注册即可下订单、购买；代理商注册时，必须提交本商城需验证的资料，如身份证、银行账号等，管理员或客服人员通过电话、电子邮件回访，审核其是否符合条件，成为代理商。

（1）会员列表：列出所有或符合搜索条件的会员列表，并有删除功能。新注册，未下过订单的会员可以删除，已下过的订单不可删除，可禁用。可查看该会员登录次数、下单次数、购买次数等。

（2）会员编辑：对于一些新手会员，或注册时未提供完整资料的会员，管理员可对其进行编辑，如性别、联系地址、联系电话、电子邮箱、是否为可用状态等。同时，可查看该会员登录次数、下单次数、购买次数、所有订单列表等，如图 11-11 所示。

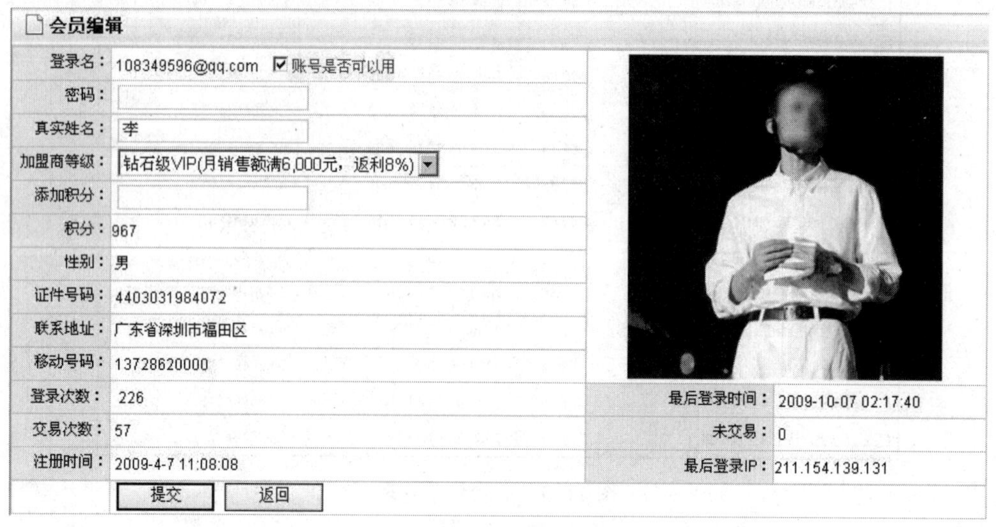

图 11-11 后台会员信息浏览与编辑

9. 文章管理中心

访客在浏览本商城时，关于一些公司信息、联系方式、诚信保证等，提供文章信息配图说明，可减去在线客服人员的大量应答工作，对于不同的买家重复的问题，可直接复制回复。

（1）文章分类管理：用于文章分类的管理，可添加、编辑、删除、检索等，于文章的分类管理，例如：新手指南、如何付款/退款、配送方式、售后服务、帮助中心等，如图 11-12 所示。

新手指南	如何付款/退款	配送方式	售后服务	帮助中心
· 注册新用户	· 支付方式	· 货到付款城市及配送时间	· 退换货政策	· 常见热点问题
· 网站订购流程	· 如何办理退款	· 款到快递城市及配送时间	· 如何办理退换货	· 联系我们
	· 发票制度说明	· 配送费收取标准		· 投诉与建议

图 11-12 前台文章分类与快速导航

（2）文章添加：文章采用图文混排，发布到指定分类，界面如图 11-13 所示。

（3）文章编辑：已发布的文章信息、商城运行一段时间后，内容需要改进完善，更换用词、表达方式、换个表示的图片等，都需要在后台进行编辑，界面如“文章添加”。

（4）文章列表：用于展示所有或符合搜索条件的文章列表，并可删除文章信息。

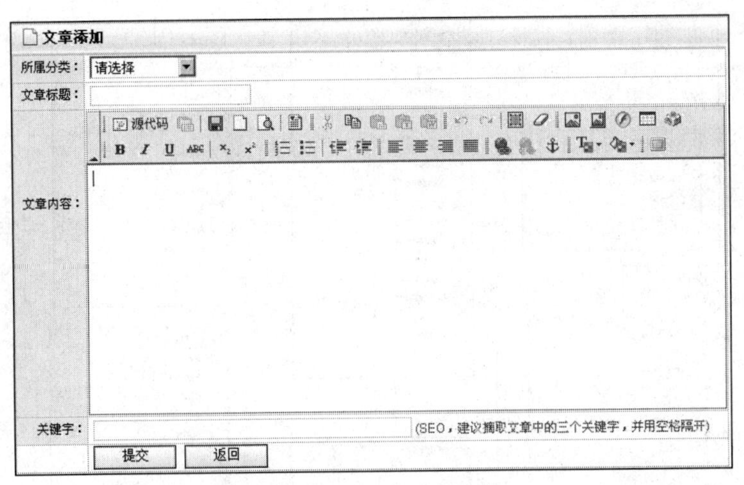

图 11-13　后台文章发布

10. 管理员管理

用于添加新的管理员信息，可编辑、删除、查询管理员信息。

11.2　数据库设计

本系统采用 SQL Server 2008 作为后台数据库，数据库名为 EMall。本数据库共包含 9 张数据表，数据库模型如图 11-14 所示，数据库中数据表间关系如图 11-15 所示。

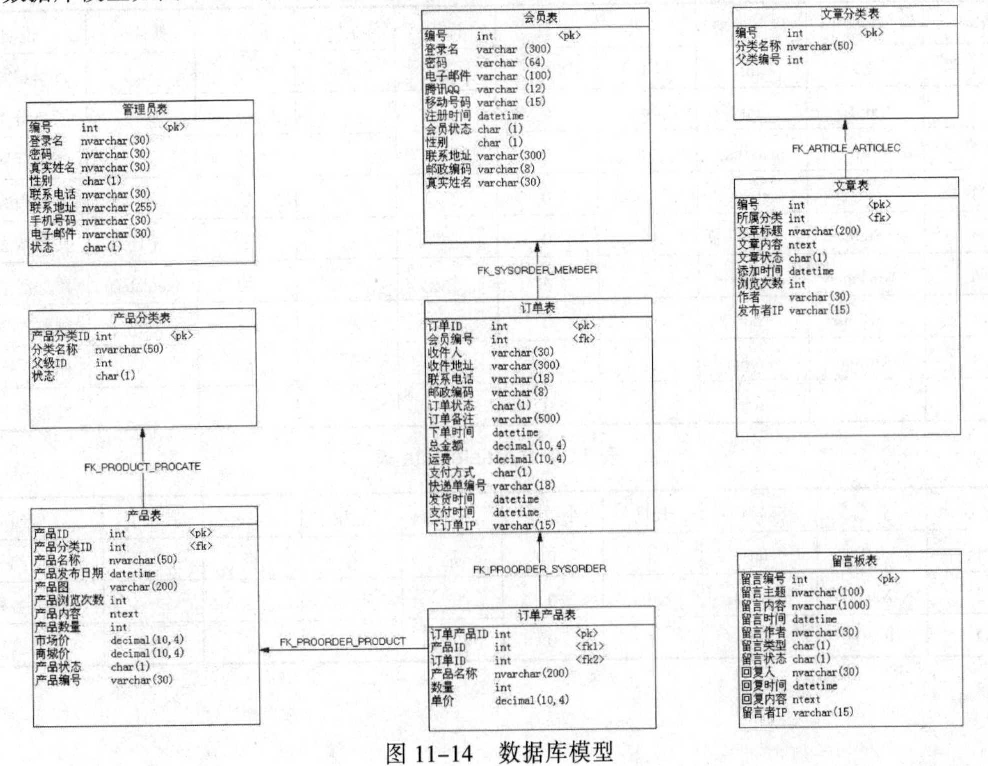

图 11-14　数据库模型

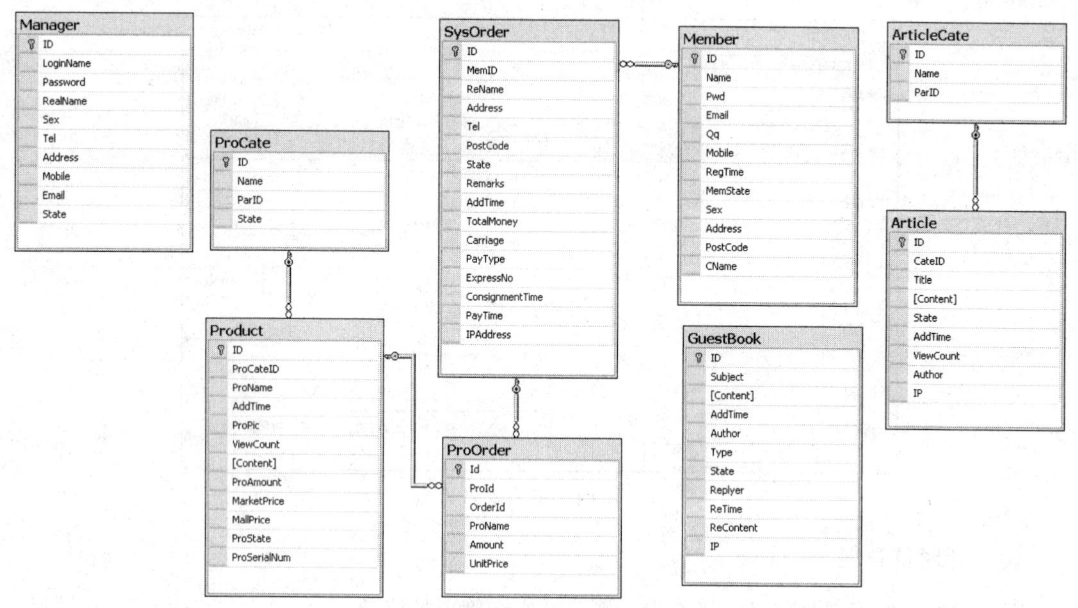

图 11-15 数据表间关系

本数据库中共有 9 张表，分别为管理员表 Manager、会员表 Member、产品分类表 ProCate、产品表 Product、订单表 SysOrder、订单产品表 ProOrder、文章分类表 ArticleCate、文章表 Article 和留言板表 GuestBook，每张表详细的字段设计如表 11-1~表 11-9 所示。

表 11-1 Article 表

序号	列名	数据类型	长度	小数位	标识	主键	允许空	默认值	说明
1	ID	Int	4	0	是	是	否		自增编号
2	CateID	int	4	0			否		所属分类 Id
3	Title	nvarchar	200	0			是		文章标题
4	Content	ntext	16	0			是		文章内容
5	State	char	1	0			是	('1')	文章状态
6	AddTime	datetime	8	3			是	(getdate())	添加时间
7	ViewCount	int	4	0			是	((0))	浏览次数
8	Author	varchar	30	0			是		作者
9	IP	varchar	15	0			是		发布者 IP

表 11-2 ArticleCate 表

序号	列名	数据类型	长度	小数位	标识	主键	允许空	默认值	说明
1	ID	int	4	0	是	是	否		自增编号
2	Name	nvarchar	50	0			否		分类名称
3	ParID	int	4	0			否	((0))	父类编号

表 11-3　GuestBook　表

序号	列名	数据类型	长度	小数位	标识	主键	允许空	默认值	说明
1	ID	int	4	0	是	是	否		自增编号
2	Subject	nvarchar	100	0			否		留言主题
3	Content	nvarchar	1000	0			是		留言内容
4	AddTime	datetime	8	3			否	(getdate())	留言时间
5	Author	nvarchar	30	0			是		留言作者
6	Type	char	1	0			否	('0')	留言类型 1—咨询 2—建议 3—表扬 4—投诉
7	State	char	1	0			否	('0')	留言状态
8	Replyer	nvarchar	30	0			是		回复人
9	ReTime	datetime	8	3			是		回复时间
10	ReContent	ntext	16	0			是		回复内容
11	IP	varchar	15	0			是		留言者 IP

表 11-4　Manager　表

序号	列名	数据类型	长度	小数位	标识	主键	允许空	默认值	说明
1	ID	int	4	0	是	是	否		自增编号
2	LoginName	nvarchar	30	0			否		登录名
3	Password	nvarchar	30	0			否		登录密码
4	RealName	nvarchar	30	0			是		真实姓名
5	Sex	char	1	0			是	('1')	性别
6	Tel	nvarchar	30	0			是		联系电话
7	Address	nvarchar	255	0			是		联系地址
8	Mobile	nvarchar	30	0			是		移动电话
9	Email	nvarchar	30	0			是		电子邮箱
10	State	char	1	0			是	('1')	状态

表 11-5　Member　表

序号	列名	数据类型	长度	小数位	标识	主键	允许空	默认值	说明
1	ID	int	4	0	是	是	否		自增编号
2	Name	varchar	300	0			否		登录名
3	Pwd	varchar	64	0			否		密码
4	Email	varchar	100	0			否		电子邮件
5	Qq	varchar	12	0			是		腾讯 QQ
6	Mobile	varchar	15	0			是		移动号码
7	RegTime	datetime	8	3			否	(getdate())	注册时间

续表

序号	列名	数据类型	长度	小数位	标识	主键	允许空	默认值	说明
8	MemState	char	1	0			否	('1')	会员状态
9	Sex	char	1	0			是	('1')	性别
10	Address	varchar	300	0			是		联系地址
11	PostCode	varchar	8	0			是		邮政编码
12	CName	varchar	30	0			是		真实姓名

表 11-6 ProCate 表

序号	列名	数据类型	长度	小数位	标识	主键	允许空	默认值	说明
1	ID	int	4	0	是	是	否		自增编号
2	Name	nvarchar	50	0			否		分类名称
3	ParID	int	4	0			否	((0))	父类编号，顶级分类为 0
4	State	char	1	0			否	('1')	状态

表 11-7 Product 表

序号	列名	数据类型	长度	小数位	标识	主键	允许空	默认值	说明
1	ID	int	4	0		是	否		自增编号
2	ProCateID	int	4	0			是		产品分类 ID
3	ProName	nvarchar	50	0			否		产品名称
4	AddTime	datetime	8	3			否	(getdate())	产品发布日期
5	ProPic	varchar	200	0			是		产品图
6	ViewCount	int	4	0			否	((0))	产品浏览次数
7	Content	ntext	16	0			是		产品内容
8	ProAmount	int	4	0			是	((0))	产品数量
9	MarketPrice	decimal	9	4			是		市场价
10	MallPrice	decimal	9	4			是	((0))	商城价
11	ProState	char	1	0			否	('1')	产品状态
12	ProSerial-Num	varchar	30	0			否		产品编号

表 11-8 ProOrder 表

序号	列名	数据类型	长度	小数位	标识	主键	允许空	默认值	说明
1	Id	int	4	0	是	是	否		自增编号
2	ProId	int	4	0			是		产品 ID
3	OrderId	int	4	0			是		订单 ID
4	ProName	nvarchar	200	0			否		产品名称
5	Amount	int	4	0			否	((0))	数量
6	UnitPrice	decimal	9	4			否	((0))	单价

表 11-9　SysOrder　表

序号	列名	数据类型	长度	小数位	标识	主键	允许空	默认值	说明
1	ID	int	4	0		是	否		自增编号
2	MemID	int	4	0			否		参照会员表编号
3	ReName	varchar	30	0			是		收件人
4	Address	varchar	300	0			是		收件地址
5	Tel	varchar	18	0			是		联系电话
6	PostCode	varchar	8	0			是		邮政编码
7	State	char	1	0			否	('0')	订单状态
8	Remarks	varchar	500	0			是		订单备注
9	AddTime	datetime	8	3			否	(getdate())	下单时间
10	TotalMoney	decimal	9	4			是	((0))	总金额
11	Carriage	decimal	9	4			是	((0))	运费
12	PayType	char	1	0			是		支付方式
13	ExpressNo	varchar	18	0			是		快递单编号
14	Consignme-ntTime	datetime	8	3			是		发货时间
15	PayTime	datetime	8	3			是		支付时间
16	IPAddress	varchar	15	0			是		下订单 IP

11.3　创建解决方案

启动 Microsoft Visual Studio 2013，选择“文件”→“新建”→“项目”命令（见图 11-16），在弹出的“新建项目”对话框左边选择“Visual C#”→“”，在右边“模板”中选择“空项目”，“名称”栏内输入 EMall，“位置”栏选择一个保存文件夹（见图 11-17），单击“确定”按钮。

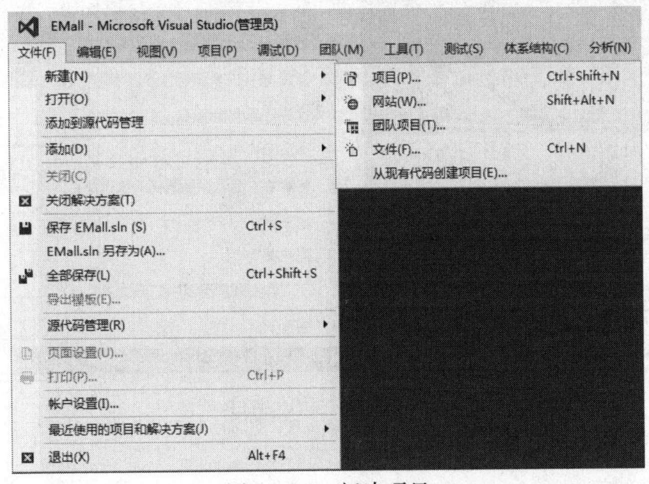

图 11-16　新建项目

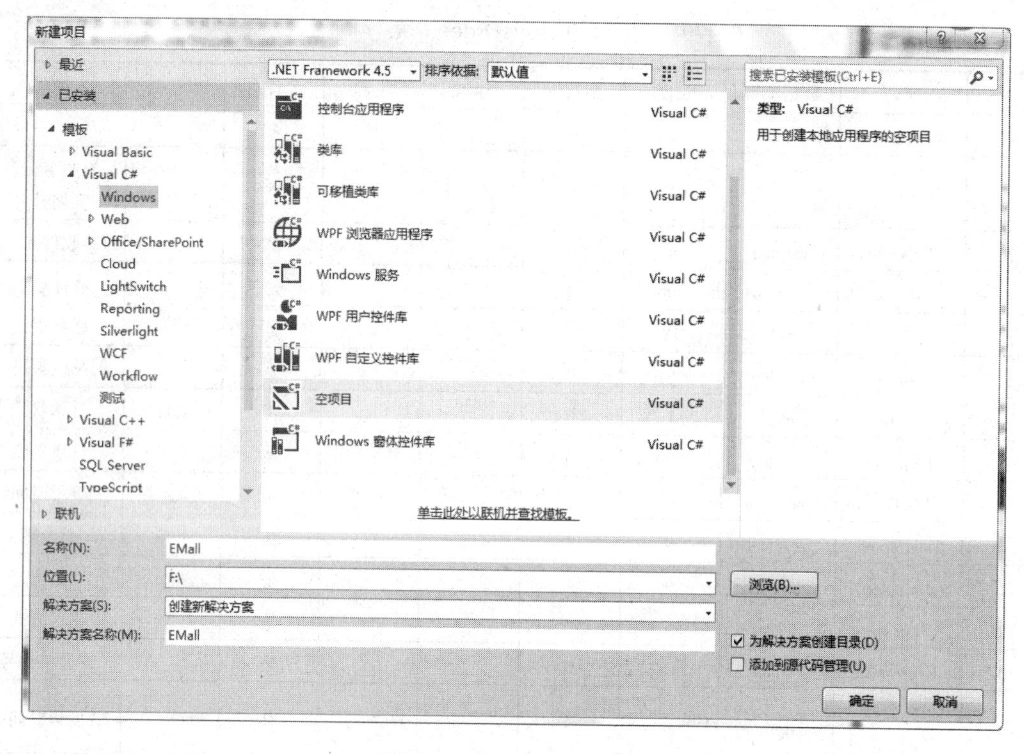

图 11-17　新建解决方案

新的解决方案创新成功，接下来添加“Model 层”“DAL 层”、“BLL 层”，在“解决方案资源管理器”中，右击选择“添加(D)”→“新建项目”（见图 11-18），在弹出“添加新项目”对话框中选择“Visual C#”→“Windows”，在右边模板选择“类库”，下面的“名称”文本框中输入 Model，位置默认（见图 11-19），单击“确定”按钮。

用同样的方法，添加“DAL 层”，选择“文件”→“新建项目”命令，在弹出的“新建项目”对话框中，左边项目类型选择 Visual C#→Windows，右边模板选择“类库”，“名称”文本框中输入 DAL，位置默认如图 11-20 所示，单击“确定”按钮。

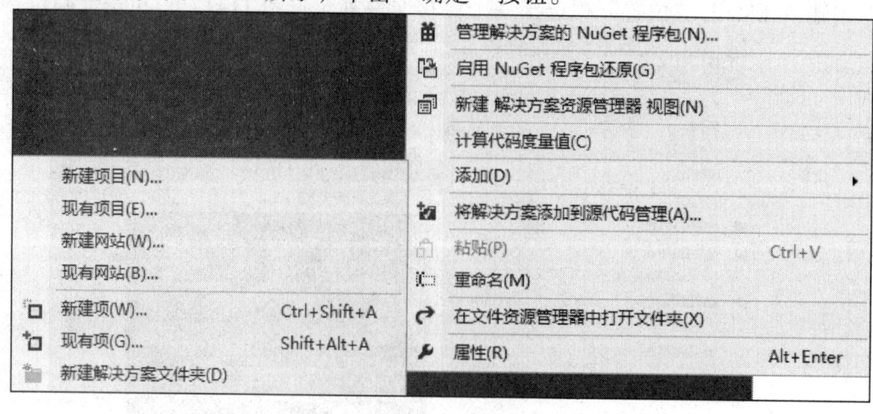

图 11-18　新建项目

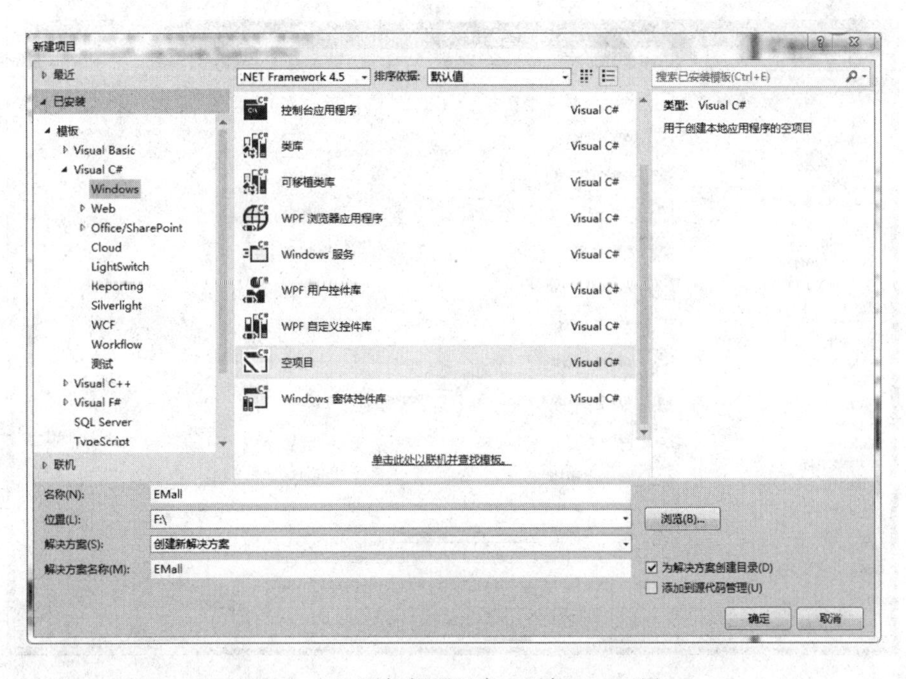

图 11-19　添加新项目库、添加 Model 层

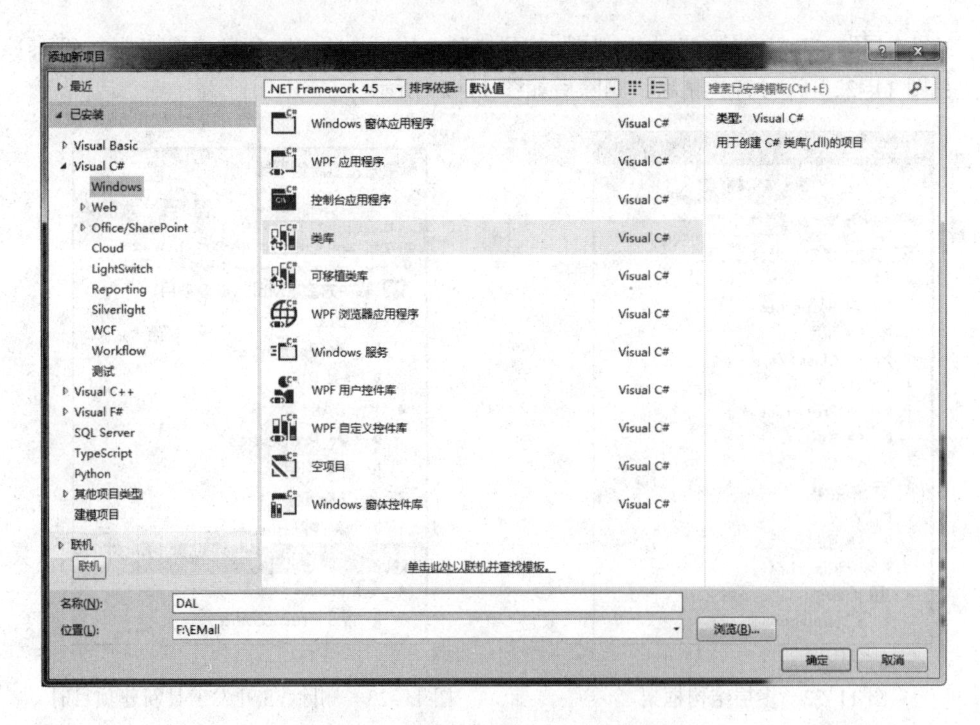

图 11-20　添加新项目库、添加 DAL 层

用同样的方法，添加“BLL 层”，选择“文件”→“新建项目”命令，在弹出的“添加新项目”对话框中，左边项目类型选择 Visual C#→Windows，右边模板选择“类库”，“名称”文本框中输入“BLL”，“位置”默认如图 11-21 所示，单击“确定”按钮。

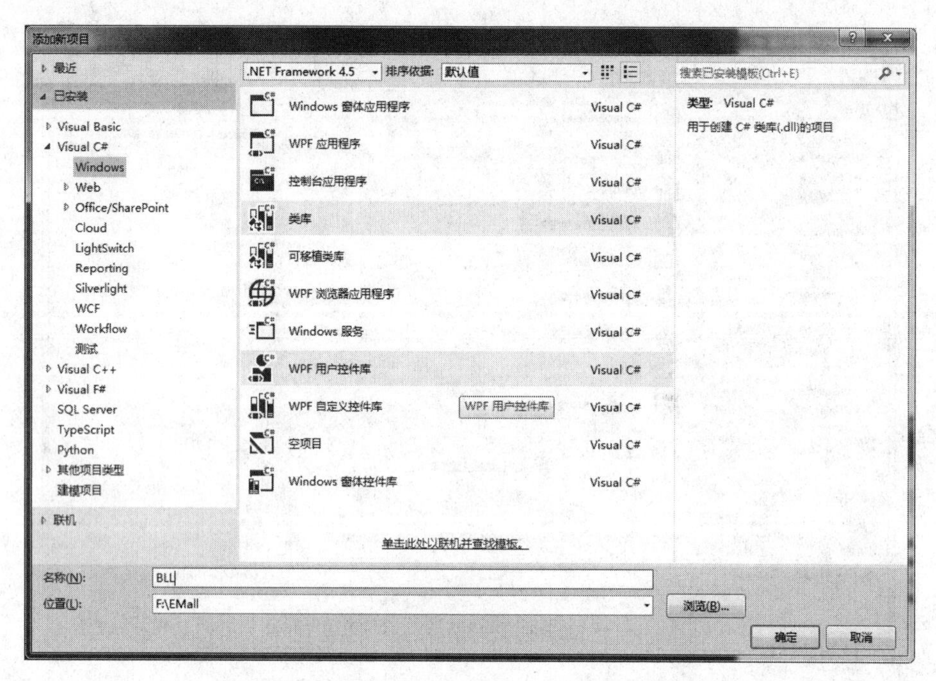

图 11-21　添加新项目库、添加 BLL 层

“Model 层”“DAL 层”和“BLL 层”构建成功，Visual Studio 会自动添加一个 Class1.cs 的文件（见图 11-22），可将其删除，删除后如图 11-23 所示。

图 11-22　多层结构框架

图 11-23　删除 VS 开发工具新建项目时自动添加的 Class1.cs 文件

在“解决方案资源管理器”中右击，选择“添加”→“新建网站”命令（见图 11-24），在弹出的“添加新网站”对话框中，模板中选择“ASP.NET 空网站”，“位置”选择“文件系统”，语言选择 Visual C#（见图 11-25），单击“确定”按钮。

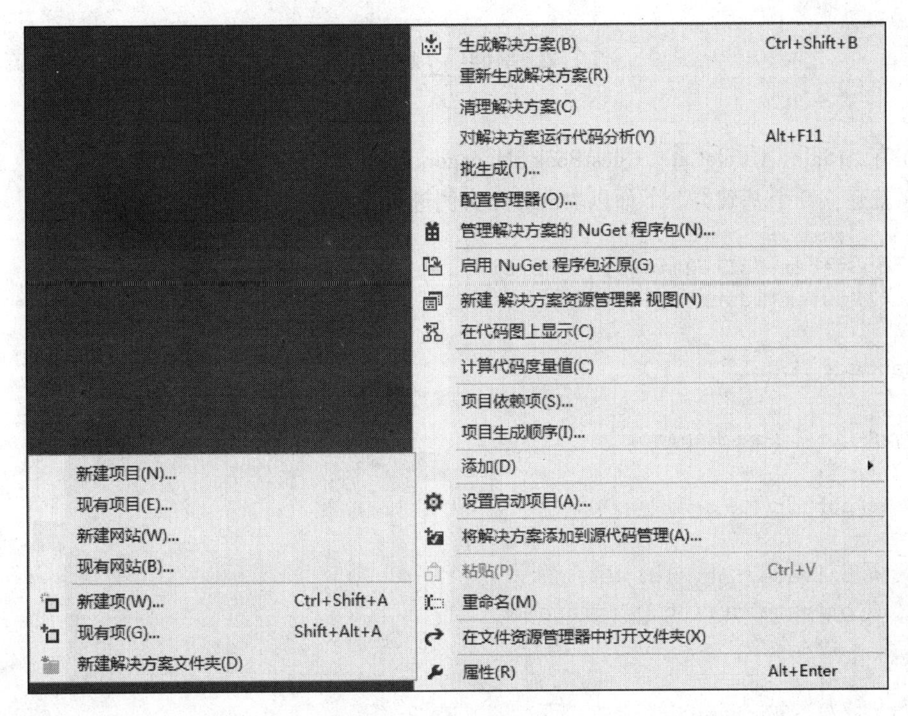

图 11-24　新建网站

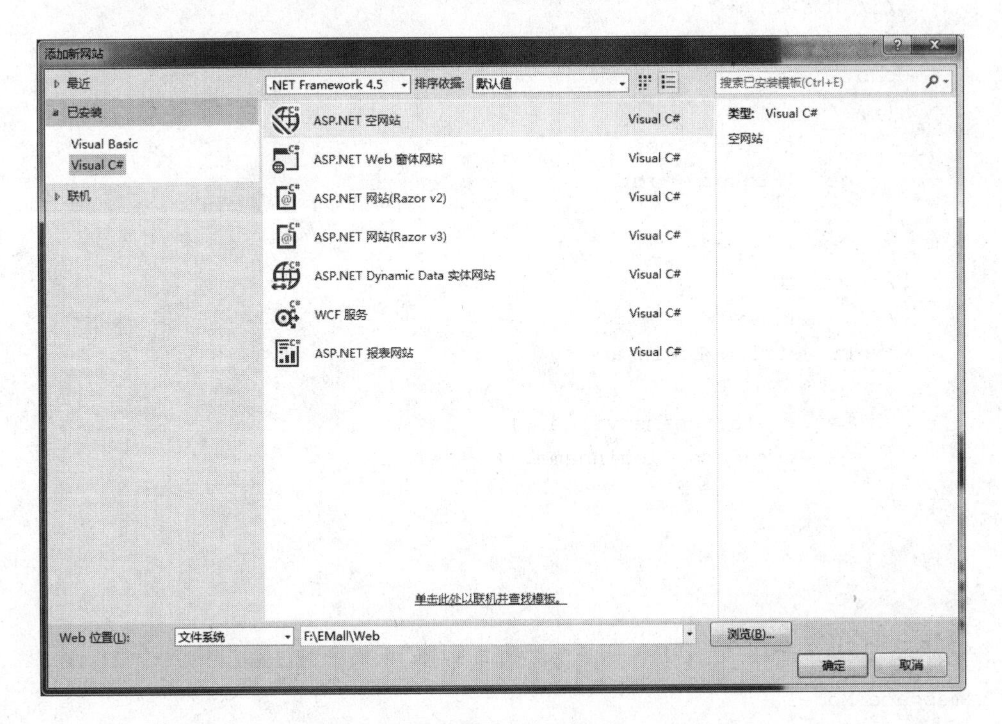

图 11-25　添加新网站、添加 Web 层

11.4 建立模型层

现在有 Article、ArticleCate、GuestBook、Manager、Member、ProCate、Product、ProOrder、SysOrder 九个表，就建立 9 个基础类。下面以 Manager 为例进行说明。

```
using System;
using System.Collections.Generic;
using System.Text;

namespace Model
{
    public class Manager
    {
        public Manager(){ }

        private int _id;
        private string _loginname;
        ……// 省略

        /// <summary>
        /// 自增编号
        /// </summary>
        public int ID
        {
            set { _id=value; }
            get { return _id; }
        }
        /// <summary>
        /// 登录名
        /// </summary>
        public string LoginName
        {
            set { _loginname=value; }
            get { return _loginname; }
        }
        ……// 省略
    }
}

using System;
namespace Model
{
    /// <summary>
    /// 实体类 SysOrder
    /// </summary>
    public class SysOrder
```

```
    {
        public SysOrder(){ }

        private int _id;
        private int _memid;
        ……// 省略
        private DateTime _addtime;
        private decimal _totalmoney;
        private decimal _carriage;
        private string _paytype;

        public int ID
        {
           set { _id=value; }
           get { return_id; }
        }
        public int MemID
        {
           set { _memid=value; }
           get { return_memid; }
        }
        ……// 省略
        public DateTime AddTime
        {
           set { _addtime=value; }
           get { return_addtime; }
        }
        public decimal TotalMoney
        {
           set { _totalmoney=value; }
           get { return_totalmoney; }
        }
        public decimal Carriage
        {
           set { _carriage=value; }
           get { return_carriage; }
        }
        public string PayType
        {
           set { _paytype=value; }
           get { return_paytype; }
        }
        ……// 省略
    }
}
```

用同样的方法建立 Article、ArticleCate、GuestBook、Member、ProCate、Product、ProOrder7 个基础类，如图 11-26 所示。

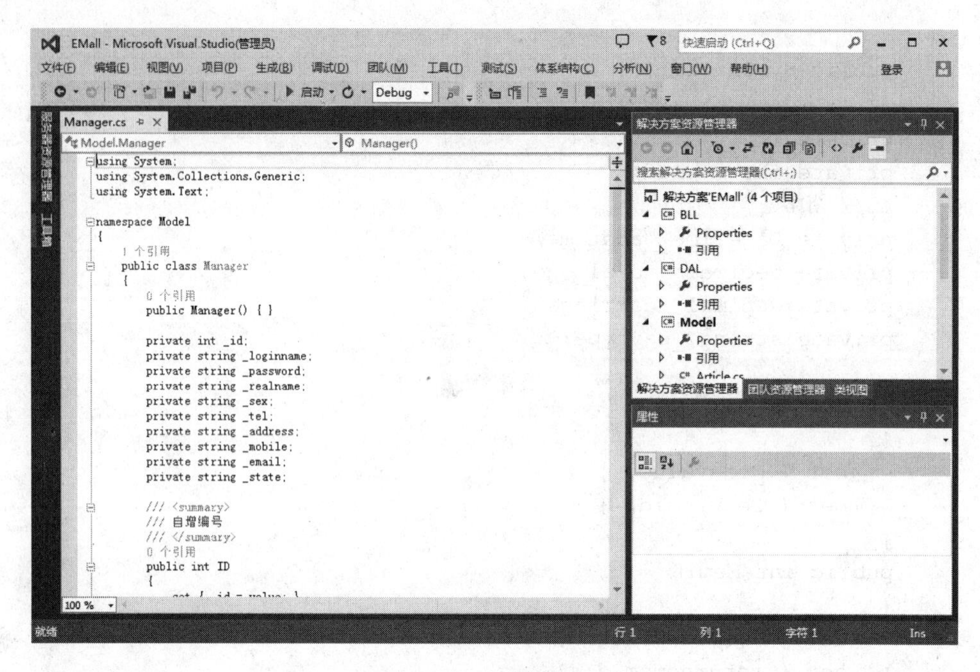

图 11-26　构建模型层

注意：变量和属性的类型必须一样，get 是取值，set 是赋值。如果只有 get，说明此属性是只读，如果只有 set，说明这个属性是只写的。

11.5　建立数据层

1. 添加引用

在 DAL 层的引用文件夹中右击，在弹出的快捷菜单栏中选择“添加引用”命令（见图 11-27），在“引用管理器”对话框中选择“项目”，名称选择 Model，单击“确定”按钮，如图 11-28 所示。

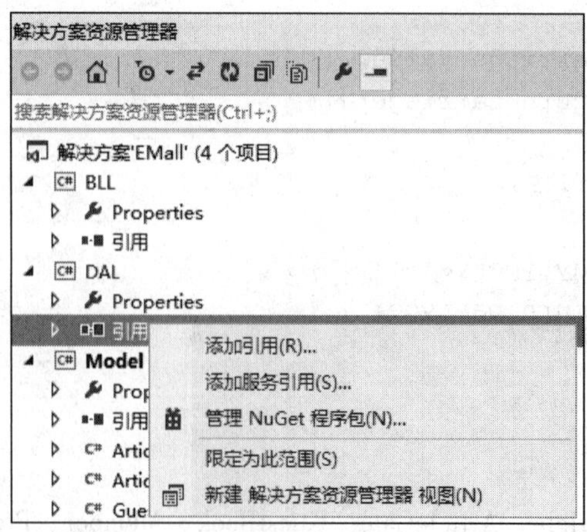

图 11-27　添加引用

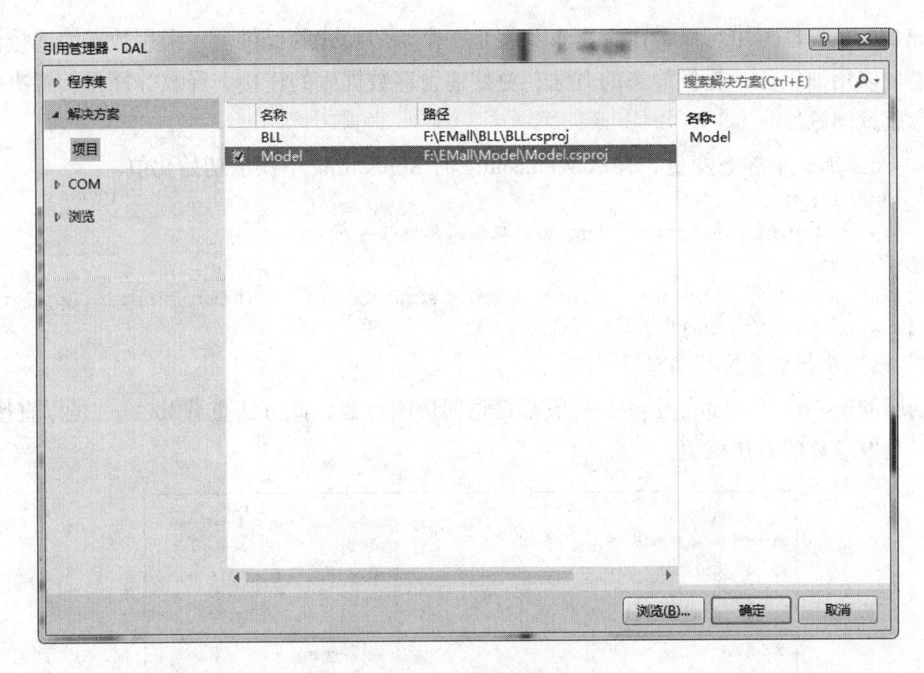

图 11-28　选择引用项目

本商城的数据库连接字符串将配置到 Web.config 文件中，数据库服务器发生改变时，方便修改。需要添加 System.Configuration 组件，这个组件在.NET 框架下。同样，在 DAL 层的引用文件夹中右击，在弹出的快捷菜单中，选择“添加引用”命令，在.NET 卡片中，找到 System.Configuration（见图 11-29），单击“确定”按钮，结果如图 11-30 所示。

图 11-29　添加 System.Configuration 组件

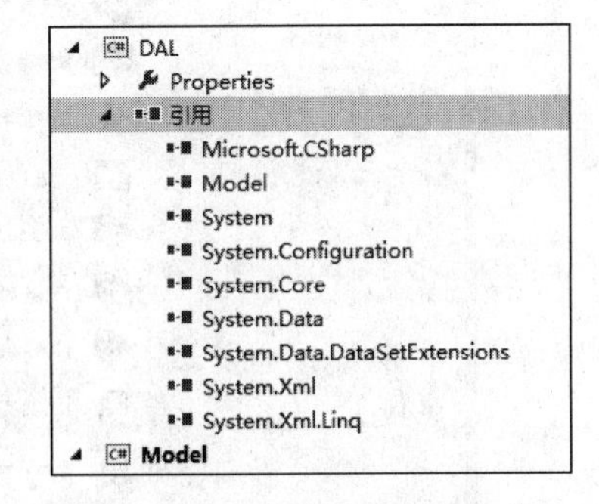

图 11-30　本项目需引用组件

2. 添加 ADO.NET 操作类

在 DAL 层右击，在弹出的快捷菜单中选择“添加”→“类”命令（见图 11-31），在“添加新项”中选择“类”选项，“名称”栏内输入 DbHelper.cs（见图 11-32），单击“添加”按钮。DbHelper 的基本结构如图 11-33 所示。

从 ADO.NET 框架中可以看出，它本身就是一个工厂模式的提供者，采用数据库连接池的方式，这里可以用抽象类，提供静态的方法，更好地管理数据库的连接、释放等操作，解决并发访问数据库瓶颈问题。

（1）先添加一个静态变量，并从 Web.config 的 AppSetting 中获取初始化值。

```
/// <summary>
/// 从 Web.Config 的 AppSetting 里获取数据库连接字符串
/// </summary>
public  static  string  connectionString=ConfigurationManager.AppSettings
  ["connectionString"];
```

（2）添加执行数据操作方法。

数据库的Insert、Update、Delete一般都是返回影响行数，此方法重载2次，一是以直接脚本赋值，二是以参数的方法赋值。

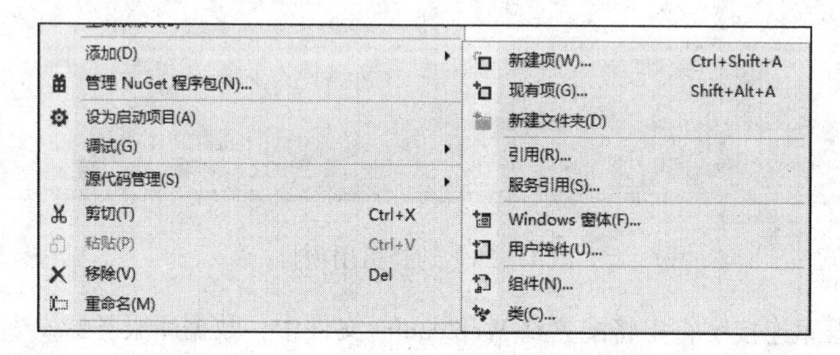

图 11-31　添加类

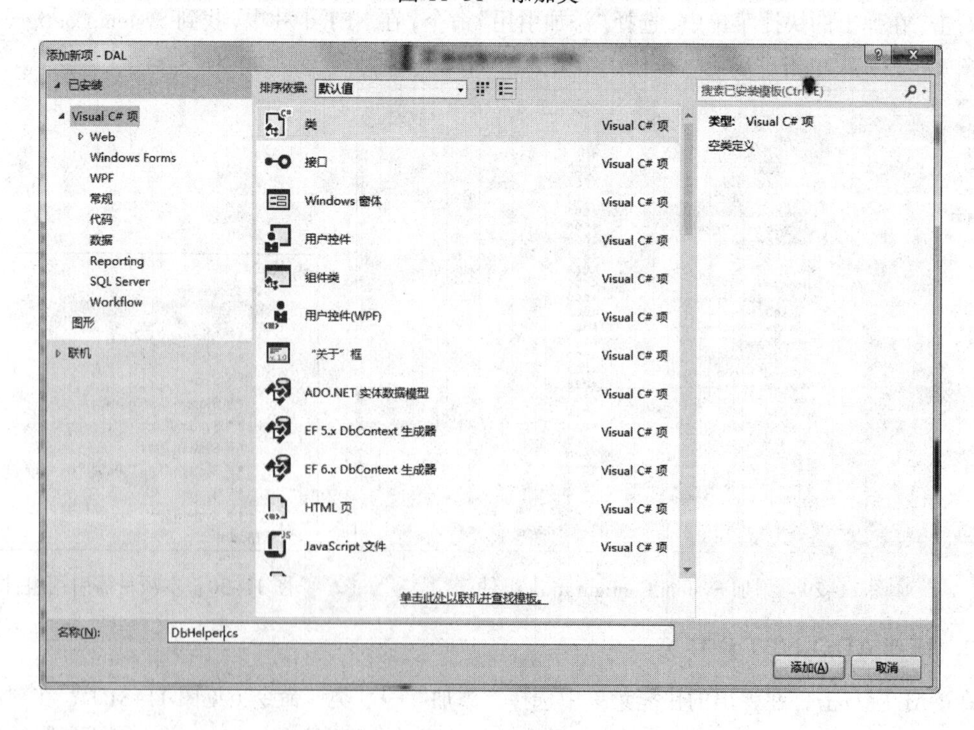

图 11-32　新建 DbHelper 类

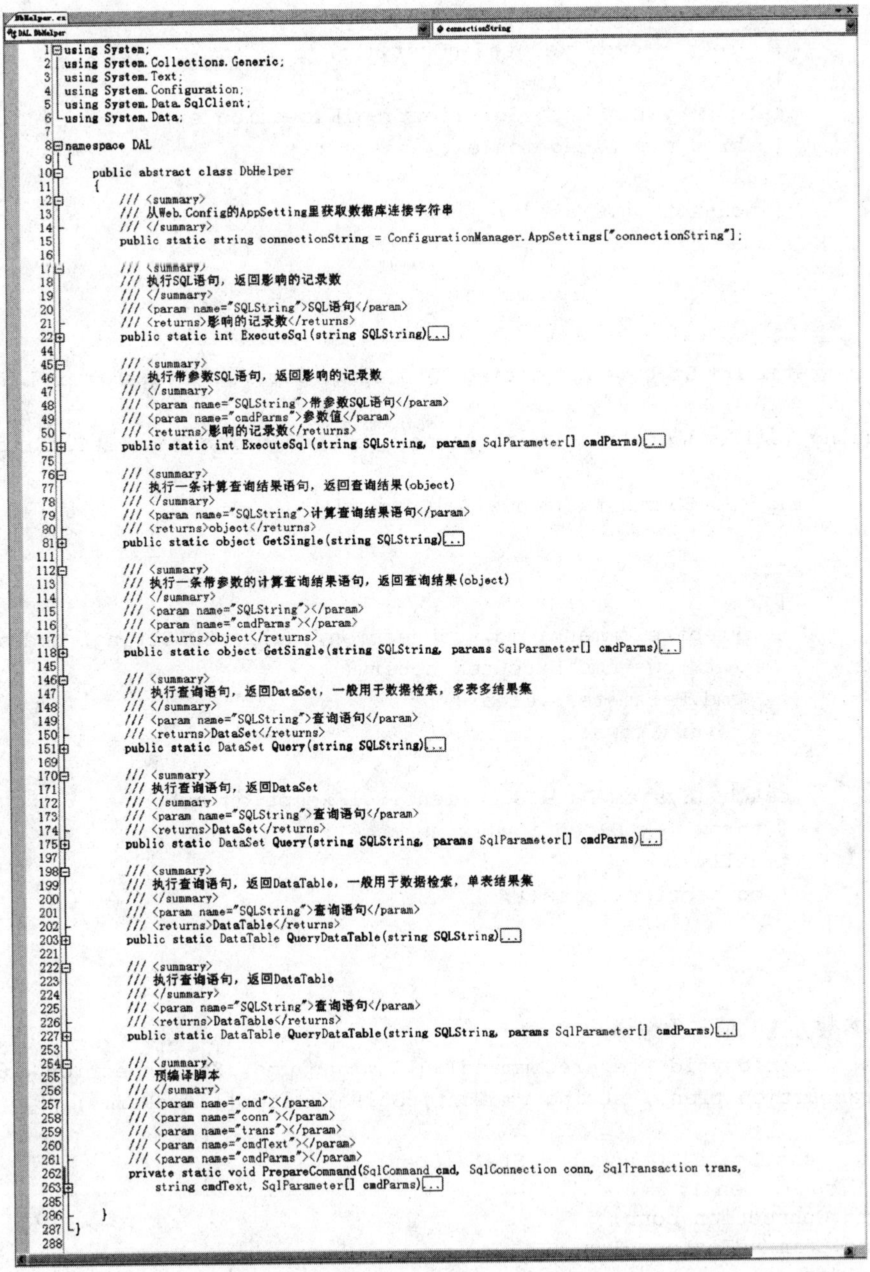

```
DbHelper.cs
DAL.DbHelper                                    connectionString
  1 using System;
  2 using System.Collections.Generic;
  3 using System.Text;
  4 using System.Configuration;
  5 using System.Data.SqlClient;
  6 using System.Data;
  7
  8 namespace DAL
  9 {
 10     public abstract class DbHelper
 11     {
 12         /// <summary>
 13         /// 从Web.Config的AppSetting里获取数据库连接字符串
 14         /// </summary>
 15         public static string connectionString = ConfigurationManager.AppSettings["connectionString"];
 16
 17         /// <summary>
 18         /// 执行SQL语句，返回影响的记录数
 19         /// </summary>
 20         /// <param name="SQLString">SQL语句</param>
 21         /// <returns>影响的记录数</returns>
 22         public static int ExecuteSql(string SQLString)...
 44
 45         /// <summary>
 46         /// 执行带参数SQL语句，返回影响的记录数
 47         /// </summary>
 48         /// <param name="SQLString">带参数SQL语句</param>
 49         /// <param name="cmdParms">参数值</param>
 50         /// <returns>影响的记录数</returns>
 51         public static int ExecuteSql(string SQLString, params SqlParameter[] cmdParms)...
 75
 76         /// <summary>
 77         /// 执行一条计算查询结果语句，返回查询结果(object)
 78         /// </summary>
 79         /// <param name="SQLString">计算查询结果语句</param>
 80         /// <returns>object</returns>
 81         public static object GetSingle(string SQLString)...
111
112         /// <summary>
113         /// 执行一条带参数的计算查询结果语句，返回查询结果(object)
114         /// </summary>
115         /// <param name="SQLString"></param>
116         /// <param name="cmdParms"></param>
117         /// <returns>object</returns>
118         public static object GetSingle(string SQLString, params SqlParameter[] cmdParms)...
145
146         /// <summary>
147         /// 执行查询语句，返回DataSet，一般用于数据检索，多表多结果集
148         /// </summary>
149         /// <param name="SQLString">查询语句</param>
150         /// <returns>DataSet</returns>
151         public static DataSet Query(string SQLString)...
169
170         /// <summary>
171         /// 执行查询语句，返回DataSet
172         /// </summary>
173         /// <param name="SQLString">查询语句</param>
174         /// <returns>DataSet</returns>
175         public static DataSet Query(string SQLString, params SqlParameter[] cmdParms)...
197
198         /// <summary>
199         /// 执行查询语句，返回DataTable，一般用于数据检索，单表结果集
200         /// </summary>
201         /// <param name="SQLString">查询语句</param>
202         /// <returns>DataTable</returns>
203         public static DataTable QueryDataTable(string SQLString)...
221
222         /// <summary>
223         /// 执行查询语句，返回DataTable
224         /// </summary>
225         /// <param name="SQLString">查询语句</param>
226         /// <returns>DataTable</returns>
227         public static DataTable QueryDataTable(string SQLString, params SqlParameter[] cmdParms)...
253
254         /// <summary>
255         /// 预编译脚本
256         /// </summary>
257         /// <param name="cmd"></param>
258         /// <param name="conn"></param>
259         /// <param name="trans"></param>
260         /// <param name="cmdText"></param>
261         /// <param name="cmdParms"></param>
262         private static void PrepareCommand(SqlCommand cmd, SqlConnection conn, SqlTransaction trans,
263             string cmdText, SqlParameter[] cmdParms)...
285
286     }
287 }
288
```

图 11-33　DbHelper 类总览的基本结构

```
public static int ExecuteSql(string SQLString)
{
   using (SqlConnection connection=new SqlConnection(connectionString))
   {
      using (SqlCommand cmd=new SqlCommand(SQLString, connection))
      {
         try
         {
```

```
                connection.Open();
                return cmd.ExecuteNonQuery();
            }
            catch (System.Data.SqlClient.SqlException ex)
            { throw new Exception(ex.Message); }
            finally
            { connection.Close(); }
        }
    }
}

public static int ExecuteSql(string SQLString, params SqlParameter[] cmdParms)
{
    using (SqlConnection connection=new SqlConnection(connectionString))
    {
        using (SqlCommand cmd=new SqlCommand())
        {
            try
            {
                PrepareCommand(cmd, connection, null, SQLString, cmdParms);
                int rows=cmd.ExecuteNonQuery();
                cmd.Parameters.Clear();
                return rows;
            }
            catch (System.Data.SqlClient.SqlException ex)
            { throw new Exception(ex.Message); }
            finally
            { connection.Close(); }
        }
    }
}
```

（3）参数方式赋值与预编译

```
private static void PrepareCommand(SqlCommand cmd, SqlConnection conn,
SqlTransaction trans, string cmdText, SqlParameter[] cmdParms)
{
    if (conn.State!=ConnectionState.Open)
        conn.Open();
    cmd.Connection=conn;
    cmd.CommandText=cmdText;
    if (trans!=null)
        cmd.Transaction=trans;
    cmd.CommandType=CommandType.Text;
    if (cmdParms!=null)
    {
        foreach (SqlParameter parameter in cmdParms)
        {
            if ((parameter.Direction==ParameterDirection.InputOutput ||
            parameter.Direction==ParameterDirection.Input) &&
                (parameter.Value==null))
            {
                parameter.Value=DBNull.Value;
```

```
            }
            cmd.Parameters.Add(parameter);
        }
    }
}
```

（4）添加执行返回第一行第一列的结果的方法

```
public static object GetSingle(string SQLString,
params SqlParameter[] cmdParms)
{
    using (SqlConnection connection=new SqlConnection(connectionString))
    {
        using (SqlCommand cmd=new SqlCommand())
        {
            try
            {
                PrepareCommand(cmd, connection, null, SQLString, cmdParms);
                object obj=cmd.ExecuteScalar();
                cmd.Parameters.Clear();
                if ((Object.Equals(obj, null)) || (Object.Equals(obj,
                System.DBNull.Value)))
                {
                    return null;
                }
                else
                {
                    return obj;
                }
            }
            catch (System.Data.SqlClient.SqlException ex)
            { throw new Exception(ex.Message); }
            finally
            { connection.Close(); }
        }
    }
}
```

（5）添加执行 select 方法返回结果集。

ADO.NET 中，返回结果集有 DataSet、DataReader、DataTable、DataRow 等，本类只提供返回 DataSet、DataTable 两种。Query()方法重载两次：一是以脚本方式，二是以参数方式。以返回 DataTable 为例，QueryDataTable()方法重载两次，一是以脚本方式，二是以参数方式。

```
public static DataSet Query(string SQLString)
{
    using (SqlConnection connection=new SqlConnection(connectionString))
    {
        DataSet ds=new DataSet();
        try
        {
            connection.Open();
```

```
                SqlDataAdapter command=new SqlDataAdapter(SQLString,
                connection);
                command.Fill(ds);
            }
            catch (System.Data.SqlClient.SqlException ex)
            { throw new Exception(ex.Message); }
            finally
            { connection.Close(); }
            return ds;
        }
    }
    public static DataSet Query(string SQLString, params SqlParameter[] cmdParms)
    {
        using (SqlConnection connection=new SqlConnection(connectionString))
        {
            SqlCommand cmd=new SqlCommand();
            PrepareCommand(cmd, connection, null, SQLString, cmdParms);
            using (SqlDataAdapter da=new SqlDataAdapter(cmd))
            {
                DataSet ds=new DataSet();
                try
                {
                    da.Fill(ds);
                    cmd.Parameters.Clear();
                }
                catch (System.Data.SqlClient.SqlException ex)
                { throw new Exception(ex.Message); }
                finally
                { connection.Close(); }
                return ds;
            }
        }
    }

    public static DataTable QueryDataTable(string SQLString)
    {
        using (SqlConnection connection=new SqlConnection(connectionString))
        {
            DataTable dt=new DataTable();
            try
            {
                connection.Open();
                SqlDataAdapter command=new SqlDataAdapter(SQLString,
                connection);
                command.Fill(dt);
            }
```

```
            catch (System.Data.SqlClient.SqlException ex)
            { throw new Exception(ex.Message); }
            finally
            { connection.Close(); }
            return dt;
        }
    }
    public static DataTable QueryDataTable(string SQLString,
    params SqlParameter[] cmdParms)
    {
        using (SqlConnection connection=new SqlConnection(connectionString))
        {
            SqlCommand cmd=new SqlCommand();
            PrepareCommand(cmd, connection, null, SQLString, cmdParms);
            using (SqlDataAdapter da=new SqlDataAdapter(cmd))
            {
                DataTable dt=new DataTable();
                try
                {
                    da.Fill(dt);
                    cmd.Parameters.Clear();
                }
                catch (System.Data.SqlClient.SqlException ex)
                { throw new Exception(ex.Message); }
                finally
                { connection.Close(); }
                return dt;
            }
        }
    }
```

3．添加 Manager 数据层类

在 DAL 层右击，选择“添加”→“类”命令（见图 11-34），在“添加新项”对话框中选择“类”“名称”文本框中输入 Manager.cs，单击“添加”按钮（见图 11-35），将 Manager.cs 类改为 public，并完成添加、更新、删除、获取一行数据、获取多行数据、验证登录的方法，如图 11-36 所示，之后进行编译。

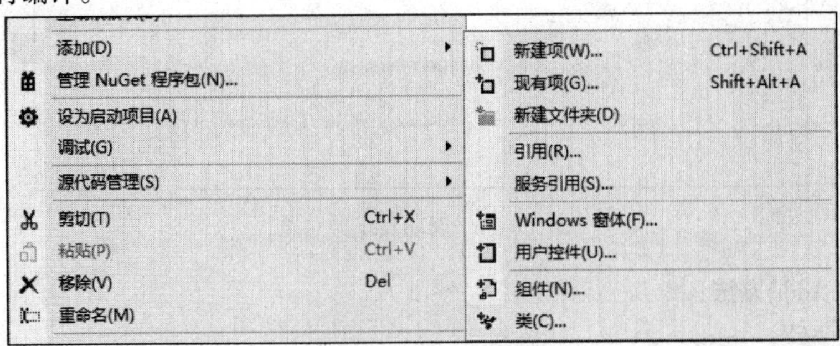

图 11-34　添加类

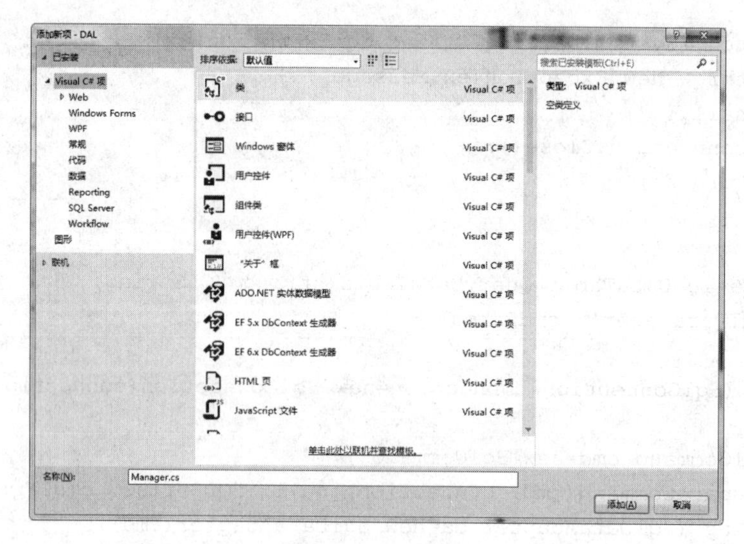

图 11-35 添加新项

```
Manager.cs
DAL.Manager                                    Manager()
  1 using System;
  2 using System.Data;
  3 using System.Text;
  4 using System.Data.SqlClient;
  5
  6 namespace DAL
  7 {
  8     /// <summary>
  9     /// 数据访问类Manager。
 10     /// </summary>
 11     public class Manager
 12     {
 13         public Manager() { }
 14
 15         /// <summary>
 16         /// 增加一条数据
 17         /// </summary>
 18         public int Add(Model.Manager model)...
 49
 50         /// <summary>
 51         /// 更新一条数据
 52         /// </summary>
 53         public int Update(Model.Manager model)...
 91
 92         /// <summary>
 93         /// 删除一条数据
 94         /// </summary>
 95         public int Delete(int ID)...
107
108         /// <summary>
109         /// 得到一个对象实体
110         /// </summary>
111         public Model.Manager GetModel(int ID)...
145
146         /// <summary>
147         /// 获得数据列表
148         /// </summary>
149         public DataSet GetList(string strWhere)...
160
161         /// <summary>
162         /// 验证管理员登录
163         /// </summary>
164         /// <param name="LoginName"></param>
165         /// <param name="Password"></param>
166         /// <returns></returns>
167         public Model.Manager ValManager(string LoginName, string Password)...
190
191     }
192 }
```

图 11-36 Manager 类总览

（1）添加 Add()方法：

```
/// <summary>
/// 增加一条数据
```

```
/// </summary>
public int Add(Model.Manager model)
{
    StringBuilder strSql=new StringBuilder();
    strSql.Append("insert into Manager(");
    strSql.Append("LoginName,Password,RealName,Sex,Tel
    ,Address,Mobile,Email,State)");
    strSql.Append(" values (");
    strSql.Append("@LoginName,@Password,@RealName,@Sex,@Tel,
    @Address,@Mobile,@Email,@State);");
    strSql.Append("select @@IDENTITY;");
    SqlParameter[] parameters={
        new SqlParameter("@LoginName", SqlDbType.NVarChar,30),
        new SqlParameter("@Password", SqlDbType.NVarChar,30),
        ……// 省略};
    parameters[0].Value=model.LoginName;
    parameters[1].Value=model.Password;
    …//省略
    object obj=DbHelper.GetSingle(strSql.ToString(), parameters);
    return obj==null ? 0 : Convert.ToInt32(obj);
}
```

（2）添加 UpDate()方法：

```
/// <summary>
/// 更新一条数据
/// </summary>
public int Update(Model.Manager model)
{
    StringBuilder strSql=new StringBuilder();
    strSql.Append("update Manager set ");
    strSql.Append("LoginName=@LoginName,");
    strSql.Append("Password=@Password,");
    ……// 省略
    strSql.Append(" where ID=@ID ");
    SqlParameter[] parameters={
        new SqlParameter("@ID", SqlDbType.Int,4),
        new SqlParameter("@LoginName", SqlDbType.NVarChar,30),
        ……// 省略};
    parameters[0].Value=model.ID;
    parameters[1].Value=model.LoginName;
    ……// 省略
    return DbHelper.ExecuteSql(strSql.ToString(), parameters);
}
```

（3）添加 Delete()方法：

```
/// <summary>
/// 删除一条数据
/// </summary>
public int Delete(int ID)
{
    StringBuilder strSql=new StringBuilder();
    strSql.Append("delete from Manager ");
    strSql.Append(" where ID=@ID ");
    SqlParameter[] parameters={
        new SqlParameter("@ID", SqlDbType.Int,4)};
```

```
    parameters[0].Value=ID;
    return DbHelper.ExecuteSql(strSql.ToString(), parameters);
}
```

（4）添加 GetList()方法：

```
/// <summary>
/// 获得数据列表
/// </summary>
public DataSet GetList(string strWhere)
{
    StringBuilder strSql=new StringBuilder();
    strSql.Append("select ID,LoginName,Password,RealName,Sex,Tel,
    Address,Mobile,Email,State ");
    strSql.Append(" FROM Manager ");
    if (strWhere.Trim()!="")
    {
        strSql.Append(" where "+strWhere);
    }
    return DbHelper.Query(strSql.ToString());
}
```

（5）获取指定对象：

```
/// <summary>
/// 得到一个对象实体
/// </summary>
public Model.Manager GetModel(int ID)
{
    StringBuilder strSql=new StringBuilder();
    strSql.Append("select  top 1 ID,LoginName,Password,RealName,Sex,Tel,
    Address,Mobile,Email,State from Manager ");
    strSql.Append(" where ID=@ID ");
    SqlParameter[] parameters={
         new SqlParameter("@ID", SqlDbType.Int,4)};
    parameters[0].Value=ID;
    Model.Manager model=new Model.Manager();
    DataSet ds = DbHelper.Query(strSql.ToString(), parameters);
    if (ds.Tables[0].Rows.Count>0)
    {
        if (ds.Tables[0].Rows[0]["ID"].ToString()!="")
        {
            model.ID=int.Parse(ds.Tables[0].Rows[0]["ID"].ToString());
        }
        model.LoginName=ds.Tables[0].Rows[0]["LoginName"].ToString();
        model.Password=ds.Tables[0].Rows[0]["Password"].ToString();
        ……// 省略
        return model;
    }
    else
    {
        return null;
    }
}
```

（6）验证管理员登录：

```
/// <summary>
/// 验证管理员登录
```

```
/// </summary>
/// <param name="LoginName"></param>
/// <param name="Password"></param>
/// <returns></returns>
public Model.Manager ValManager(string LoginName, string Password)
{
   StringBuilder strSql=new StringBuilder();
   strSql.Append("select ID,LoginName,Password,RealName,Sex,Tel,
   Address,Mobile,Email,State ");
   strSql.Append(" FROM Manager ");
   strSql.Append(" where LoginName=@LoginName and
   Password=@Password and State='1'");
   SqlParameter[] parameters={
        new SqlParameter("@LoginName", SqlDbType.NVarChar,30),
        new SqlParameter("@Password", SqlDbType.NVarChar,30)};
   parameters[0].Value=LoginName;
   parameters[1].Value=Password;
   DataTable dt=DbHelper.QueryDataTable(strSql.ToString(), parameters);
   if (dt.Rows.Count>0)
   {
      return GetModel(Convert.ToInt32(dt.Rows[0]["id"]));
   }
   else
   {
      return null;
   }
}
```

用同样的方法，为其他表（包括 Article、ArticleCate、guestBook、Member、ProCate、Product、ProOrder 和 SysOrder 表）添加数据层操作类，其中 Article 表的数据层操作类为 Article.cs，其他依此类推，如图 11-37 所示。

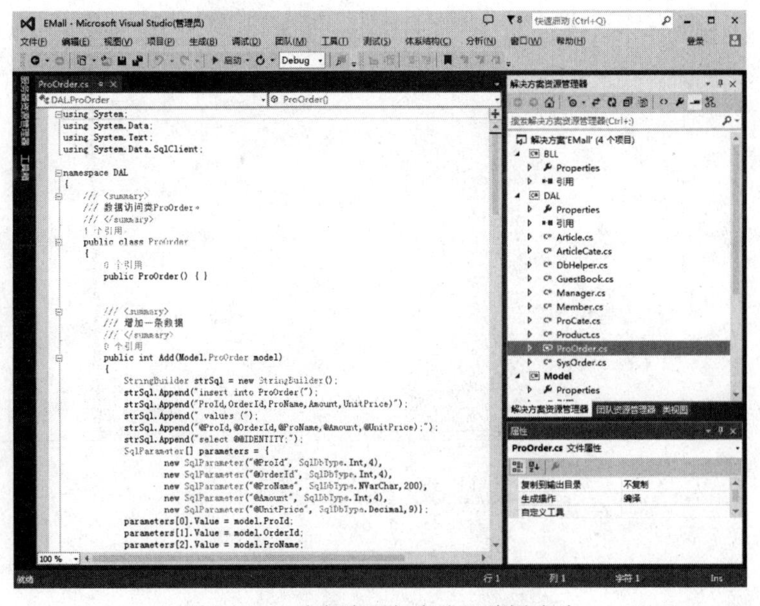

图 11-37　全部类添加完成，编译成功

技巧： 在通讯录中，采用字符串连接的方式插入脚本，而这次采用参数的方式。参数的方式可以防止恶意访客攻击、注入数据库，非法获取数据信息及服务器信息。

11.6 建立业务层

业务层主要是把 Web 与数据层隔开，不让 Web 直接访问数据层，加强安全性。

添加所需的组件，在 BLL 层的“引用“处右击，选择“添加引用”命令（见图 11-38），在弹出的“引用管理器”对话框中，选择“项目”选项，选中 DAL 和 Model 两个项目（见图 11-39），单击“确定”按钮。再添加 System.Web 组件（见图 11-40），此组件主要是在业务层操作用户的 Cookies，同样添加引用，在“引用管理器”对话框中，选择【框架】选项，选中名称为 System.Web 的组件，（见图 11-40），单击“确定”按钮，完成后的效果如图 11-41 所示。

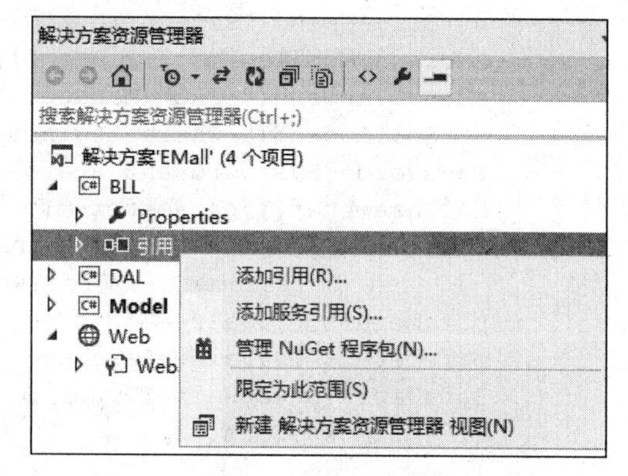

图 11-38　添加引用

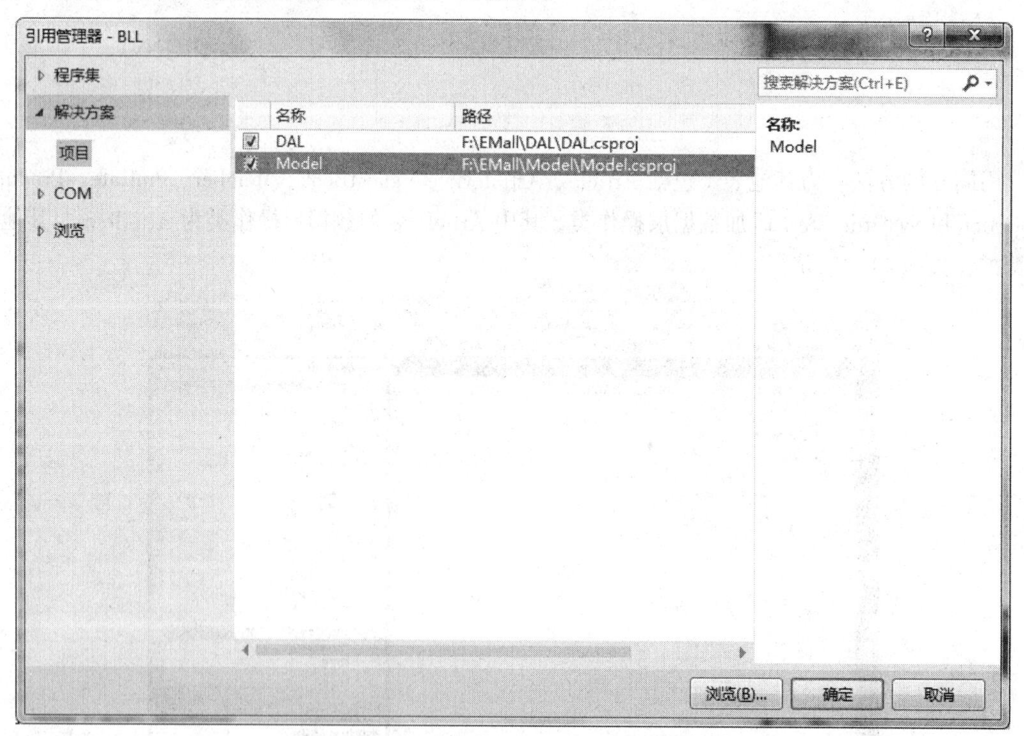

图 11-39　选择引用项目

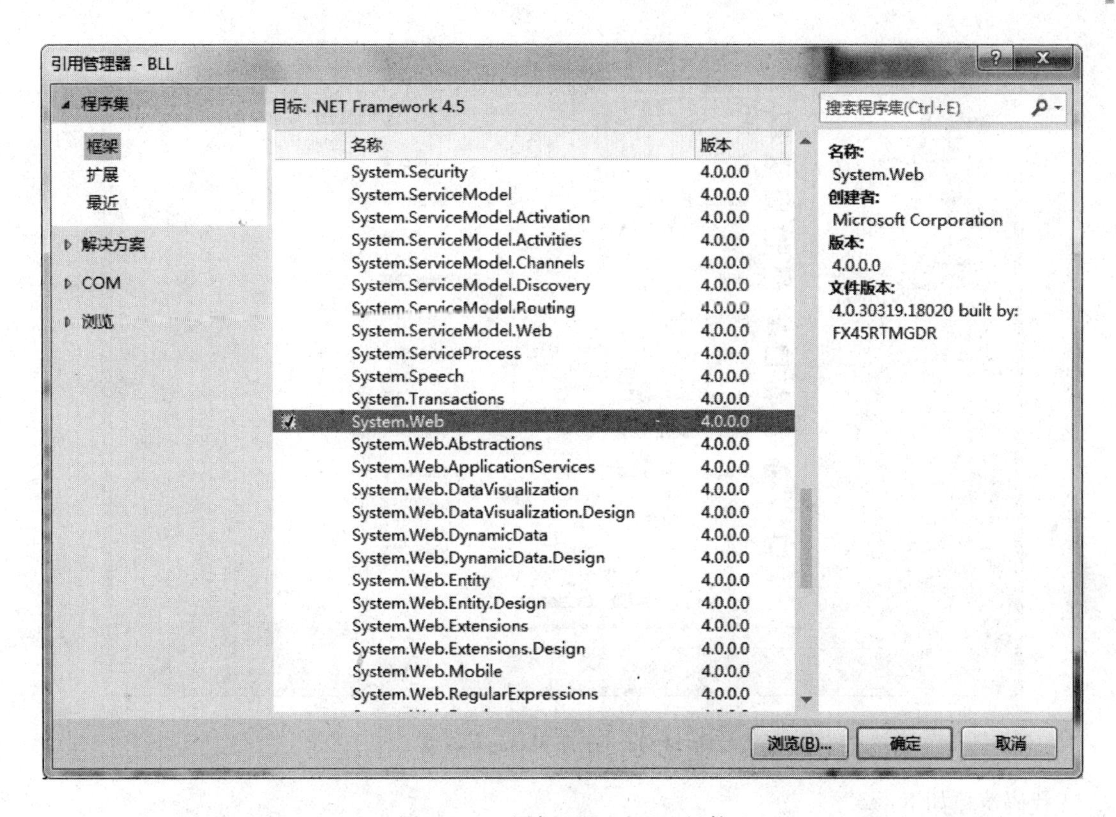

图 11-40　添加 System.Web 组件

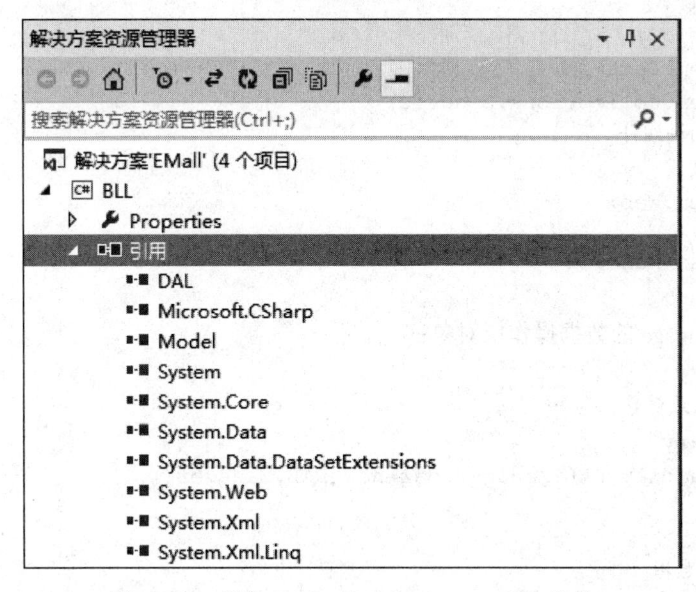

图 11-41　添加 DAL、Model、System.Web 组件

添加 Manager.cs 类（见图 11-42），将类改为 public 访问权限，创建此类全局的 DAL.Manager 的对象 dal，并完成添加、更新、删除、获取对象、获取数据列表、验证管理员登录、Cookies 操作的方法，具体参见代码清单。

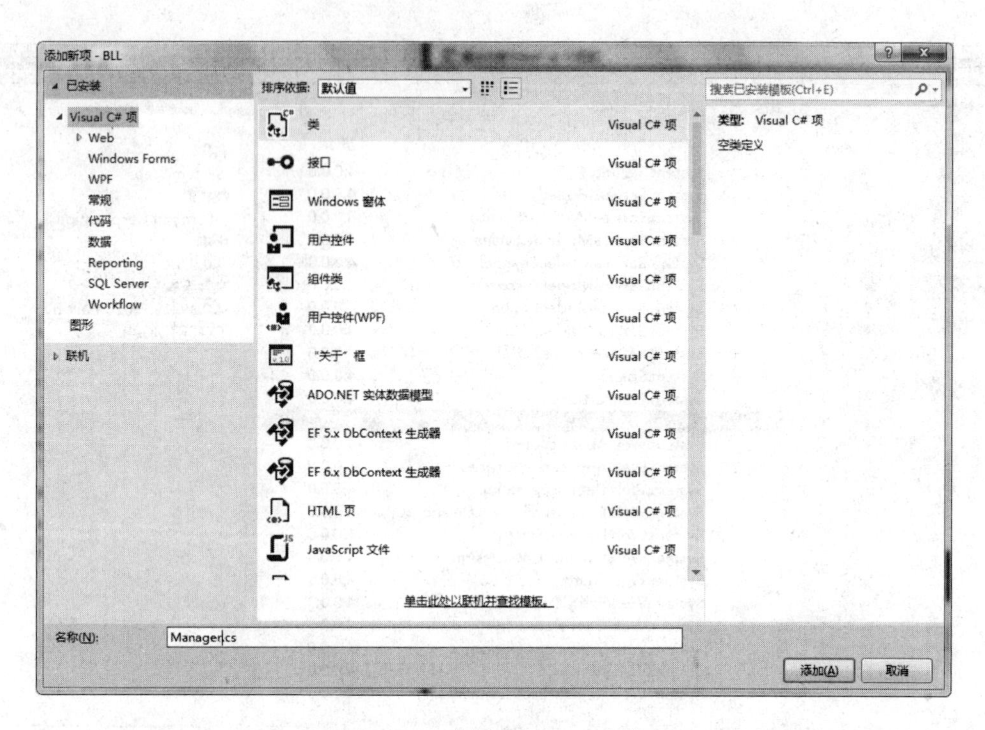

图 11-42　添加 Manager.cs 类

代码清单如下：

（1）引用组件：

```
using System;
using System.Data;
using System.Collections.Generic;
// 导入需引用的组件
using Model;
using System.Web;

public class Manager
{
```

（2）创建 Manage 的数据操作层对象：

```
/// <summary>
/// 创建 DAL 层对象
/// </summary>
private readonly DAL.Manager dal=new DAL.Manager();

/// <summary>
/// 增加一条数据
/// </summary>
public bool Add(Model.Manager model)
{
    return dal.Add(model)>0;
}
```

```
/// <summary>
/// 更新一条数据
/// </summary>
public bool Update(Model.Manager model)
{
   return dal.Update(model)>0;
}

/// <summary>
/// 删除一条数据
/// </summary>
public bool Delete(int ID)
{
   return dal.Delete(ID)>0;
}

/// <summary>
/// 得到一个对象实体
/// </summary>
public Model.Manager GetModel(int ID)
{
   return dal.GetModel(ID);
}

/// <summary>
/// 获得数据列表
/// </summary>
public DataSet GetList(string strWhere)
{
   return dal.GetList(strWhere);
}

/// <summary>
/// 验证管理员登录
/// </summary>
/// <param name="LoginName"></param>
/// <param name="Password"></param>
/// <returns></returns>
public Model.Manager ValManager(string LoginName, string Password)
{
   // Password可在此加密
   Model.Manager model=dal.ValManager(LoginName, Password);
   if (model!=null)
   {
      SaveCookies(model); // 保存Cookies
      return model;
   }
```

```
        else
        {
            return null;
        }
    }
    /// <summary>
    /// 检测是否登录
    /// </summary>
    public static void CheckLogin()
    {
        if (GetManagerId()==0)
        {
            System.Web.HttpContext.Current.
            Response.Redirect("/Manage/Logout.aspx", true);
            HttpContext.Current.Response.End();
        }
    }

    /// <summary>
    /// 获取当前管理员 Id
    /// </summary>
    /// <returns></returns>
    public static int GetManagerId()
    {
        int id=0;
        try
        {
            HttpCookie Manager_Cookie=
            HttpContext.Current.Request.Cookies["Manager_Cookie"];
            if (Manager_Cookie!=null)
            {
                id=int.Parse(Manager_Cookie.Values["Manager_ID"]);
            }
        } catch   {   }
        return id;
    }

    /// <summary>
    /// 获取当前管理员 Id
    /// </summary>
    /// <returns></returns>
    public static string GetManagerLoginName()
    {
        string loginname="";
        try
        {
```

```
            HttpCookie Manager_Cookie=
            HttpContext.Current.Request.Cookies["Manager_Cookie"];
            if (Manager_Cookie!=null)
            {
                loginname=Manager_Cookie.Values["LoginName"];
            }
        } catch   {   }
        return loginname;
    }
    /// <summary>
    /// 保存当前管理员 Cookies
    /// </summary>
    /// <param name="model"></param>
    private void SaveCookies(Model.Manager model)
    {
        try
        {
            HttpCookie Manager_Cookie=new HttpCookie("Manager_Cookie");
            Manager_Cookie.Values["Manager_ID"]=model.ID.ToString();
            Manager_Cookie.Values["Manager_LoginName"]=model.LoginName;
            Manager_Cookie.Expires=DateTime.Now.AddHours(12);
            HttpContext.Current.Response.Cookies.Add(Manager_Cookie);
        } catch  {   }
    }

    /// <summary>
    /// 删除当前管理员 Cookies
    /// </summary>
    public static void DeleteCookies()
    {
        try
        {
            HttpCookie Manager_Cookie=
            HttpContext.Current.Request.Cookies["Manager_Cookie"];
            if (Manager_Cookie!=null)
            {
                TimeSpan ts=new TimeSpan(-1, 0, 0, 0);
                //删除整个 Cookie，只要把过期时间设置为当前
                Manager_Cookie.Expires=DateTime.Now.Add(ts);
                HttpContext.Current.Response.AppendCookie(Manager_Cookie);
            }
        } catch  {   }
    }
    }
```

最后完成其他的业务层，如图 11-43 所示。

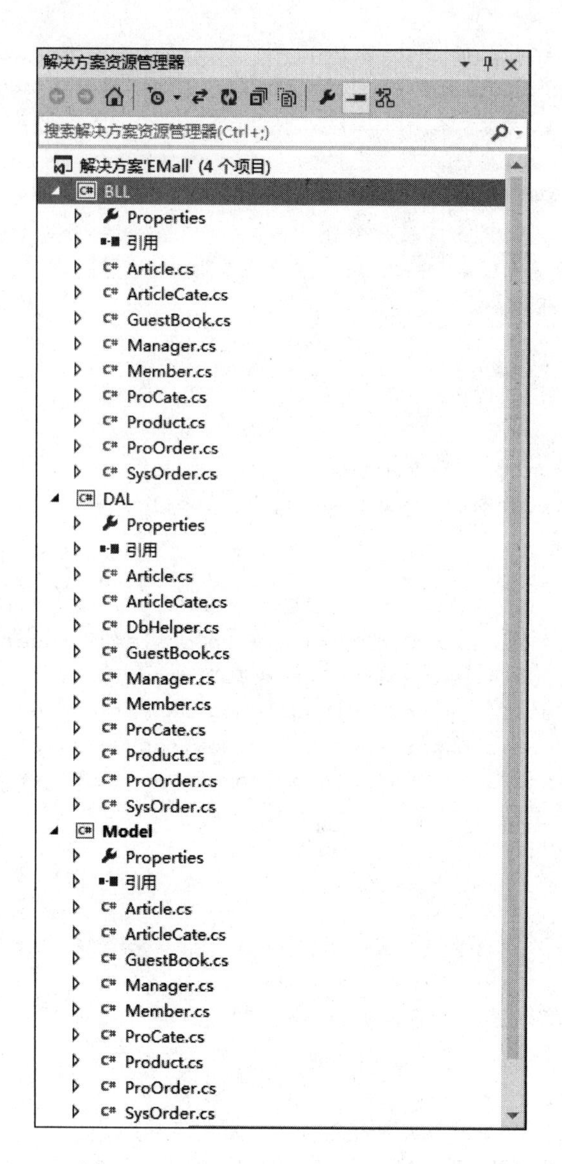

图 11-43　Model、DAL、BLL 三层架构

小　　结

本章主要描述了商城总体需求，并以此为基础，进行了数据库设计，然后以数据表 Manager 为例，详细描述了如何实现其模型层、数据访问层和业务层。通过学习本章，应该了解：

（1）理清业务需求是开发一个项目的基础，也是重要的环节。建议重要的业务逻辑采用流程图的形式表达，这样比较直观，易于理解交流。

（2）明确功能模块，为数据库设计提供良好的基础。

（3）模型层的基础类一般与数据库中的表一一对应，建议类中的字段名与表中的字段名保持一致。

（4）在程序中生成访问数据库的 SQL 语句时，建议采用参数形式，避免数据库注入式攻击。

（5）掌握在 Model、DAL、BLL 三层中创建基础类并实现基本功能的方法。

（6）掌握引用其他工程、其他第三方组件的方法。

练　习

本章以数据表 Manager 为例，详细讲解了在 Model 层、DAL 层和 BLL 层中如何实现相应的 Manager 类。请参照相关描述，完成其他 8 张数据表在相应层中的实现。

第 12 章　后台信息维护

学习目标：

- 了解后台环境的搭建。
- 了解第三方控件的添加和使用。
- 实现后台信息维护功能。

后台主要是验证管理员登录，管理产品、文章、订单、会员、投诉等信息。下面一步步完成这些功能。

12.1　搭建后台环境

从本章开始，将完成电子商城的后台功能（见图 12-1），此时需要用到大量的 HTML、CSS、JavaScript 资源。这里首先将环境搭建好。

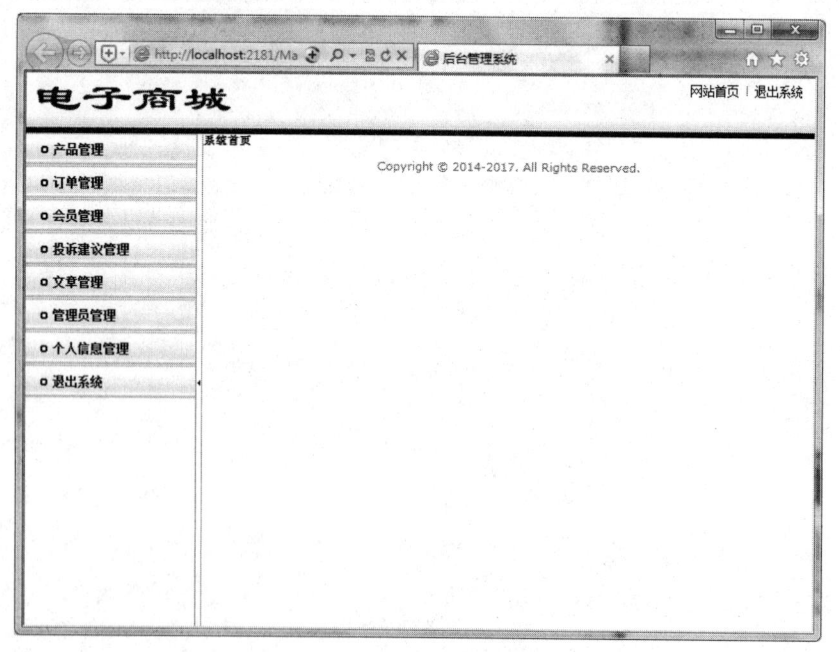

图 12-1　运行效果图

1. 建立功能划分所需文件夹

添加一个 Manage 文件夹，在 Web 层右击，在弹出的快捷菜单中选择“新建文件夹”命令（见

图 12-2），将“新文件夹 1”（见图 12-3）重命名为 Manage，此文件夹为后台管理的总文件夹，如图 12-4 所示。

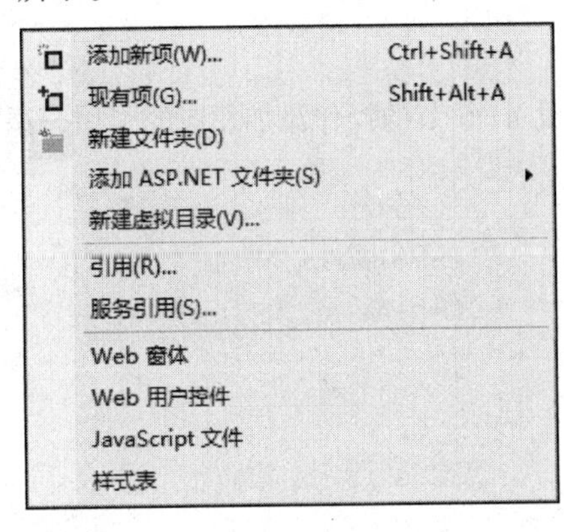

图 12-2　新建文件夹

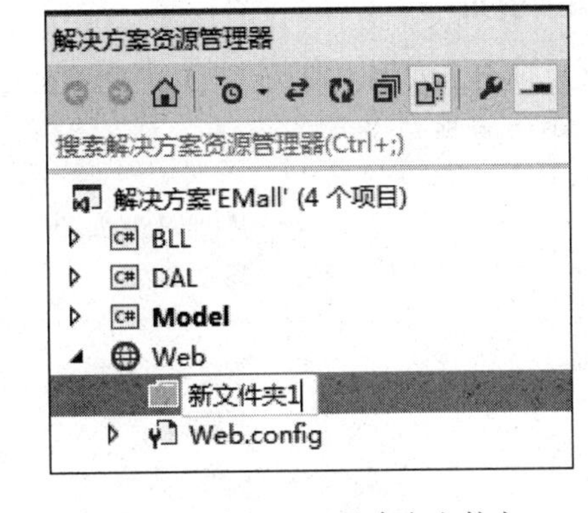

图 12-3　重命名文件夹

用同样的方法，在 Manager 下建立 Article、css、GuestBook、images、javascript、Manager、Member、Order、Product 等文件夹，如图 12-5 所示。

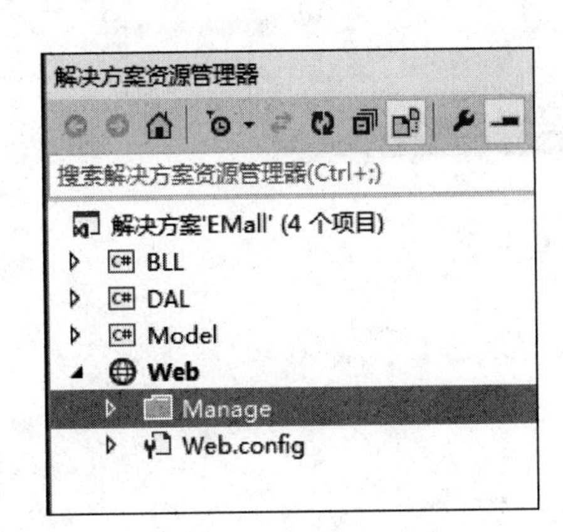

图 12-4　重命名为 Manage

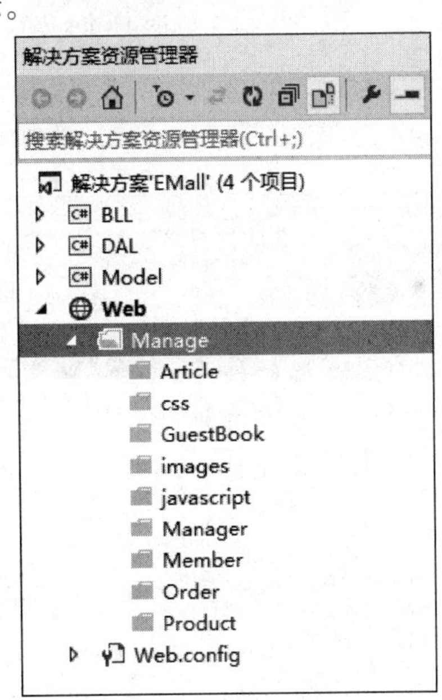

图 12-5　后台文件夹与功能划分

（1）Article：文章、文章分类管理功能。

（2）css：后台样式表。

（3）GuestBook：投诉建议功能。

（4）images：后台需要用到的所有图片。

（5）javascript：后台需要用到的客户端脚本。

（6）Manager：管理员管理功能。

（7）Member：会员管理功能。

（8）Order：订单管理功能。

（9）Product：产品、产品分类管理功能。

2. 添加引用

在 Web 项目上右击，选择“引用”命令，参见 11.6 节的操作添加相应的引用，添加方法如图 12-6、图 12-7 所示。

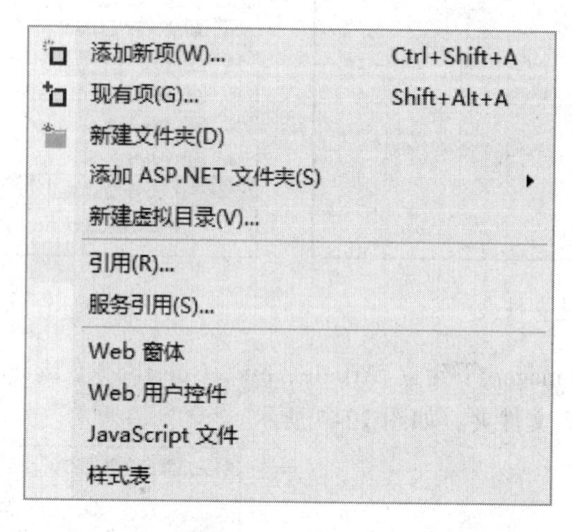

图 12-6 添加引用

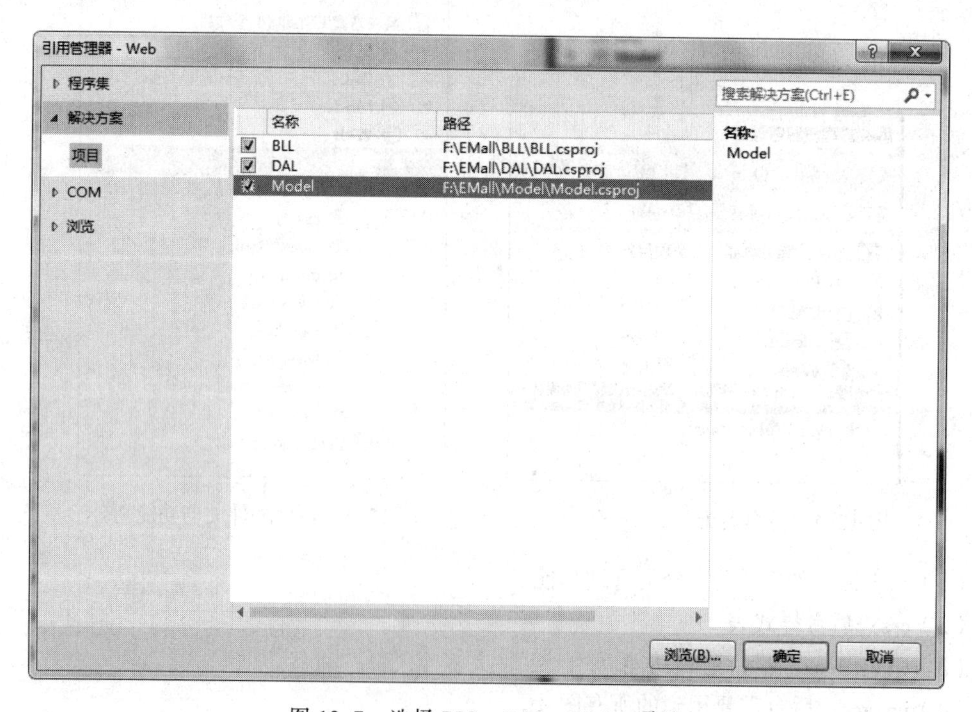

图 12-7 选择 BLL、DAL、Model 项目

3. 前端用户体验

加入所需的 CSS 样式、JavaScript 脚本（见图 12-8）、images 图片（见图 12-9）。

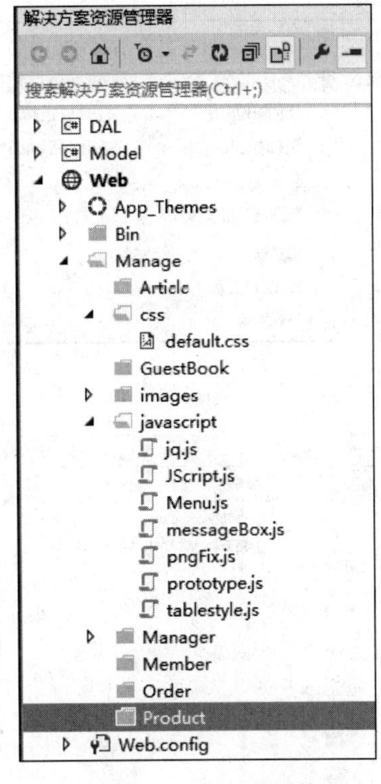

图 12-8　添加前端体验

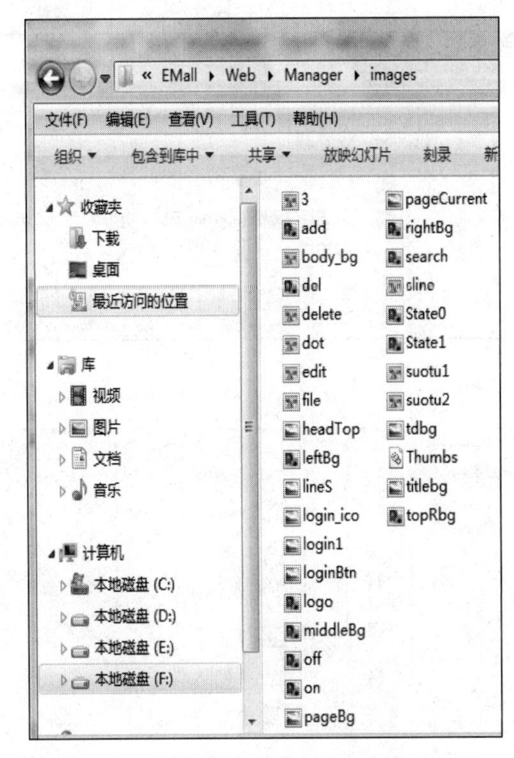

图 12-9　后台所需图片

4. 添加主题

右击站点，在弹出的快捷菜单中选择“添加 ASP.NET 文件夹”→“主题”命令（见图 12-10），将新建的主题文件夹重命名为 default，在 default 文件夹中右击，在弹出的快捷菜单中选择“添加”→“添加新项”命令，在弹出的“添加新项”对话框（见图 12-11）中选择“外观文件”，在“名称”文本中输入 default.skin（见图 12-12），单击“添加”按钮。

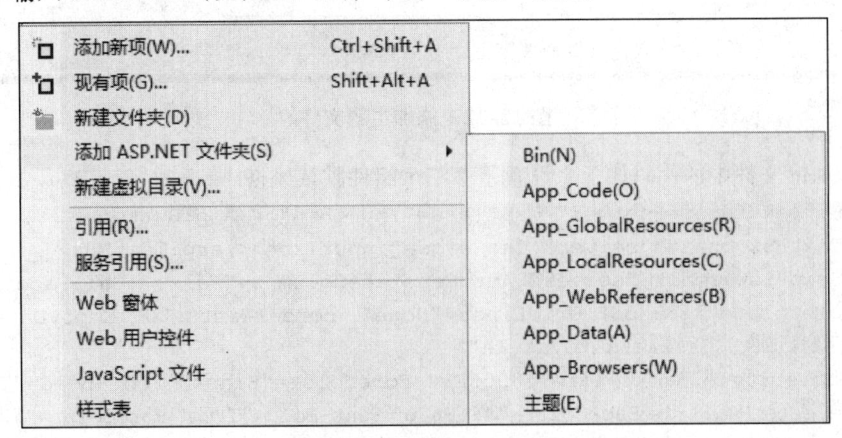

图 12-10　快捷菜单

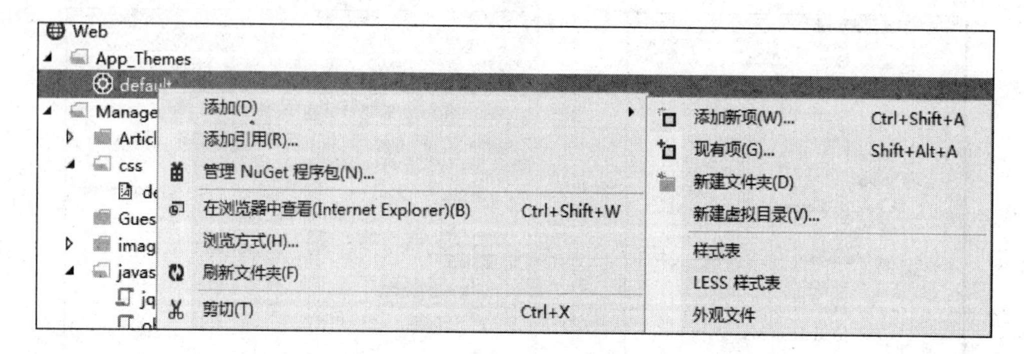

图 12-11 添加主题

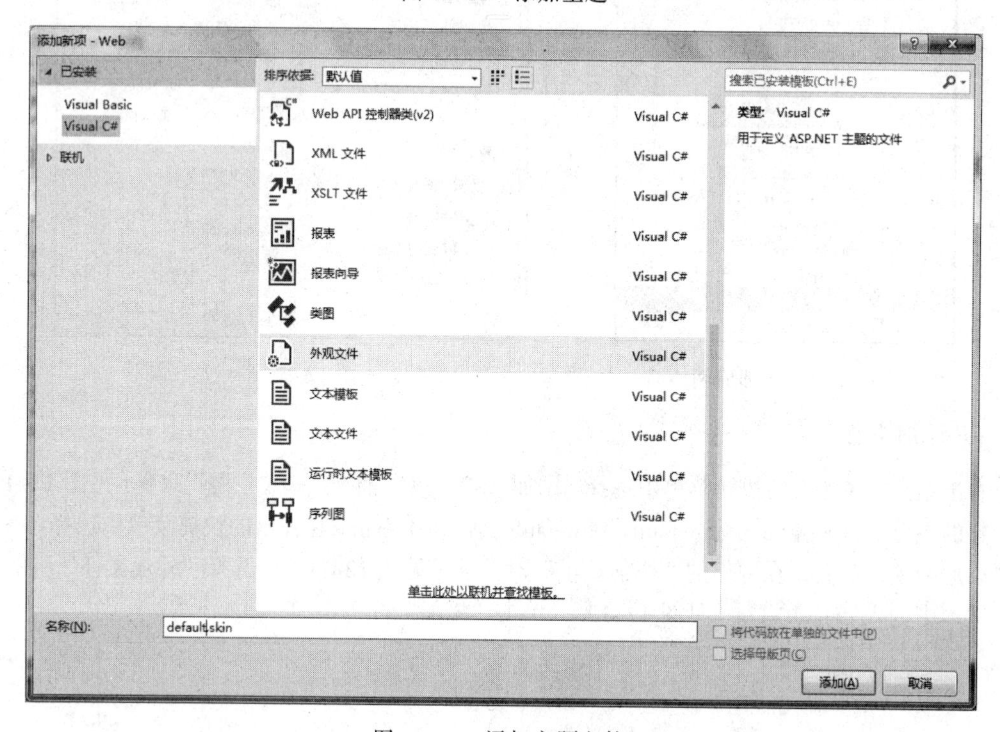

图 12-12 添加主题文件

Default.skin 文件中的代码如下，设置了 3 三个组件默认风格。

```
<asp:Button runat="server" CssClass="inputBtn"></asp:Button>
<asp:TextBox runat="server" CssClass="inputTxb"></asp:TextBox>
<asp:GridView runat="server" AutoGenerateColumns="False" CellPadding="4"
    ForeColor="#333333" GridLines="None" BorderWidth="0" EmptyDataText="没
    有数据记录" CssClass="GVstyle">
   <FooterStyle BackColor="#000FFF" ForeColor="Black" Font-Bold="True" />
   <SelectedRowStyle BackColor="#F6F6F6" Font-Bold="True" ForeColor="#333333" />
   <PagerStyle BackColor="White" ForeColor="Black" HorizontalAlign="Center" />
   <HeaderStyle Font-Size="12px" Height="30px" />
   <EmptyDataRowStyle BackColor="#FFFFCC" ForeColor="Black" BorderColor=
   "#ccc" BorderStyle="Solid" BorderWidth="1px" Font-Bold="True" Font-Size=
   "12px" Height="60px" HorizontalAlign="Center" Width="100%" />
```

```
    <RowStyle BackColor="#F7F6F3" ForeColor="Black" Font-Size="12px" Height=
    "30px" />
    <EditRowStyle BackColor="#999999" />
    <AlternatingRowStyle BackColor="White" ForeColor="Desktop" />
</asp:GridView>
```

5．修改配置文件

在 Web.config 中添加<appSettings></ appSettings>，并添加 connectionString 的 key，value 的值为"server=127.0.0.1;database=EMall;uid=sa;pwd=qwertyuiop"，添加 ValidationSettings:UnobtrusiveValidationMode 的 key，value 的值为 None，如图 12-13 所示。

```
<configuration>
  <appSettings>
    <add key="connectionString" value="server=127.0.0.1;database=EMall;uid=sa;pwd=qwertyuiop"/>
    <add key="ValidationSettings:UnobtrusiveValidationMode" value="None" />
  </appSettings>
    <system.web>
      <compilation debug="true" targetFramework="4.5" />
      <httpRuntime targetFramework="4.5" />
    </system.web>

</configuration>
```

图 12-13　添加数据库连接字符串

在<system.web></system.web>中添加<pages theme="default"></pages>，如图 12-14。

```
<configuration>
  <appSettings>
    <add key="connectionString" value="server=127.0.0.1;database=EMall;uid=sa;pwd=qwertyuiop"/>
    <add key="ValidationSettings:UnobtrusiveValidationMode" value="None" />
  </appSettings>
    <system.web>
      <pages theme="default"></pages>
      <compilation debug="true" targetFramework="4.5" />
      <httpRuntime targetFramework="4.5" />
    </system.web>

</configuration>
```

图 12-14　配置主题

6．后台框架

（1）后台框架页面：添加 5 个页面，Control.aspx、Control2.aspx、Left.aspx、Top.aspx、Welcome.aspx（见图 12-15），各页面关系如图 12-16 所示。

- Control.aspx：页面总框架，包括上边与下边。
- Top.aspx：头部页面，显示商城 Logo，当前登录操作人等其他信息。
- Control2.aspx：页面下边的总框架，包括左边与右边，左边是菜单，右边是其他功能操作页面。
- Left.aspx：左边菜单页面，分为主菜单与子菜单，主菜单可上下收缩.
- Welcome.aspx：管理员登录第一个页面，可放些需及时处理信息的提示。

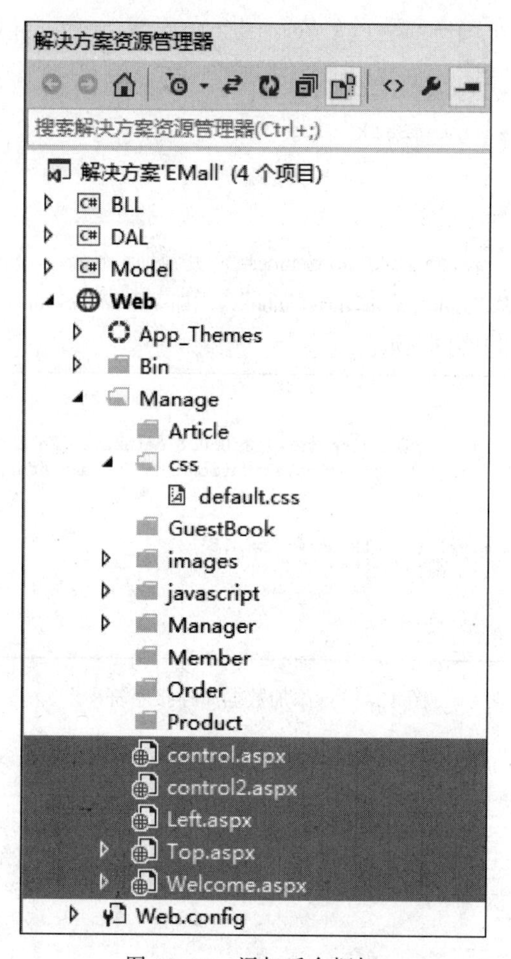

图 12-15　添加后台框架

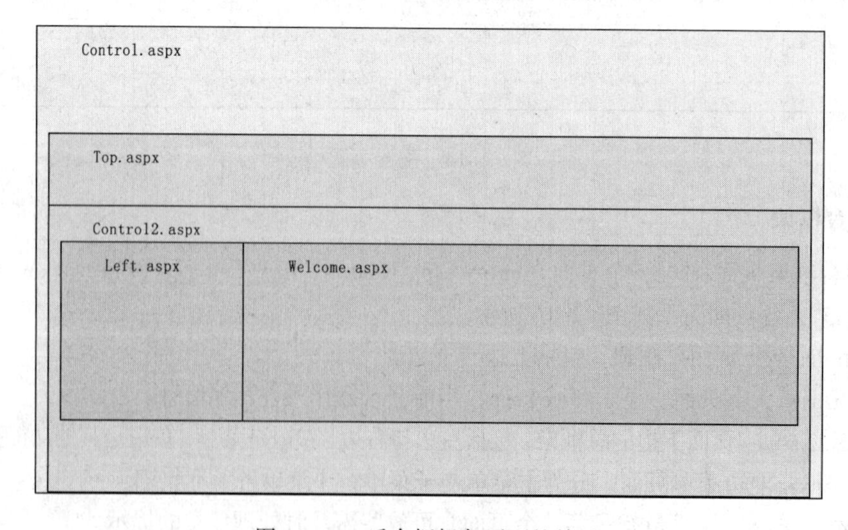

图 12-16　后台框架各页面的关系

（2）Control.aspx：页面总框架，包括上面与下面。

```
<html>
<head>
   <title>后台管理系统</title>
</head>
<frameset rows="58,*" cols="*" border="0" id="all">
   <frame src="Top.aspx" name="head" scrolling="no" noresize id="head">
   <frame   src="control2.aspx"   name="main"   scrolling="no"   noresize
id="bottom">
</frameset>
</html>
```

（3）Top.aspx：头部页面。

```
Control2.aspx: 页面下边的总框架，包括左边与右边
<html>
<head>
   <title>后台管理系统</title>
   <script src="javascript/Menu.js" type="text/javascript"></script>
   <style>
   *{margin:0px;padding:0px;}
</style>
</head>
<body style="margin: 0px" scroll="no">
   <table border="0" cellpadding="0" cellspacing="0" height="100%" width=
      "100%">
      <tr>
         <td nowrap id="frmTitle">
            <iframe frameborder="0" id="carnoc" name="carnoc"
            scrolling="no" src="Left.aspx" style="height: 100%;
            visibility: inherit; width: 170px; z-index: 2"></iframe>
         </td>
         <td>
            <table border="0" cellpadding="0" cellspacing="0" height="100%"
            style="border-left: 1px solid #8B8B8B;border-right: 1px solid
               #8B8B8B;
            cursor: hand; background: url(../images/lineBgS.jpg) repeat-y;
            margin: 0px; padding: 0px;">
               <tr>
                  <td style="height: 100%; width: 5px;"
                  onclick="switchSysBar()">
                     <img id="suotu" src="images/suotu1.gif"
                     title="关闭/打开左栏" style="margin: 0px 1px;">
                  </td>
               </tr>
            </table>
         </td>
         <td style="width: 100%">
            <iframe frameborder="0" id="main" name="right" scrolling="yes"
            src="Welcome.aspx" style="height: 100%; visibility: Inherit;
            width: 100%; z-index: 1"></iframe>
         </td>
      </tr>
```

```
    </table>
    <input id="switchPoint" type="hidden" value="3" />
</body>
</html>
```

（4）Left.aspx：左边菜单页面。

```
<!DOCTYPE html PUBLIC "-//W3C//DTD XHTML 1.0 Transitional//EN" "http://www.w3.
org/TR/xhtml1/DTD/xhtml1-transitional.dtd">
<html xmlns="http://www.w3.org/1999/xhtml">
<head>
    <title>后台管理系统</title>
    <meta http-equiv="Content-Type" content="text/html; charset=utf-8" />
    <script src="javascript/jq.js" type="text/javascript"></script>
    <style type="text/css">
        *{margin:0px; padding:0px; }
        body{font-size:12px; font-family:宋体,Arial; }
        a {color: #000; text-decoration: none; }
        a:hover{color: #000; text-decoration: none; }
    .widget-title{padding-left:10px; background: url(images/titlebg.jpg);
    _padding-top:10px; _height:22px; line-height:32px;
    font-size:12px; line-height:32px; cursor:pointer; }
    .changeIco{margin:0px 5px; }
        .widget ul li a{
        background:url(images/tdbg.jpg) no-repeat top left;
        display:block;height:25px;width:170px;line-height:25px;padding-left:
        30px;
        }
        .widget ul li a:hover{background:url(images/tdbg.jpg) no-repeat bottom
        left;display:block;height:25px;width:170px;line-height:25px;padding
        -left:30px;}
        .hrline{border-bottom:1px solid #eee;font-size:0px;}
    </style>
    <script type="text/javascript" charset="utf-8">
     //这是jQuery框架，大家只要会用就行了
     var $=jQuery;
     $(document).ready(function(){
         $('li.widget>ul').hide();
         $('li.widget>h3').click(function(){
             var content=$(this).next();
             var others=content.parent().siblings("li.widget").find("ul:visible");
             if (others.length) {
               others.slideUp('fast', function(){
                 content.slideToggle('fast');
               });
             } else {
               content.slideToggle('fast');
             }
         });
     });
    </script>
</head>
```

```
<body>
    <form id="form1">
        <ul class="xoxo">
            <li class="widget">
                <h3 class="widget-title">
                    <img src="images/3.gif" class="changeIco" alt="" />
                    产品管理</h3>
                <ul>
                    <li><a href="Product/ProductAdd.aspx" target="right">
                    添加产品</a></li>
                    <li><a href="Product/ProductList.aspx" target="right">
                    产品管理</a></li>
                    //省略…
                </ul>
            </li>
            <li class="widget">
                <h3 class="widget-title">
                    <img src="images/3.gif" class="changeIco" alt="" />
                    订单管理</h3>
                <ul>
                    <li><a href="Order/OrderList.aspx" target="right">
                    订单列表</a></li>
                </ul>
            </li>
            //省略…
            <li class="widget">
                <h3 class="widget-title">
                    <img src="images/3.gif" class="changeIco" alt="" />
                    文章管理</h3>
                <ul>
                    <li><a href="Article/ArticleAdd.aspx" target="right">
                    添加文章</a></li>
                    // 省略……
                </ul>
            </li>
            <li class="widget">
                <h3 class="widget-title">
                    <img src="images/3.gif" class="changeIco" alt="" />
                    管理员管理</h3>
                <ul>
                    <li><a href="Manager/ManagerAdd.aspx" target="right">
                    添加管理员</a></li>
                    // 省略……
                </ul>
            </li>
            // 省略……
            <li class="widget">
                <h3 class="widget-title">
                    <img src="images/3.gif" class="changeIco" alt="" />
                    <a href="Logout.aspx" target="right">退出系统</a>
```

```
            </h3>
        </li>
    </ul>
    <script type="text/javascript">
        $("a").focus(function(){this.blur()});
        $(".widget ul li a")
        .mouseover(function(){$(this).css("background-position","bottom
        left")})
        .mouseout(function(){$(this)
        .css("background-position","top left")})
        .click(function(){
        $(".widget ul li a")
        .css("background-position","top left");
        $(".widget ul li a")
        .mouseout(function(){$(this)
        .css("background-position","top left")})
        $(this).css("background-position","bottom left");
        $(this).mouseout(function(){$(this)
        .css("background-position","bottom left")})
        });
    </script>
  </form>
</body>
</html>
```

（5）Control.aspx：管理员登录第一个页面，可放些需及时处理的信息的提示，如图 12-17 所示。

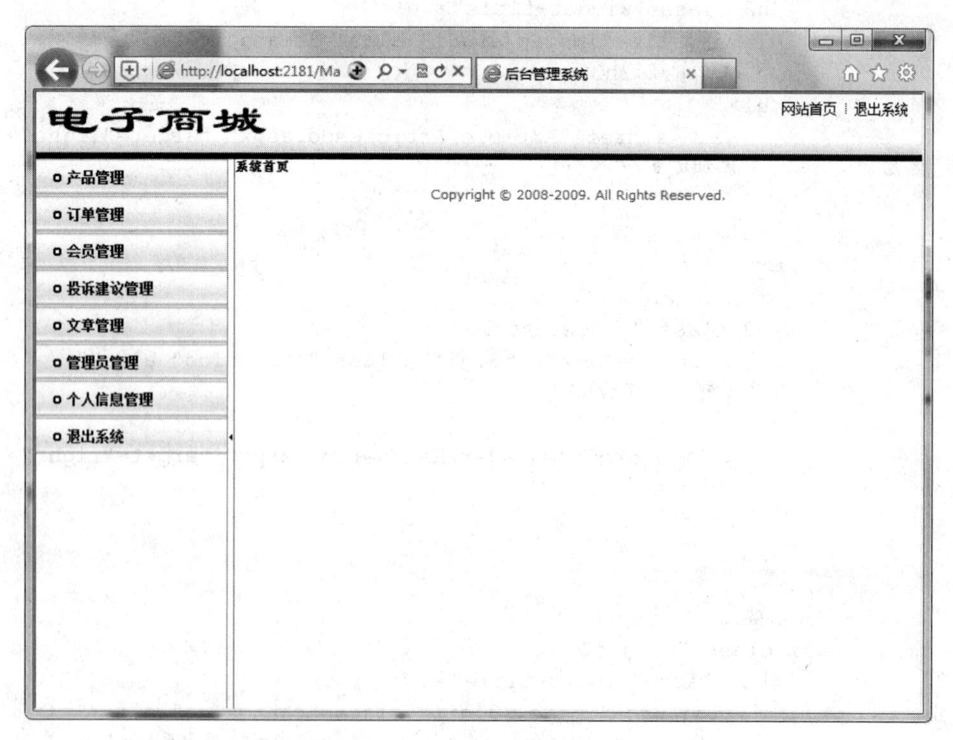

图 12-17　后台框架及功能

7. 登录与注销

管理员后台登录页面是验证管理用户名和密码是否正确，并利用 Session 或 Cookies 保存相应的信息，以便后台有权操作。运行效果如图 12-18 所示。

在 Manager 目录下，添加 Login.aspx、Logout.aspx，如图 12-19 所示。

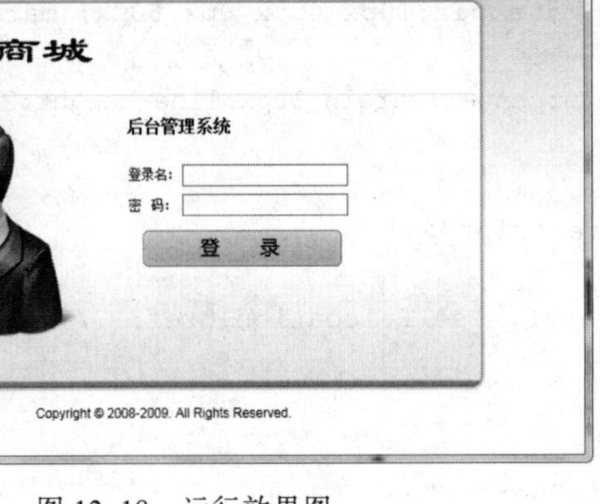

图 12-18　运行效果图

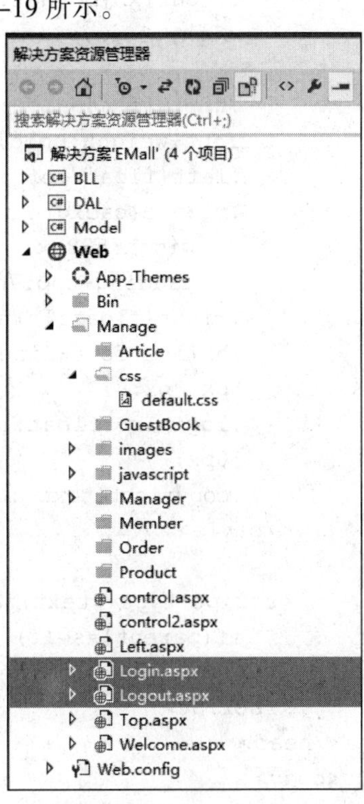

图 12-19　添加登录和注销页面

（1）Login.aspx：登录页面 .

```
<%@ Page Language="C#" AutoEventWireup="true" CodeFile="Login.aspx.cs"
Inherits="Manage_Login" %>

<!DOCTYPE html PUBLIC "-//W3C//DTD XHTML 1.0 Transitional//EN"
"http://www.w3.org/TR/xhtml1/DTD/xhtml1-transitional.dtd">
<html xmlns="http://www.w3.org/1999/xhtml">
<head>
    <title>后台管理系统</title>
    <style type="text/css">
        *{margin:0px; padding:0px; }
        body{font-size:12px; font-family:Arial; background:url(Images/body_
        bg.gif); }
        html{scrollbar-face-color:#f6f6f6; scrollbar-highlight-color: #ffffff;
              scrollbar-shadow-color: #cccccc; scrollbar-3dlight-color: #cccccc;
              scrollbar-arrow-color: #330000; scrollbar-track-color: #f6f6f6;
              scrollbar-darkshadow-color: #ffffff}
        img{border:0px; }
```

```
        A:link, A:active{color: #666; text-decoration: none; }
        A:visited{color: #000; text-decoration: none; }
        A:hover{color: #000; text-decoration: none; }
        #warp{width:619px; margin:120px auto 0px auto; }
        .inputTxb{border:1px solid #277CBF; width:150px; padding-left:3px;
        height:18px; line-height:18px; }

        .title{font-size:16px; margin:20px 0px; #margin:40px 0px 20px 0px;
        font-weight:bold; }
        .left{float:left; }
        .middle{background:url(images/middleBg.png) repeat-x;
            width:588px; _width:585px; height:352px;
            padding-top:7px; float:left; }
        .right{float:left; }
        .hrline{font-size:0px;border:0px;height:1px;background:#eee;margin:
        5px 0px; }
        .loginIco{float:left;margin:10px 40px 0px 60px;_margin:10px 40px 0px
        30px; }
        .copyright{text-align:center;margin:10px;line-height:20px;height:20px; }
    </style>

    <script type="text/javascript">
        if(parent!=self)
        { parent.location.href = self.location.href; //框架 }
    </script>
</head>
<body>
    <form id="form1" runat="server">
        <div id="warp">
            <div class="left"><img src="images/leftBg.png" alt="" /></div>
            <div class="middle">
                <p><img src="images/login1.jpg" alt="" /></p>
                <p class="hrline"></p>
                <div class="loginIco"><img src="images/login_ico.jpg" alt=""
                /></div>
                <div class="title">后台管理系统</div>
                <table>
                    <tr>
                        <td style="height:25px;">
                            <label for="txt_AdminName">登录名: </label>
                        </td>
                        <td>
                            <asp:TextBox ID="txtLoginName" runat="server"
                            CssClass="inputTxb"></asp:TextBox>
                            <asp:RequiredFieldValidator
                            ID="RequiredFieldValidator1" runat="server"
                            ErrorMessage="*" ControlToValidate="txtLoginName">
                            </asp:RequiredFieldValidator>
```

```
                </td>
            </tr>
            <tr>
                <td style="height:25px;">
                    <label for="txt_AdminPwd">
                        密   码:
                    </label>
                </td>
                <td>
                    <asp:TextBox ID="txtPassword" runat="server"
                    TextMode="Password" CssClass="inputTxb">
                    </asp:TextBox>
                    <asp:RequiredFieldValidator
                    ID="RequiredFieldValidator2" runat="server"
                    ErrorMessage="*"  ControlToValidate="txtPassword">
                    </asp:RequiredFieldValidator>
                </td>
            </tr>
            <tr>
                <td colspan="2" align="center" style="height:50px;"
                valign="middle">
                    <asp:ImageButton ID="btnLogin"
                    ImageUrl="images/loginBtn.jpg"
                    runat="server" OnClick="btn_Login_Click" />
                </td>
            </tr>
        </table>
    </div>
    <div class="right"><img src="images/rightBg.png" alt="" /></div>
    <div style="clear: both;"> </div>
    <p class="copyright">Copyright © 2008-2009. All Rights Reserved.
    </p>
  </div>
 </form>
</body>
</html>
```

（2）Login.aspx.cs 后台代码：

```
using System;

public partial class Manage_Login : System.Web.UI.Page
{
   protected void btn_Login_Click(object sender, EventArgs e)
   {
       string LoginName=txtLoginName.Text;
       string Password=txtPassword.Text;

       BLL.Manager bll=new BLL.Manager();
       if (bll.ValManager(LoginName, Password)!=null)
```

```
        {
            Response.Redirect("control.aspx", true);
        }
        else
        {
            MessageBox("fail", "管理员登录名或密码错误！");
            txtLoginName.Text="";
            txtPassword.Text="";
            txtLoginName.Focus();
        }
    }

    public void MessageBox(string strKey, string strInfo)
    {
        if (!ClientScript.IsStartupScriptRegistered(strKey))
        {
            string strjs = "alert('" + strInfo + "');";
            ClientScript.RegisterStartupScript(this.GetType(), strKey, strjs,
            true);
        }
    }
}
```

（3）Logout.aspx：注销页面代码。

```
<%@ Page Language="C#" AutoEventWireup="true" CodeFile="Logout.aspx.cs"
Inherits="Manage_Logout" %>
```

（4）Logout.aspx.cs：后台代码。

```
using System;

public partial class Manage_Logout : System.Web.UI.Page
{
    protected void Page_Load(object sender, EventArgs e)
    {
        BLL.Manager.DeleteCookies();
        Response.Redirect("Login.aspx", true);
    }
}
```

12.2 添加管理员

一个好的网站业务量大，需要多个人管理，可添加管理员。在 Manager 文件夹下，添加 ManagerAdd.aspx、ManagerEdit.aspx、ManagerList.aspx 三个页面，如图 12-20 所示。其中，添加管理员界面分为左右两边，左边是需要输入的文字提示，右边是需要输入的信息，如登录名、密码、校验密码等，如图 12-21 所示。单击“保存”按钮，若成功直接返回列表，否则提示“添加失败”。

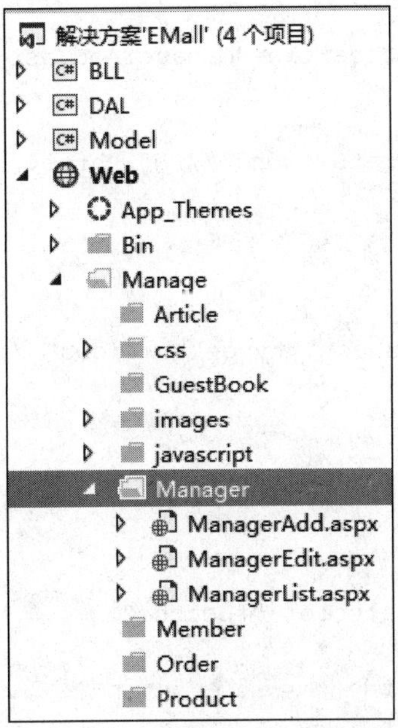

图 12-20　添加管理员管理模块所需页面

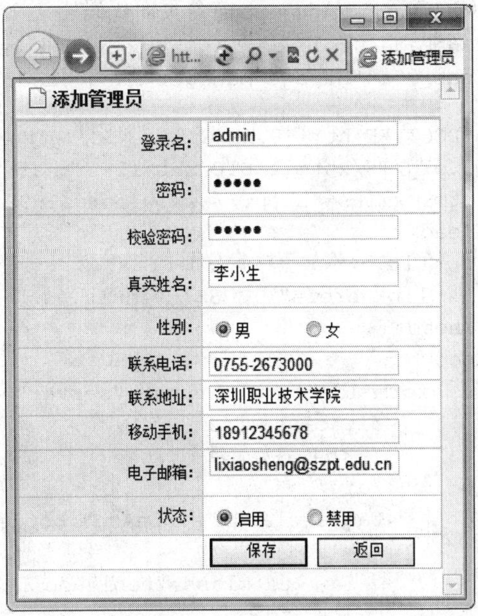

图 12-21　添加管理员界面

在 Manager 文件夹下添加 ManagerAdd.aspx 页面，在<head></head>之间加载 CSS 样式表，"title" 改为"添加管理员"，在<form></form>中添加一个 div，class 设置为 title，再添加一个 9 行 2 列表格，将第一列的<td>的 class 都设置为 tableAdd_L，并根据数据库中 Manage 表的字段，加入新建管理员时所需的表单域，效果如图 12-22 所示。

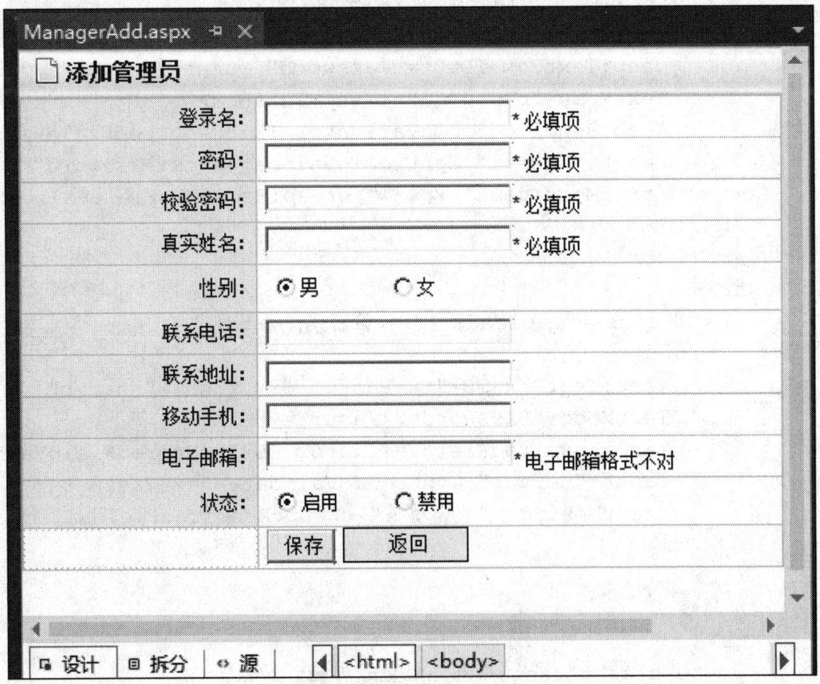

图 12-22　添加管理员界面

（1）ManagerAdd.aspx前台页面代码

```
<%@ Page Language="C#" AutoEventWireup="true" CodeFile="ManagerAdd.aspx.cs"
Inherits="Manage_Manager_ManagerAdd" %>

<!DOCTYPE html PUBLIC "-//W3C//DTD XHTML 1.0 Transitional//EN" "http://www.
w3.org/TR/xhtml1/DTD/xhtml1-transitional.dtd">
<html xmlns="http://www.w3.org/1999/xhtml">
<head>
   <title>添加管理员</title>
   <link href="../CSS/default.css" rel="stylesheet" type="text/css" />
</head>
<body>
   <form id="form1" runat="server">
      <div class="title">
         <h4>添加管理员</h4>
      </div>
      <table class="tableAdd" border="1" bordercolor="#cccccc">
         <tr>
            <td class="tableAdd_L">登录名: </td>
            <td>
               <asp:TextBox ID="txtLoginName" runat="server"></asp:TextBox>
               <asp:RequiredFieldValidator ID="RequiredFieldValidator1"
               runat="server" ControlToValidate="txtLoginName"
               ErrorMessage="* 必填项"></asp:RequiredFieldValidator>
            </td>
         </tr>
         <tr>
            <td class="tableAdd_L">密码: </td>
            <td>
               <asp:TextBox ID="txtPassword" runat="server"
               TextMode="password"></asp:TextBox>
               <asp:RequiredFieldValidator ID="RequiredFieldValidator2"
               runat="server" ControlToValidate="txtPassword"
               ErrorMessage="* 必填项"></asp:RequiredFieldValidator>
            </td>
         </tr>
         <tr>
            <td class="tableAdd_L">校验密码: </td>
            <td>
               <asp:TextBox ID="txtPassword2" runat="server"
               TextMode="Password"></asp:TextBox>
               <asp:RequiredFieldValidator ID="RequiredFieldValidator3"
               runat="server" ControlToValidate="txtPassword2"
               ErrorMessage="* 必填项"></asp:RequiredFieldValidator>
            </td>
         </tr>
         // 省略……
         <tr>
            <td class="tableAdd_L">电子邮箱: </td>
            <td>
```

```
                <asp:TextBox ID="txtEmail" runat="server"></asp:TextBox>
                <asp:RegularExpressionValidator
                ID="RegularExpressionValidator1"
                runat="server" ControlToValidate="txtEmail"
                ErrorMessage="* 电子邮箱格式不对"
       ValidationExpression="\w+([-+.']\w+)*@\w+([-.]\w+)*\.\w+([-.]\w+)*"/>
            </td>
        </tr>
        // 省略......
        <tr>
            <td></td>
            <td>
                <asp:Button ID="btnAdd" runat="server" Text="保存"
                OnClick="btnAdd_Click"></asp:Button>
                <input type="button" value="返回" class="inputBtn"
                onclick="javascript:return window.location='ManagerList.aspx';"/>
            </td>
        </tr>
    </table>
  </form>
</body>
</html>
```

（2）ManagerAdd.aspx.cs 后台代码：

```
using System;

public partial class Manage_Manager_ManagerAdd : System.Web.UI.Page
{
    protected void Page_Load(object sender, EventArgs e)
    {
        // 验证管理员是否登录
        BLL.Manager.CheckLogin();
    }

    /// <summary>
    /// 单击“保存”按钮
    /// </summary>
    /// <param name="sender"></param>
    /// <param name="e"></param>
    protected void btnAdd_Click(object sender, EventArgs e)
    {
        string LoginName=txtLoginName.Text;
        string Password=txtPassword.Text;
        //省略
        Model.Manager model=new Model.Manager();
        model.LoginName=LoginName;
        model.Password=Password;
        //省略
        BLL.Manager bll=new BLL.Manager();
        if (bll.Add(model))
        { Response.Redirect("ManagerList.aspx", true); }
```

```
        else
        {ClientScript.RegisterStartupScript(this.GetType(),
        "fail", "alert('添加失败');", true);}
    }
}
```

12.3 管理员管理

ManagerList.aspx 页面列出所有管理员信息，登录名、真实姓名、联系方式等，可编辑、删除，如图 12-23 所示。单击“编辑”，进入编辑界面；单击“删除”，提示“是否确定删除”，单击“是”，按钮，删除成功，需重新绑定“GridView”，否则不删除。

图 12-23 管理员管理界面

在 Manager 文件夹中，添加 ManagerList.aspx 页面，页面中引用 CSS 样式表，添加一个 GridView，AutoGenerateColumns 属性设置为 False，DataKeyNames 为主键，OnRowDeleting 的属性为 GridView1_RowDeleting，按需求设置。

（1）ManagerList.aspx 管理员管理前台代码

```
<%@ Page Language="C#" AutoEventWireup="true" CodeFile="ManagerList.aspx.cs"
Inherits="Manage_Manager_ManagerList" %>

<!DOCTYPE html PUBLIC "-//W3C//DTD XHTML 1.0 Transitional//EN" "http://www.w3.
org/TR/xhtml1/DTD/xhtml1-transitional.dtd">
<html xmlns="http://www.w3.org/1999/xhtml">
<head>
    <title>管理员管理</title>
    <link href="../CSS/default.css" rel="stylesheet" type="text/css" />
</head>
<body>
    <form id="form1" runat="server">
        <div class="title">
            <h4>
```

```
        管理员管理</h4>
    </div>
    <div class="warp">
        <asp:GridView ID="GridView1" runat="server" AutoGenerateColumns=
        "False" DataKeyNames="Id"
            OnRowDeleting="GridView1_RowDeleting" Width="100%">
            <Columns>
                <asp:BoundField DataField="LoginName"
                HeaderText="登录账号">
                    <ItemStyle HorizontalAlign="Center" CssClass="line" />
                </asp:BoundField>
                // 省略….
                <asp:TemplateField HeaderText="性别">
                    <ItemTemplate>
                        <%#Eval("Sex").ToString().Equals("1") ? "男" : "女" %>
                    </ItemTemplate>
                    <ItemStyle HorizontalAlign="Center" CssClass="line" />
                </asp:TemplateField>
                // 省略….
                <asp:TemplateField HeaderText="状态">
                    <ItemTemplate>
                        <img alt=""
                        src="../Images/State<%# Eval("State") %>.png" />
                    </ItemTemplate>
                    <ItemStyle CssClass="line" HorizontalAlign="Center" />
                </asp:TemplateField>
                <asp:TemplateField HeaderText="编辑">
                    <ItemTemplate>
                        <asp:HyperLinkID="lnkEdit"runat="server"NavigateUrl
                        ='<%# Eval("ID", "ManagerEdit.aspx?ID={0}") %>'
                            ImageUrl="../Images/edit.gif"></asp:HyperLink>
                    </ItemTemplate>
                    <ItemStyle HorizontalAlign="Center" CssClass="line" />
                </asp:TemplateField>
                <asp:TemplateField HeaderText="删除">
                    <ItemTemplate>
                        <asp:LinkButton ID="lnkDel" runat="server" Causes
                        Validation= "False" CommandName="Delete"
                            OnClientClick='return confirm("你确认要删除吗? ")'>
                            <img src="../Images/delete.gif"alt="删除"style="
                            border:0px;"></asp: LinkButton>
                    </ItemTemplate>
                    <ItemStyle HorizontalAlign="Center" CssClass="line" />
                </asp:TemplateField>
            </Columns>
            <HeaderStyle CssClass="headerTitle" />
        </asp:GridView>
```

```
        </div>
    </form>
</body>
</html>
```

（2）ManagerList.aspx.cs 管理员管理后台代码：

```
using System;
using System.Data;
using System.Web.UI.WebControls;

public partial class Manage_Manager_ManagerList : System.Web.UI.Page
{
    protected void Page_Load(object sender, EventArgs e)
    {
        if (!IsPostBack)
        { databind(); }
    }
    /// <summary>
    /// 绑定数据
    /// </summary>
    private void databind()
    {
        BLL.Manager bll=new BLL.Manager();
        GridView1.DataSource=bll.GetAllList();
        GridView1.DataBind();
    }
    /// <summary>
    /// 删除记录
    /// </summary>
    protected void GridView1_RowDeleting(object sender, GridViewDeleteEventArgs e)
    {
        string Id = GridView1.DataKeys[e.RowIndex].Value.ToString();
        BLL.Manager bll = new BLL.Manager();
        if (bll.Delete(int.Parse(Id)))
        { databind(); }
        else
        { ClientScript.RegisterStartupScript(this.GetType(), "fail", "alert('
        删除失败');", true); }
    }
}
```

12.4 编辑管理员

在管理员管理页（ManagerList.aspx），单击一个需要编辑的管理员，进入管理员编辑页面（ManagerEdit.aspx），登录名不可编辑，密码框默认为空，如果未输入，不修改密码，如果不为空，则修改该管理员登录密码，电子邮箱、联系电话、联系地址等信息均可编辑，单击“保存”按钮，编辑成功直接返回到“管理员列表页”，否则提示“编辑失败”，如图 12-24 所示。

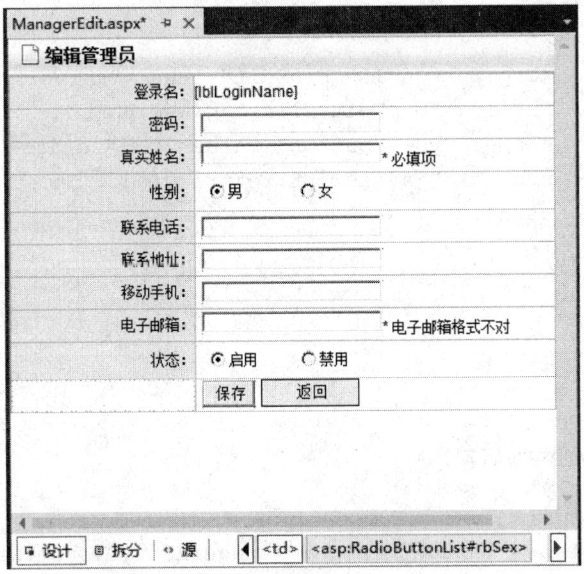

图 12-24　编辑管理员界面

（1）ManagerEdit.aspx 管理员编辑前台代码

```
<%@ Page Language="C#" AutoEventWireup="true" CodeFile="ManagerEdit.aspx.cs"
Inherits="Manage_Manager_ManagerEdit" %>

<!DOCTYPE html PUBLIC "-//W3C//DTD XHTML 1.0 Transitional//EN" "http://www.w3.
org/TR/xhtml1/DTD/xhtml1-transitional.dtd">
<html xmlns="http://www.w3.org/1999/xhtml">
<head>
    <title>编辑管理员</title>
    <link href="../CSS/default.css" rel="stylesheet" type="text/css" />
</head>
<body>
    <form id="form1" runat="server">
        <div class="title">
            <h4>
                编辑管理员</h4>
        </div>
        <table class="tableAdd" border="1" bordercolor="#cccccc">
            <tr>
                <td class="tableAdd_L">登录名: </td>
                <td>
                    <asp:Label ID="lblLoginName" runat="server"></asp:Label>
                </td>
            </tr>
            // 省略......
            <tr>
                <td>
```

```
            </td>
            <td>
                <asp:Button ID="btnEdit" runat="server" Text="保存"
                OnClick="btnEdit_Click"></asp:Button>
                <input type="button" value="返回" class="inputBtn"
                onclick="javascript:return window.location='ManagerList.
                aspx';" />
            </td>
        </tr>
    </table>
  </form>
</body>
</html>
```

（2）ManagerEdit.aspx.cs 后台代码

```
using System;

public partial class Manage_Manager_ManagerEdit:System.Web.UI.Page
{
    protected void Page_Load(object sender, EventArgs e)
    {
        // 验证管理员是否登录
        BLL.Manager.CheckLogin();
        if (!IsPostBack)
        {
            string Id=Request.QueryString["Id"] + "";
            BLL.Manager bll=new BLL.Manager();
            Model.Manager model=bll.GetModel(int.Parse(Id));
            lblLoginName.Text=model.LoginName;
            // 省略……
        }
    }

    protected void btnEdit_Click(object sender, EventArgs e)
    {
        string Id=Request.QueryString["Id"] + "";
        BLL.Manager bll=new BLL.Manager();
        Model.Manager model=bll.GetModel(int.Parse(Id));
        string password=txtPassword.Text;
        if (password!="")
        { model.Password=password; }
        // 省略……
        if (bll.Update(model))
        {
            ClientScript.RegisterStartupScript(this.GetType(), "ok",
            "alert('管理员编辑成功');window.location='ManagerList.aspx';", true);
        }
        else
```

```
        {
            ClientScript.RegisterStartupScript(this.GetType(), "fail",
            "alert('管理员编辑失败');", true);
        }
    }
}
```

12.5　AspNetPager分页组件使用

AspNetPager是国内一个ASP.NET爱好者开发的GridView、DataList、Repeater数据组件常用的分页组件，下面介绍如何使用此组件。

（1）复制AspNetPager所需的文件到Bin目录下，如图12-25所示。

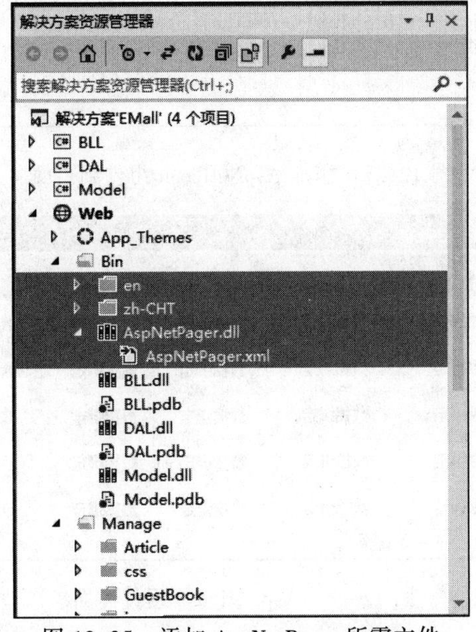

图12-25　添加AspNetPager所需文件

（2）使用Register页面指令注册到网页，如图12-26所示。

```
<%@ Page Language="C#" AutoEventWireup="true" CodeFile="MemberList.aspx.cs" Inherits="Manage_Member_MemberList" %>

<%@ Register Assembly="AspNetPager" Namespace="Wuqi.Webdiyer" TagPrefix="webdiyer" %>
<!DOCTYPE html PUBLIC "-//W3C//DTD XHTML 1.0 Transitional//EN"
 "http://www.w3.org/TR/xhtml1/DTD/xhtml1-transitional.dtd">
<html xmlns="http://www.w3.org/1999/xhtml">
<head runat="server">
    <title>无标题页</title>
    <link href="../CSS/default.css" rel="stylesheet" type="text/css" />
</head>
<body>
    <form id="form1" runat="server">
```

图12-26　注册到网面

（3）使用该命名空间标记，添加到网页中，并设置好其他属性，如图 12-27 所示。显示效果如图 12-28 所示。

```
<%@ Page Language="C#" AutoEventWireup="true" CodeFile="MemberList.aspx.cs"
  Inherits="Manage_Member_MemberList" %>

<%@ Register Assembly="AspNetPager" Namespace="Wuqi.Webdiyer" TagPrefix="webdiyer" %>
<!DOCTYPE html PUBLIC "-//W3C//DTD XHTML 1.0 Transitional//EN"
 "http://www.w3.org/TR/xhtml1/DTD/xhtml1-transitional.dtd">
<html xmlns="http://www.w3.org/1999/xhtml">
<head runat="server">
    <title>无标题页</title>
    <link href="../CSS/default.css" rel="stylesheet" type="text/css" />
</head>
<body>
    <form id="form1" runat="server">
        <asp:GridView ID="GridView1" ...>...</asp:GridView>
        <webdiyer:AspNetPager ID="AspNetPager1" AlwaysShow="true" runat="server"
          OnPageChanging="AspNetPager1_PageChanging"
            FirstPageText="首页" LastPageText="尾页" PrevPageText="上一页" NextPageText="下一页"
              NumericButtonTextFormatString="{0}"
            CurrentPageButtonTextFormatString="{0}" ShowNavigationToolTip="True"
              CurrentPageButtonClass="pageCurrent">
        </webdiyer:AspNetPager>
    </form>
</body>
</html>
```

图 12-27　添加 AspNetPager 组件到页面

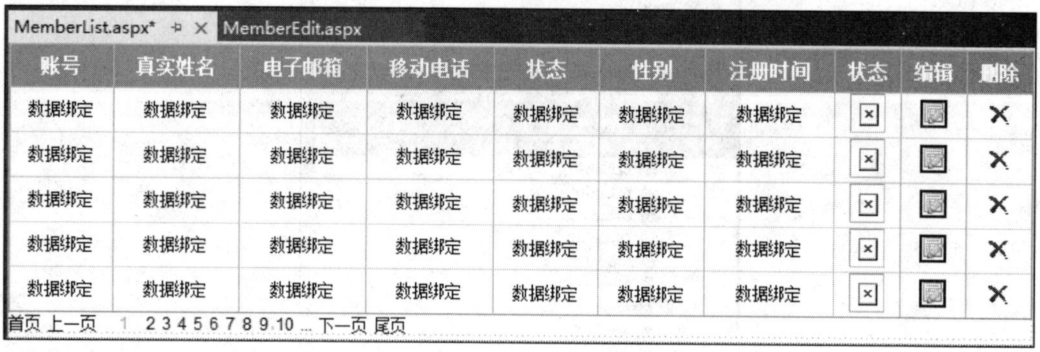

MemberList.aspx*　MemberEdit.aspx

账号	真实姓名	电子邮箱	移动电话	状态	性别	注册时间	状态	编辑	删除
数据绑定	数据绑定	数据绑定	数据绑定	数据绑定	数据绑定	数据绑定			×
数据绑定	数据绑定	数据绑定	数据绑定	数据绑定	数据绑定	数据绑定			×
数据绑定	数据绑定	数据绑定	数据绑定	数据绑定	数据绑定	数据绑定			×
数据绑定	数据绑定	数据绑定	数据绑定	数据绑定	数据绑定	数据绑定			×
数据绑定	数据绑定	数据绑定	数据绑定	数据绑定	数据绑定	数据绑定			×

首页 上一页 1 2 3 4 5 6 7 8 9 10 ... 下一页 尾页

图 12-28　AspNetPager 组件界面

12.6　FCKeditor 可视化编辑组件使用

FCKeditor 是一个 Web 所见即所得的内容编辑器，在文章发布、产品介绍之类的常用到，下面介绍如何使用。

（1）复制 FredCK.FckEditorV2.dll 到 Bin 目录下，复制 Fckeditor 目录到 Manage 目录下，如图 12-29 所示。

（2）在所需使用此组件的 Page 指令下添加“<%@ Register Assembly="FredCK.FCKeditorV2" Namespace="FredCK.FCKeditorV2" TagPrefix="FCKeditorV2"%>”，如图 12-30 所示。

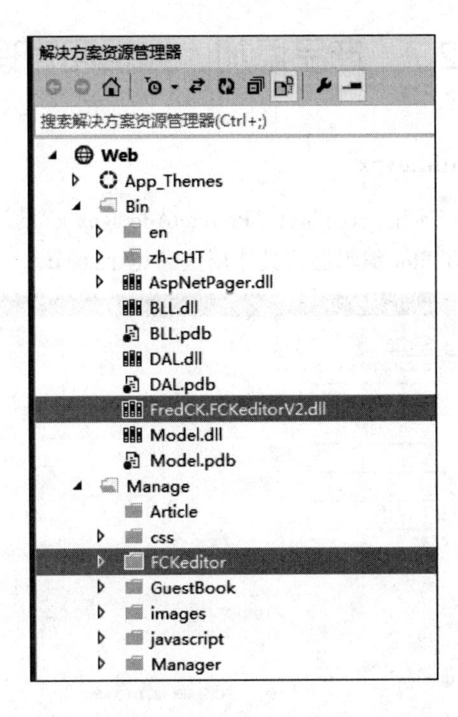

图 12-29　添加 FCKeditor 所需文件

```
<%@ Page Language="C#" AutoEventWireup="true" CodeFile="ProductAdd.aspx.cs"
  Inherits="Manage_Product_ProductAdd" ValidateRequest="false" %>

<%@ Register Assembly="FredCK.FCKeditorV2" Namespace="FredCK.FCKeditorV2"
  TagPrefix="FCKeditorV2" %>
<!DOCTYPE html PUBLIC "-//W3C//DTD XHTML 1.0 Transitional//EN"
 "http://www.w3.org/TR/xhtml1/DTD/xhtml1-transitional.dtd">
<html xmlns="http://www.w3.org/1999/xhtml">
<head runat="server">
    <title>添加产品信息</title>
    <link href="../CSS/default.css" rel="stylesheet" type="text/css" />
</head>
```

图 12-30　添加 FCKeditor 组件到页面

（3）添加“<FCKeditorV2:FCKeditor ID="txtContent" runat="server" EnableXHTML="true" EnableSourceXHTML="true" BasePath="../FCKeditor/" Height="258px"></FCKeditorV2:FCKeditor>”，即可，如图 12-31 所示。用 FCKeditor 的 ID.Value 可获取编辑器里的内容。

```
<tr>
    <td class="tableAdd_L">
        详细内容：
    </td>
    <td>
        <FCKeditorV2:FCKeditor ID="txtContent" runat="server" EnableXHTML="true"
          EnableSourceXHTML="true"
            BasePath="../FCKeditor/" Height="258px">
        </FCKeditorV2:FCKeditor>
    </td>
</tr>
```

图 12-31　添加 FCKeditor 组件到页面

12.7 产品添加、编辑和管理

1. 添加产品 ProductAdd.aspx

在 Product 文件夹中添加“产品添加”页（ProductAdd.aspx），设计页面界面如图 12-32 所示。其中，“详细内容”使用 FCKeditor 编辑器，具体用法参见 12.6 节。

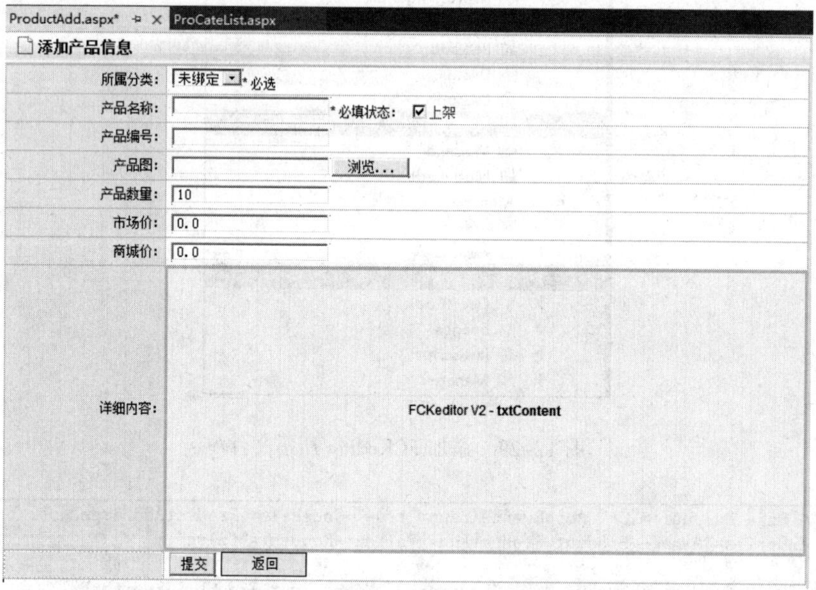

图 12-32 添加产品界面

ProductAdd.aspx.cs 添加产品后台代码：

```
using System;
using System.Data;
using System.Configuration;
using System.Collections;
using System.Web;
using System.Web.Security;
using System.Web.UI;
using System.Web.UI.WebControls;
using System.Web.UI.WebControls.WebParts;
using System.Web.UI.HtmlControls;

public partial class Manage_Product_ProductAdd : System.Web.UI.Page
{
   protected void Page_Load(object sender, EventArgs e)
   {
      if (!IsPostBack)
      {
         BLL.ProCate procatebll=new BLL.ProCate();

         ddlCateId.Items.Clear();
```

```
        ddlCateId.Items.Add(new ListItem("请选择", ""));

        DataSet ds=procatebll.GetList("State='1'");

        foreach (DataRow dr in ds.Tables[0].Rows)
        {
            if (dr["ParID"].ToString().Equals("0"))
            {
                ddlCateId.Items.Add(new    ListItem(dr["Name"].ToString(),
                dr["ID"].ToString()));

                DataRow[] drs=ds.Tables[0].Select("ParID=" +dr["ID"].
                ToString());
                foreach (DataRow dr2 in drs)
                {
                    ddlCateId.Items.Add(new ListItem("    " + dr2["Name"].
                    ToString(), dr2["ID"].ToString()));
                }
            }
        }
    }
}

protected void btnAdd_Click(object sender, EventArgs e)
{
    BLL.Product bll=new BLL.Product();
    Model.Product model=new Model.Product();

    model.ProCateID=int.Parse(ddlCateId.SelectedItem.Value);
    model.ProName=txtProName.Text;
    model.ProSerialNum=txtProSerialNum.Text;

    if (FileProPic.HasFile)
    {
        // 获取文件名
        string picname=FileProPic.FileName;
        // 获取保存的文件夹
        string mappath="/UpFiles/";
        string path=Server.MapPath(mappath);
        string savepath=path + picname;

        // 上传文件
        FileProPic.SaveAs(savepath);
        model.ProPic=mappath + picname;
    }
    model.ProAmount=int.Parse(txtProAmount.Text);

    model.MarketPrice=decimal.Parse(txtMarketPrice.Text);
    model.MallPrice=decimal.Parse(txtMallPrice.Text);
    model.Content=txtContent.Value;
    model.AddTime=DateTime.Now;
```

```
            model.ProState=cbProState.Checked ? "1" : "0";
            model.ViewCount=0;

            if (bll.Add(model))
            {
                ClientScript.RegisterStartupScript(this.GetType(), "ok", "alert('
                添加成功');window.location='ProductList.aspx';", true);
            }
            else
            {
                ClientScript.RegisterStartupScript(this.GetType(), "fail", "alert
                ('添加失败');", true);
            }
        }
    }
```

程序运行效果如图 12-33 所示。

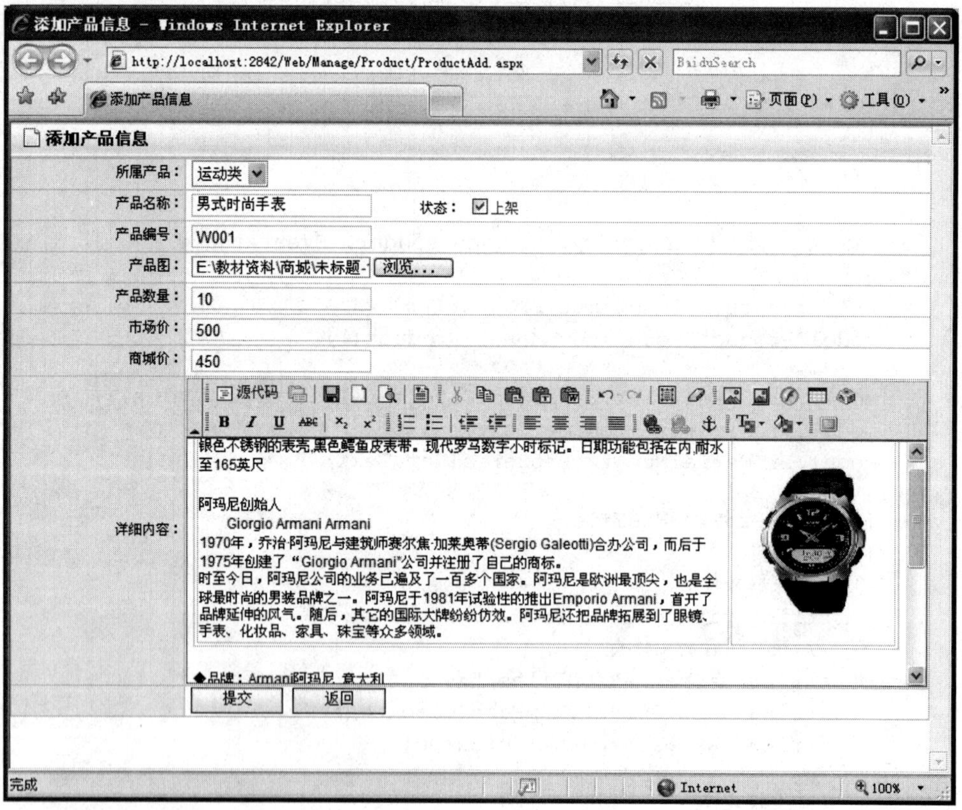

图 12-33　添加产品运行结果

2. 编辑产品 ProductEdit.aspx

在 Product 文件夹中添加“产品编辑”页（ProductEdit.aspx），设计界面如图 12-34 所示。其中，“详细内容”使用 FCKEditor 编辑器，具体用法参见 12.6 节。

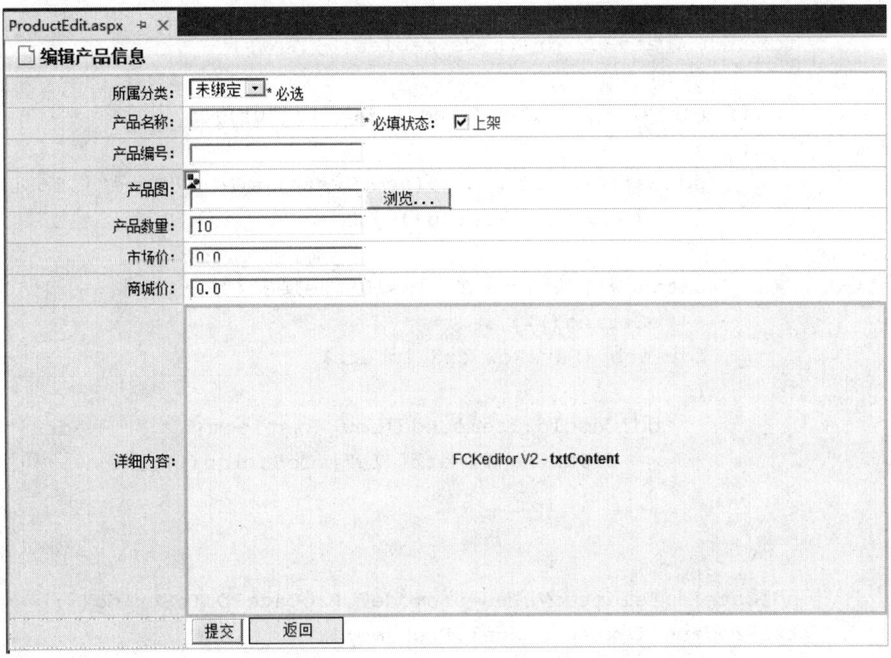

图 12-34　编辑产品界面

ProductEdit.aspx.cs 添加产品后台代码：

```
using System;
using System.Data;
using System.Configuration;
using System.Collections;
using System.Web;
using System.Web.Security;
using System.Web.UI;
using System.Web.UI.WebControls;
using System.Web.UI.WebControls.WebParts;
using System.Web.UI.HtmlControls;

public partial class Manage_Product_ProductEdit : System.Web.UI.Page
{
    protected void Page_Load(object sender, EventArgs e)
    {
        if (!IsPostBack)
        {
            int id=Convert.ToInt32(Request.QueryString["id"]);
            BLL.Product bll=new BLL.Product();
            Model.Product promodel=bll.GetModel(id);
            BLL.ProCate procatebll=new BLL.ProCate();
            ddlCateId.Items.Clear();
            ddlCateId.Items.Add(new ListItem("请选择", ""));
            DataSet ds = procatebll.GetList("State='1'");
```

```
            foreach (DataRow dr in ds.Tables[0].Rows)
            {
                if (dr["ParID"].ToString().Equals("0"))
                {
                    ddlCateId.Items.Add(new ListItem(dr["Name"].ToString(),
                      dr["ID"].ToString()));

                    DataRow[] drs=ds.Tables[0].Select("ParID=" + dr["ID"].
                      ToString());
                    foreach (DataRow dr2 in drs)
                    {
                        ddlCateId.Items.Add(new ListItem("    " + dr2["Name"].
                          ToString(), dr2["ID"].ToString()));
                    }
                }
            }
            ddlCateId.SelectedValue=promodel.ProCateID.ToString();
            txtProName.Text=promodel.ProName;
            cbProState.Checked=promodel.ProState.Equals("1") ? true :
              false;
            txtProSerialNum.Text=promodel.ProSerialNum;
            ProPic.ImageUrl=promodel.ProPic;
            txtProAmount.Text=promodel.ProAmount.ToString();
            txtMarketPrice.Text=promodel.MarketPrice.ToString("0.00");
            txtMallPrice.Text=promodel.MallPrice.ToString("0.00");
            txtContent.Value=promodel.Content;
        }
    }
    protected void btnEdit_Click(object sender, EventArgs e)
    {
        int id=Convert.ToInt32(Request.QueryString["id"]);
        BLL.Product bll=new BLL.Product();
        Model.Product promodel=bll.GetModel(id);
        promodel.ProCateID=Convert.ToInt32(ddlCateId.SelectedItem.Value);
        promodel.ProName=txtProName.Text;
        promodel.ProState=cbProState.Checked ? "1" : "0";
        promodel.ProSerialNum=txtProSerialNum.Text;
        //promodel.ProPic=ProPic.ImageUrl;
        promodel.ProAmount=Convert.ToInt32(txtProAmount.Text);
        promodel.MarketPrice=Convert.ToDecimal(txtMarketPrice.Text);
        promodel.MallPrice=Convert.ToDecimal(txtMallPrice.Text);
        promodel.Content=txtContent.Value;

        if (bll.Update(promodel))
        {
```

```
                Response.Redirect("ProductList.aspx", true);
            }
            else
            {

            }
        }
    }
```

3．产品管理 ProductList.aspx

在 Product 文件夹中添加“产品管理”页（ProductList.aspx），设计页面界面如图 12-35 所示。

ProductList.aspx

产品名称	市场价	商城价	发布日期	浏览数	状态	编辑	操作
数据绑定	数据绑定	数据绑定	数据绑定	数据绑定			×
数据绑定	数据绑定	数据绑定	数据绑定	数据绑定			×
数据绑定	数据绑定	数据绑定	数据绑定	数据绑定			×
数据绑定	数据绑定	数据绑定	数据绑定	数据绑定			×
数据绑定	数据绑定	数据绑定	数据绑定	数据绑定			×

首页 上一页 1 2 3 4 5 6 7 8 9 10 ... 下一页 尾页

图 12-35　编辑产品界面

ProductList.aspx.cs 产品管理后台代码：

```
using System;
using System.Data;
using System.Web.UI.WebControls;
using Wuqi.Webdiyer;

public partial class Manage_Product_ProductList : System.Web.UI.Page
{
    protected void Page_Load(object sender, EventArgs e)
    {
        if (!IsPostBack)
        {
            databind();
        }
    }
    /// <summary>
    /// 绑定数据
    /// </summary>
    private void databind()
    {
        string strWhere="";
        int PageSize=10;

        BLL.Product bll=new BLL.Product();
```

```
        DataSet ds=bll.GetList(strWhere);
        // 获取总记录数
        int rowcount=ds.Tables[0].Rows.Count;
        int currentpage=0;//当前页
        // 设置当前页
        if (GridView1.PageIndex == 0)
            currentpage=0;
        else
            currentpage=GridView1.PageIndex - 1;

        // 创建PagedDataSource对象，并设置PagedDataSource的所需属性
        PagedDataSource pds=new PagedDataSource();
        pds.CurrentPageIndex=currentpage;
        pds.AllowPaging=true;
        pds.PageSize=PageSize;
        pds.DataSource=ds.Tables[0].DefaultView;

        // 将pds绑定到GridView
        GridView1.DataSource=pds;
        GridView1.DataBind();
        // AspNetPager分页组件
        AspNetPager1.PageSize=PageSize;
        AspNetPager1.RecordCount=rowcount;
    }

    /// <summary>
    /// 单击AspNetPager分页
    /// </summary>
    /// <param name="src"></param>
    /// <param name="e"></param>
    protected void AspNetPager1_PageChanging(object src, PageChangingEventArgs e)
    {
        GridView1.PageIndex=e.NewPageIndex;
        databind();
    }
    /// <summary>
    /// 删除记录
    /// </summary>
    protected void GridView1_RowDeleting(object sender, GridViewDeleteEventArgs e)
    {
        string Id=GridView1.DataKeys[e.RowIndex].Value.ToString();
        BLL.Product bll=new BLL.Product();
        if (bll.Delete(int.Parse(Id)))
        {
            Response.Redirect("ProductList.aspx", true);
        }
        else
        {
```

```
            ClientScript.RegisterStartupScript(this.GetType(), "fail", "alert
            ('删除失败');", true);
        }
    }
}
```

12.8　订 单 管 理

订单管理目前主要就是编辑订单的状态，状态主要有未付款、待发货（已付款）、已发货、确定送达、无效订单 5 种状态。在订单管理页面（OrderList）中，显示系统中的订单条目，单击“编辑”按钮，跳转到编辑订单页面（OrderEdit.aspx），该页面显示订单的详细信息，可以选择下拉列表修改订单的状态。单击“提交”按钮保存信息，单击“返回”按钮回到订单管理页面。

1. 订单管理 OrderList.aspx

在 Order 文件夹中添加“订单管理”页（OrderList.aspx），设计页面界面如图 12-36 所示。

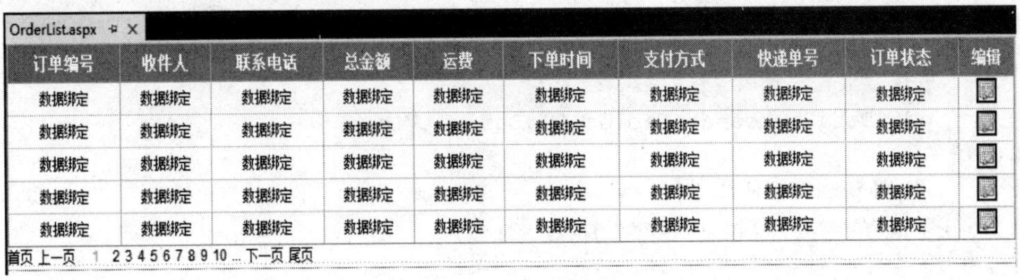

OrderList.aspx ⊕ ×

订单编号	收件人	联系电话	总金额	运费	下单时间	支付方式	快递单号	订单状态	编辑
数据绑定	数据绑定	数据绑定	数据绑定	数据绑定	数据绑定	数据绑定	数据绑定	数据绑定	
数据绑定	数据绑定	数据绑定	数据绑定	数据绑定	数据绑定	数据绑定	数据绑定	数据绑定	
数据绑定	数据绑定	数据绑定	数据绑定	数据绑定	数据绑定	数据绑定	数据绑定	数据绑定	
数据绑定	数据绑定	数据绑定	数据绑定	数据绑定	数据绑定	数据绑定	数据绑定	数据绑定	
数据绑定	数据绑定	数据绑定	数据绑定	数据绑定	数据绑定	数据绑定	数据绑定	数据绑定	

首页 上一页　1　2 3 4 5 6 7 8 9 10 ... 下一页 尾页

图 12-36　管理订单界面

OrderList.aspx.cs 订单管理后台代码：

```
using System;
using System.Data;
using System.Web.UI.WebControls;
using Wuqi.Webdiyer;

public partial class Manage_Order_OrderList : System.Web.UI.Page
{
    public string[] states = { "未付款", "待发货（已付款）", "已发货", "确定送达",
    "无效订单" };
    protected void Page_Load(object sender, EventArgs e)
    {
        if (!IsPostBack)
        {
            databind();
        }
    }

    /// <summary>
    /// 绑定数据
```

```
    /// </summary>
    private void databind()
    {
        string strWhere="";
        int PageSize=10;
        BLL.SysOrder bll=new BLL.SysOrder();
        DataSet ds=bll.GetList(strWhere);
        // 获取总记录数
        int rowcount=ds.Tables[0].Rows.Count;
        int currentpage=0;    //当前页
        // 设置当前页
        if (GridView1.PageIndex==0)
            currentpage=0;
        else
            currentpage=GridView1.PageIndex-1;

        // 创建 PagedDataSource 对象，并设置 PagedDataSource 的所需属性
        PagedDataSource pds=new PagedDataSource();
        pds.CurrentPageIndex=currentpage;
        pds.AllowPaging=true;
        pds.PageSize=PageSize;
        pds.DataSource=ds.Tables[0].DefaultView;

        // 将 pds 绑定到 GridView
        GridView1.DataSource = pds;
        GridView1.DataBind();
        // AspNetPager 分页组件
        AspNetPager1.PageSize = PageSize;
        AspNetPager1.RecordCount = rowcount;
    }
    /// <summary>
    /// 单击 AspNetPager 分页
    /// </summary>
    /// <param name="src"></param>
    /// <param name="e"></param>
    protected void AspNetPager1_PageChanging(object src, PageChangingEvent
      Args e)
    {
        GridView1.PageIndex = e.NewPageIndex;
        databind();
    }

}
```

2. 订单编辑 OrderEdit.aspx

在 Order 文件夹中添加“订单编辑”页（OrderEdit.aspx），设计页面界面如图 12-37 所示。

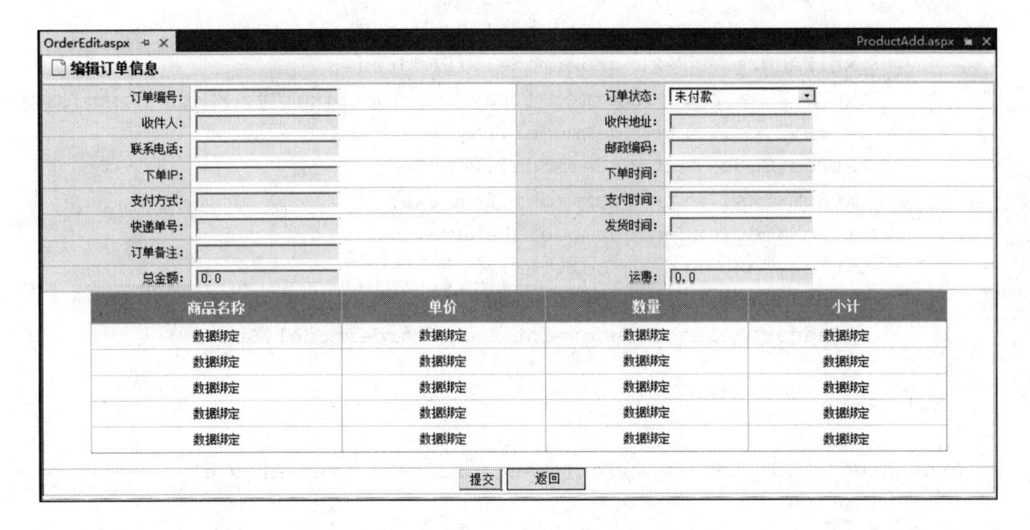

图 12-37　订单编辑界面

OrderEdit.aspx.cs 订单编辑后台代码：

```
using System;
using System.Data;
using System.Configuration;
using System.Collections;
using System.Web;
using System.Web.Security;
using System.Web.UI;
using System.Web.UI.WebControls;
using System.Web.UI.WebControls.WebParts;
using System.Web.UI.HtmlControls;

public partial class Manage_Order_OrderEdit : System.Web.UI.Page
{
    protected void Page_Load(object sender, EventArgs e)
    {
        if (!IsPostBack)
        {
            int id=Convert.ToInt32(Request.QueryString["id"]);
            BLL.SysOrder bll=new BLL.SysOrder();
            Model.SysOrder ordermodel=bll.GetModel(id);


            dpStates.SelectedValue=ordermodel.State;
            txtOrderId.Text=ordermodel.ID.ToString();
            txtaddress.Text=ordermodel.Address;
            txtAddTime.Text=ordermodel.AddTime.ToString("yy-MM-dd hh:mm:ss");
            txtCarriage.Text=ordermodel.Carriage.ToString();
            txtConsignmentTime.Text=ordermodel.ConsignmentTime.ToString("yy
                -MM-dd hh:mm:ss");
```

```
            txtExpressNo.Text=ordermodel.ExpressNo;
            txtIPAddress.Text=ordermodel.IPAddress;
            txtPayTime.Text=ordermodel.PayTime.ToString("yy-MM-dd hh:mm:ss");
            txtPayType.Text=ordermodel.PayType;
            txtPostCode.Text=ordermodel.PostCode;
            txtRemarks.Text=ordermodel.Remarks;
            txtReName.Text=ordermodel.ReName;
            txtTel.Text=ordermodel.Tel;
            txtTotalMoney.Text=ordermodel.TotalMoney.ToString();
            dpStates.SelectedIndex=int.Parse(ordermodel.State);

        }
    }
    protected void btnEdit_Click(object sender, EventArgs e)
    {
        int id=Convert.ToInt32(Request.QueryString["id"]);
        BLL.SysOrder bll=new BLL.SysOrder();
        Model.SysOrder ordermodel=bll.GetModel(id);

        ordermodel.State=dpStates.SelectedValue;

        if (bll.Update(ordermodel))
        {
            Response.Redirect("OrderList.aspx", true);
        }
        else
        {

        }
    }
}
```

小　　结

1. 使用第三方控件的一般步骤

网络中有大量的ASP.NET第三方控件，适当使用，可以大大简化开发的过程。在网站中使用这些第三方控件的一般过程如下：

（1）复制第三方控件所需的文件到Bin目录下。

（2）使用Register页面指令将其注册到相应的网页。

（3）使用时，利用该命名空间标记添加到网页中，并设置好其他属性即可。

2. 后台功能实现

后台功能通常是对应相应数据表的增删改查操作，形式基本类似，建议一般采用相同的模式实现，文件的命名也最好按照统一的约定执行。例如，本项目中×××Add.aspx 页面对应相应表的添加操作；×××Edit.aspx 页面对应相应表的编辑操作；×××List.aspx 页面对应相应表的查询和删除操作。

练　习

1. 实现会员的编辑和管理功能。

参照管理员的编辑、管理功能，实现会员的编辑（见图 12-38）和管理功能（见图 12-39）。

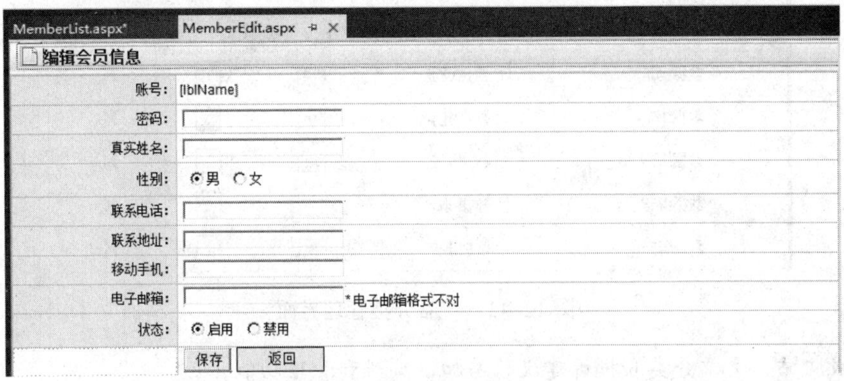

图 12-38　会员编辑界面

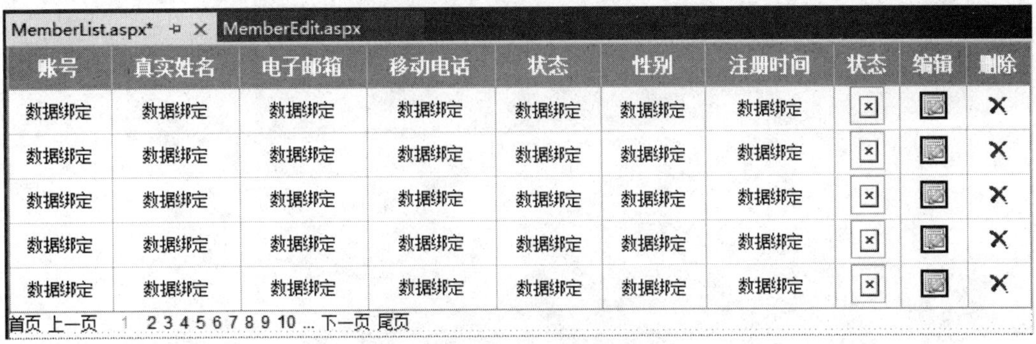

图 12-39　会员管理界面

2. 产品分类的添加、编辑和管理功能。

参照上面的介绍，实现产品分类的添加（见图 12-40）、编辑（见图 12-41）和管理（见图 12-42）。

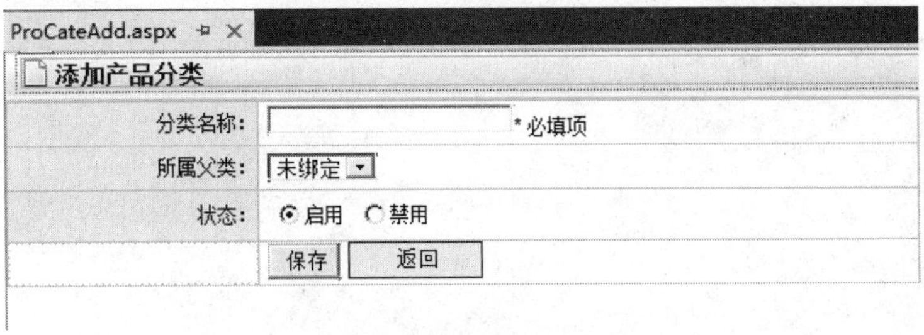

图 12-40　新增产品分类界面

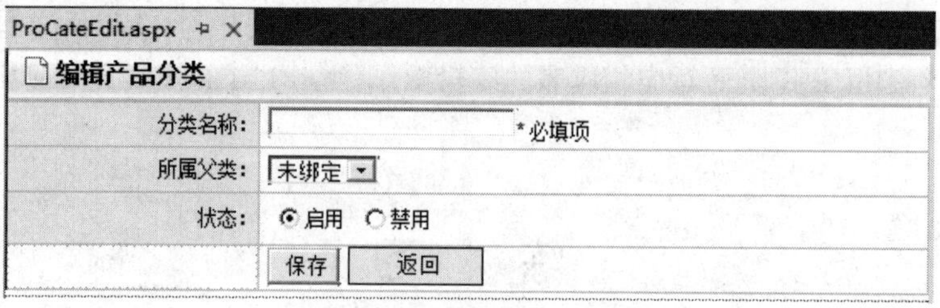

ProCateEdit.aspx

编辑产品分类

分类名称：	*必填项
所属父类：	未绑定
状态：	启用 禁用
	保存 返回

图 12-41　编辑产品分类界面

ProCateList.aspx

产品分类管理

产品分类Id	分类名称	状态	编辑	删除
数据绑定	数据绑定			✕
数据绑定	数据绑定			✕
数据绑定	数据绑定			✕
数据绑定	数据绑定			✕
数据绑定	数据绑定			✕

图 12-42　产品分类管理界面

3. 完成文章、文章分类和投诉建议的添加、编辑和管理功能。

第 13 章　商城前台设计

学习目标：

- 了解前台的设计。
- 了解用户控件的设计和使用。
- 实现前台功能模块。

13.1　前台页面介绍

前台页面一般不需要任何登录的身份验证就可访问，查看产品信息，主要有首页、产品列表页、产品详细页、文章详细页、购车物等。从设计稿可以看出。这些页面主要是由头部、底部、中部组成，中部又分为左边与右边，左边一般为产品分类或文章分类，中间的右边变化较多，头部和底部不常变动（见图 13-1）可把头部与底部作为用户控件，可复用。

在开发前台之前，先从后台产品管理中添加一些产品测试数据，产品分类为：诺基亚、索尼爱立信、三星、夏普、摩托罗拉、多普达、联想等，之后给这些分类，均添加产品信息。

<table>
<tr><td colspan="2">头部</td></tr>
<tr><td>左边</td><td>中部</td></tr>
<tr><td colspan="2">底部</td></tr>
</table>

图 13-1　页面的组成

首页“导航”与后台“产品分类”同步（见图 13-2），从数据库中获取；会员未登录，显示登录框，显示后，显示会员所俱有的功能，如“订单查询”“个人信息编辑”等；左边“产品分类”与导航同步；中部最顶为 Flash 广告，人工处理；下面显示最新的产品；最下显示指定分类的产品，如诺基亚分类的最新产品、促销产品等，开发者可自定义，更添加更多其他分类的产品。

产品列表页主要是展示指定分类下的所有产品，头部、左边、底部不变，中部变化。若点击诺基亚分类，进入展示的都是诺基亚的产品，产品数量过多，具有分页功能，如图 13-3 所示。

产品详细页，如图 13-4 所示，主要是展示指定产品的详细内容，如产品名称、市场价、商城价、产品的详细介绍、产品大图。本页的内容头部、左边、底部不变化，产品内容变化，均有“购买”按钮，单击“购买”按钮后，将此产品放入购物车，进入购物车页面。

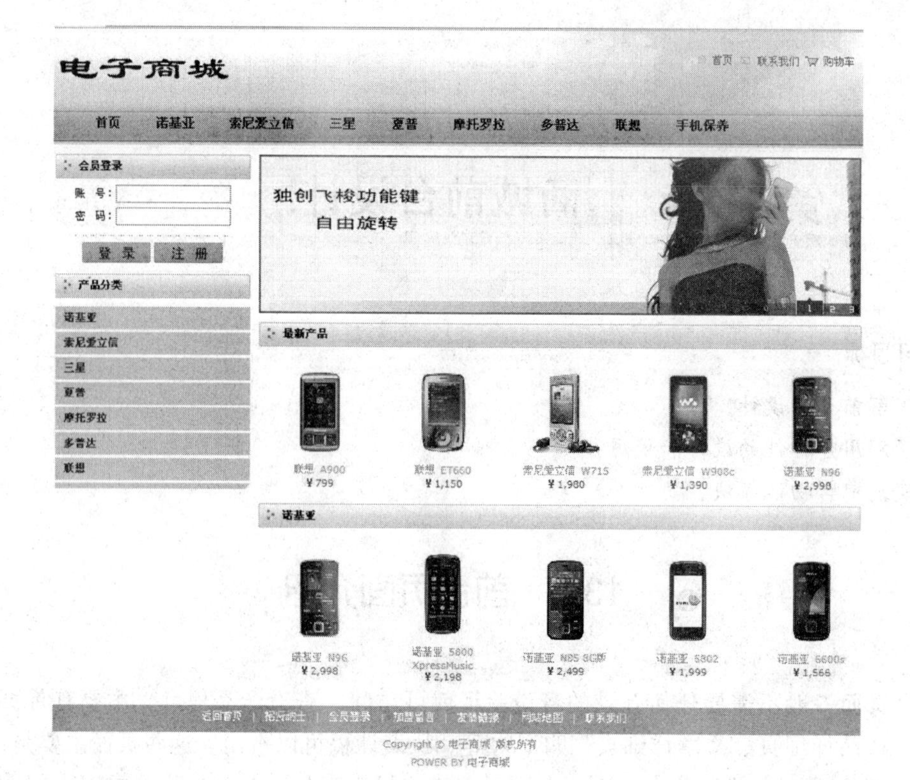

图 13-2 电子商城首页

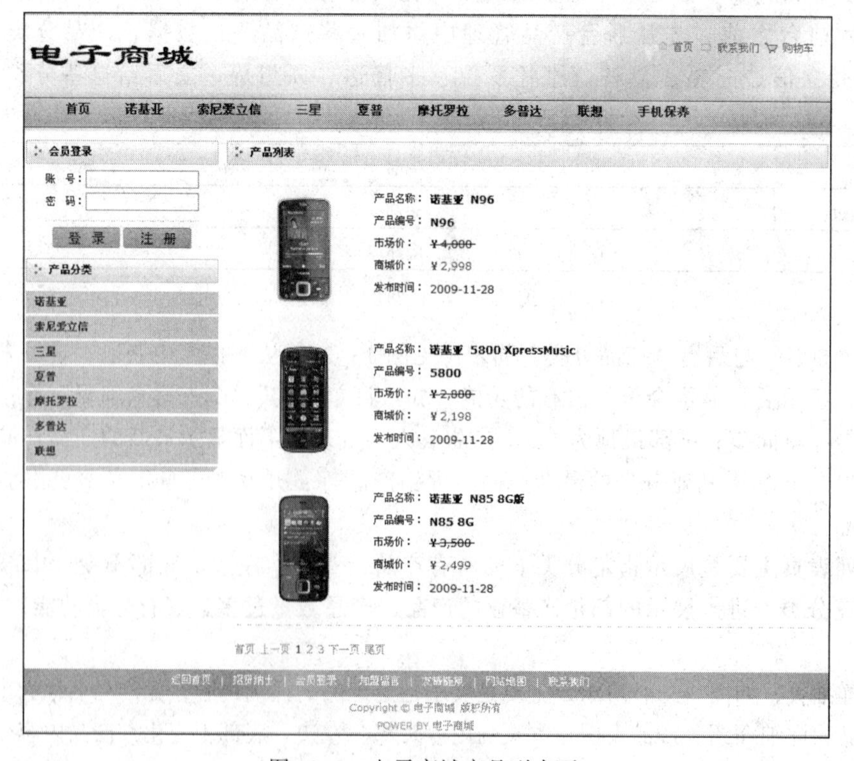

图 13-3 电子商城产品列表页

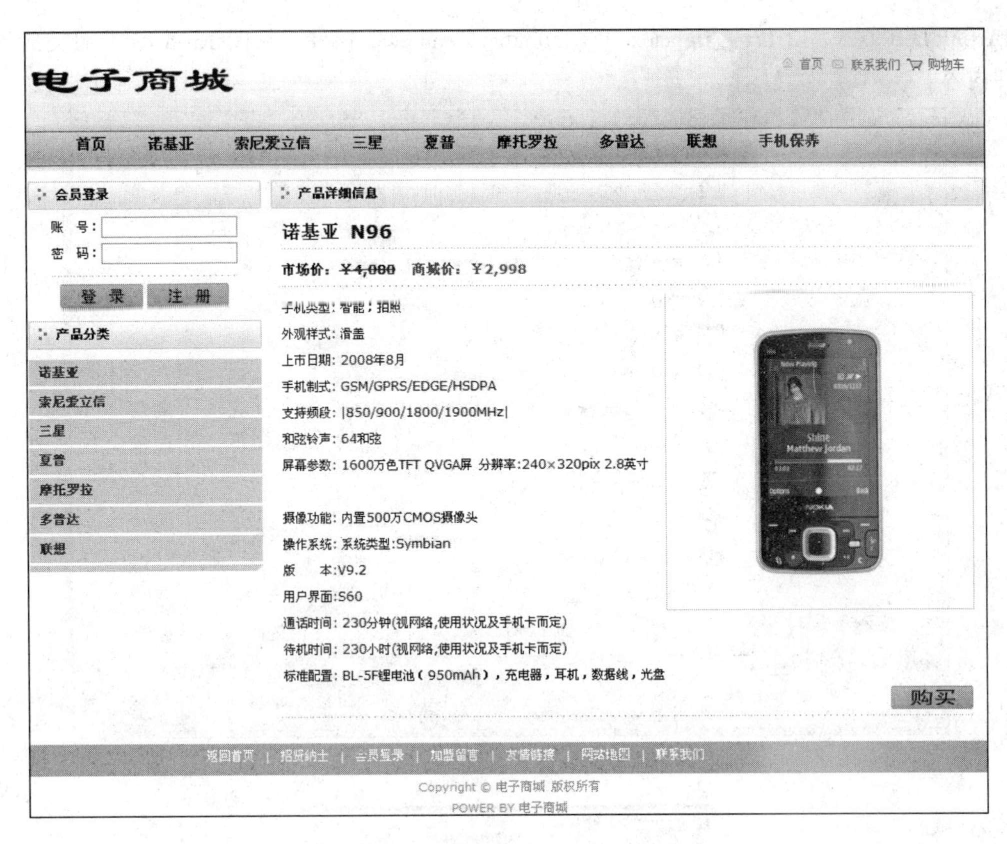

图 13-4　电子商城产品详细介绍页

1. 建立所需文件夹

按表 13-1 所示建立所需文件夹。

表 13-1　建立文件夹

文件夹名称	说　明
css	CSS 样式文件夹
javascript	JavaScript 脚本文件夹
Images	前端界面图片文件夹
Control	用户控件文件夹
App_Themes	样式风格文件夹
Member	会员功能文件夹
UpFiles	上传产品图片文件夹
UserFiles	产品、文章详细内容上传附件文件夹

在 Web 层，新建 Control 文件夹，主要存放用户控件。在 Control 文件夹中，添加 CtrlHead.ascx、CtrlFoot.ascx 两个用户控件。在 Control 文件夹右击，在弹出的快捷菜单中，选择“新建项”命令，在“添加新项”对话框中选择“Web 用户控件”命令，在“名称”栏中输入 CtrlHead.ascx，单击“添加”按钮（见图 13-5）。用同样的方法添加 CtrlFool.ascx、

CtrlArticleLeft.ascx、CtrlProCate.ascx、CtrlMemberMenu.ascx控件（见图13-6），下面完成这些控件内容。

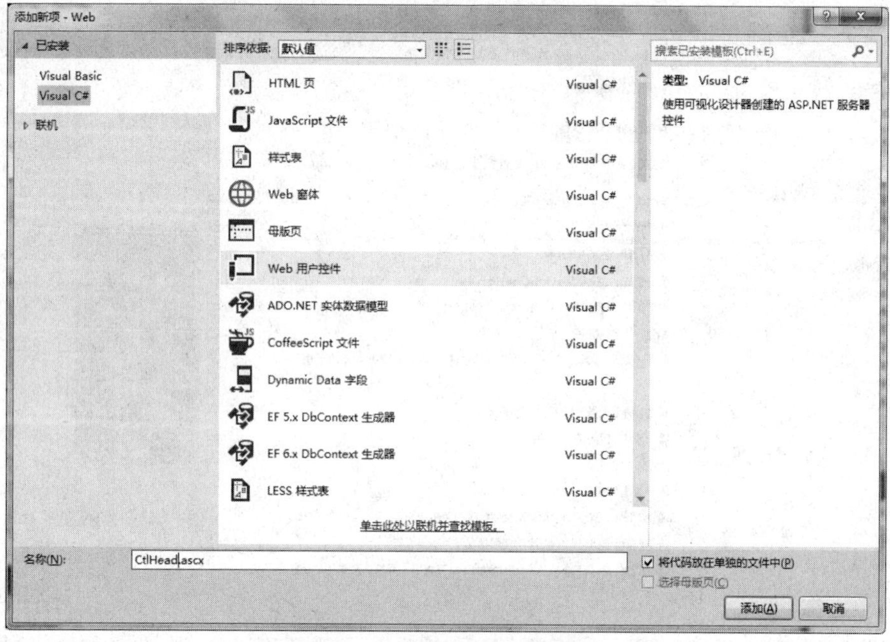

图13-5　添加Web用户控件

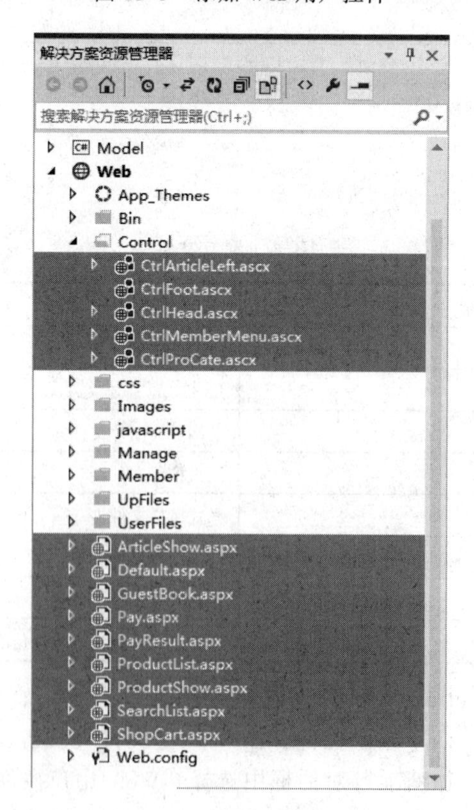

图13-6　所需的功能页面

其他功线所需页面如表 13-2 所示。

表 13-2　其他功能所需页面

文件/文件夹名称	说　明
CtrlHead.ascx	通用头部
CtrlFool.ascx	通用底部
CtrlArticleLeft.ascx	通用文章左边菜单
CtrlProCate.ascx	通用产品左边菜单
CtrlMemberMenu.ascx	通用会员登录
Member	会员功能文件夹
Default.aspx	首页
ArticleShow.aspx	文章显示页
GuestBook.aspx	投诉建议
Pay.aspx	确定支付页面
PayResult.aspx	支付返回结果
ProductList.asp	产品列表页
ProductShow.aspx	产品详细页
SearchList.aspx	搜索结果页
ShopCart.aspx	购物车

2．网页头部 CtrlHead.ascx

头部主要由商城 Logo、导航组成，用 CSS、DIV 定位，导航除“首页”和“手机保养”固定外，产品分类根据后台的产品分类自动列出，需用“BLL 业务层”获取当前所有分类，绑定到 Repeater 组件（见图 13-7）。单击“首页”进入商城首页，单击产品分类进入该产品分类，展示该分类的所有产品，即 ProductList.aspx，用参数的方式传递指定分类。单击“手机保养”进入文章列表。

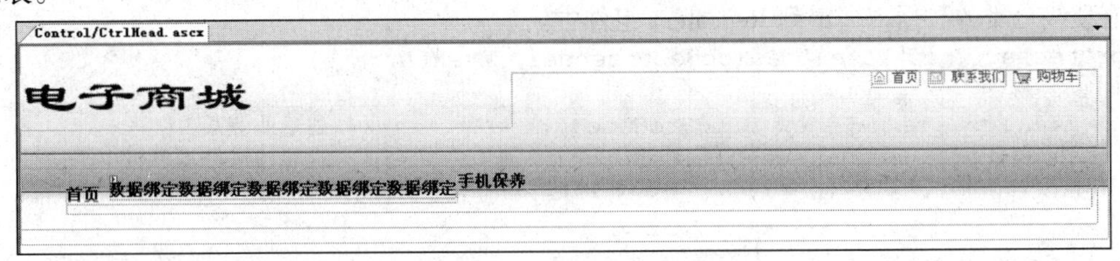

图 13-7　网页头部信息

3．前端代码 CtrlHead.ascx

```
<%@ Control Language="C#" AutoEventWireup="true" CodeFile="CtrlHead.ascx.cs"
Inherits="Control_CtrlHead" %>
<div style="background: url(/images/nav_bg.jpg) repeat-x; height: 130px;">
    <div style="background: url(/images/top_bg.png) no-repeat top 80%; height:
      95px;">
        <div id="head" class="warp">
            <div class="logo">
```

```
                <a href="/" hidefocus="true"><img src="/images/logo.jpg" alt=""
                />"</a>
            </div>
            <ul class="nav_top">
                <li><img src="/images/home_ico.gif"/>
                   <a href="/">首页</a>
                </li>
                <li><img src="/images/contact_ico.gif"/>
                   <a href="/Contact.aspx">联系我们</a>
                </li>
                <li><img src="/images/cart.gif"/>
                   <a href="/ShopCart.aspx">购物车</a>
                </li>
            </ul>
            <div style="clear: both;"> </div>
        </div>
    </div>
    <div class="warp">
        <ul id="nav">
            <li><a href="/" hidefocus="true">首页</a></li>
            <asp:Repeater ID="Repeater1" runat="server">
                <ItemTemplate>
                    <li>
                       <a href="ProductList.aspx?id=<%#Eval("Id") %>" >
                       <%#Eval("Name") %></a>
                    </li>
                </ItemTemplate>
            </asp:Repeater>
            <li><a href="/ArticleShow.aspx" hidefocus="true">手机保养</a></li>
        </ul>
    </div>
</div>
```

4. 后台代码 CtrlHead.ascx.cs

所有引用 CtrlHead.ascx 的 aspx 页面，都会获取产品分类，在 Page_Load 方法中添加业务层获取所有顶级分类的数据，绑定到 Repeater1 组件中。

```
protected void Page_Load(object sender, EventArgs e)
{
    BLL.ProCate bll=new BLL.ProCate();           // 创建业务层
    Repeater1.DataSource=bll.GetList("parid=0");// 获取顶级分类数据
    Repeater1.DataBind(); // 并绑定到 Repeater1 组件中
}
```

5. 网页底部 CtrlFool.ascx

网页的底部信息（见图 13-8 所示）都是静态的，所以，也不必要后台代码，在“添加新项”窗口中，“将代码放在单独的文件中”的对钩去掉。前端代码如下：

图 13-8 网页底部信息

```
<div id="foot">
    <div style="background: #B0AFAD;">
        <div class="warp">
            <ul id="footNav">
                <li><a href="/">返回首页</a></li><li>|</li>
                // 省略…参照上一行代码和图自行完成
            </ul>
        </div>
    </div>
    <div class="warp">
        <p>Copyright &copy; 电子商城 版权所有</p>
        <p>POWER BY 电子商城</p>
    </div>
</div>
```

13.2　会 员 登 录

1. 前端代码 CtrlMemberMenu.ascx

会员登录页面有两个显示界面，根据用户是否登录的状态，显示不同的界面，如图 13-9 所示。每次调用此页面时，都会判断会员是否登录，如果未登录，显示会员登录界面（见图 13-10），用户登录的时候，需验证账号和密码必填。否则，显示会员已登录的界面（见图 13-11），有“我的订单”“我的信息”“注销”等功能。

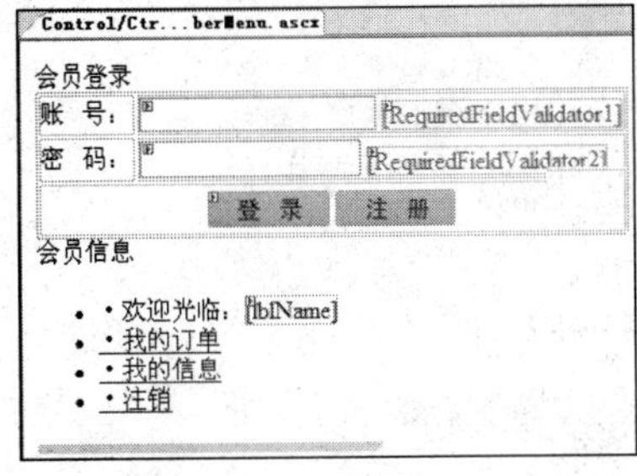

图 13-9　会员登录信息设计

图 13-10　登录前

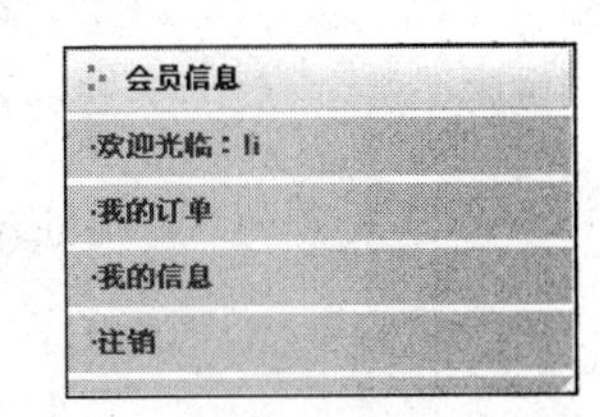

图 13-11　登录后

```
<%@ Control Language="C#" AutoEventWireup="true"
CodeFile="CtrlMemberMenu.ascx.cs" Inherits="Control_CtrlMemberMenu" %>
<%if (BLL.Member.GetMemberId()==0) { %>
<div class="titlebg_L"></div>
<div class="titlebg_M1">会员登录</div>
<div class="titlebg_R"></div>
<div style="clear: both;"> </div>
<div class="warpLogin">
    <table class="loginPanel">
        <tr>
            <td>账   号: </td>
            <td>
                <asp:TextBox ID="txtName" TabIndex="1" runat="server"
```

```
                CssClass="inputTxt" EnableTheming="false"
                onkeydown='if(event.keyCode==13)event.keyCode=9'
                ValidationGroup="RFVLogin"></asp:TextBox>
                <asp:RequiredFieldValidator ID="RequiredFieldValidator1"
                runat="server" ControlToValidate="txtName"
                ErrorMessage="*"
                Display="None"
                ValidationGroup="RFVLogin"></asp:RequiredFieldValidator>
            </td>
        </tr>
        <tr>
            <td>密   码: </td>
            <td>
                <asp:TextBox ID="txtPwd" TabIndex="2" runat="server"
                CssClass="inputTxt" EnableTheming="false"
                TextMode="Password"
                onkeydown='if(event.keyCode==13)event.keyCode=9'
                ValidationGroup="RFVLogin"></asp:TextBox>
                <asp:RequiredFieldValidator ID="RequiredFieldValidator2"
                runat="server" ControlToValidate="txtPwd"
                ErrorMessage="*"
                Display="None"
                ValidationGroup="RFVLogin"></asp:RequiredFieldValidator>
            </td>
        </tr>
        <tr>
            <td colspan="2" style="padding-top: 5px;">
                <p class="hrline"></p>
                <center>
                    <asp:ImageButton ID="btnLogin" runat="server"
                    OnClick="btnLogin_Click" TabIndex="3"
                    ImageUrl="/images/login.gif"
                    ValidationGroup="RFVLogin" /> 
                    <a href="/Member/Reg.aspx">
                        <img src="/images/reg.gif" border="0" />
                    </a>
                </center>
            </td>
        </tr>
    </table>
</div>
<%}else{%>
<div class="titlebg_L"></div>
<div class="titlebg_M3">会员信息</div>
<div class="titlebg_R"></div>
<div style="clear: both;"></div>
<div class="item">
    <ul class="productCate">
        <li>·欢迎光临: <asp:Label ID="lblName" runat="server"></asp:Label></li>
        <li><a href="/Member/Order.aspx">·我的订单</a></li>
```

```
        <li><a href="/Member/MemInfo.aspx">·我的信息</a></li>
        <li><a href="/Member/Logout.aspx">·注销</a></li>
    </ul>
    <div><img src="/images/dline.jpg" alt="" /></div>
</div>
<%}%>
```

2. 后台代码 CtrlMemberMenu.ascx.cs

在 Page_Load()方法中，添加获取该会员的登录名，如果该会员已经登录，则在 lblName 中显示该登录名。

```
protected void Page_Load(object sender, EventArgs e)
{
    string loginname=BLL.Member.GetMemberLoginName();
    if (loginname!="")
        lblName.Text=loginname;
}
```

在 btnLogin_Click()方法中，添加获取会员登录时输入的账号和密码，之后进行验证，如果登录成功，返回首页，否则提示登录失败。

```
protected void btnLogin_Click(object sender, ImageClickEventArgs e)
{
    string Name=txtName.Text;
    string Pwd=txtPwd.Text;
    BLL.Member bll=new BLL.Member();
    if (bll.ValManager(Name, Pwd)!=null)
    {
        Response.Redirect("/ShopCart.aspx", true);//登录成功直接到购物车
    }
    else
    {
        this.Page.ClientScript.RegisterStartupScript(this.Page.GetType(),
        "fail","alert('登录失败');", true);
    }
}
```

3. 产品分类 CtrlProCate.ascx

从后台已经添加的产品顶级分类，通过业务层获取数据，绑定到 Repeater 组件中（见图 13-12），形成通用用户组件。显示效果如图 13-13 所示。

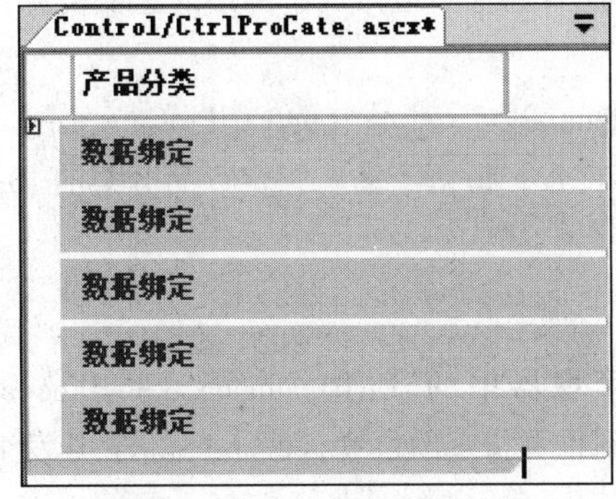

图 13-12　产品分类设计

产品分类
诺基亚
索尼爱立信
三星
夏普
摩托罗拉
多普达
联想

图 13-13　产品分类

4. 前端代码 CtrlProCate.ascx

在页面中添加一个 Repeater，并在 ItemTemplate 中绑定产品分类名称与产品分类列表页的超链接。

```
<%@ Control Language="C#" AutoEventWireup="true" CodeFile="CtrlProCate.ascx.cs"
Inherits="Control_CtrlProCate" %>
<div class="item">
    <div class="titlebg_L"></div>
    <div class="titlebg_M1">产品分类</div>
    <div class="titlebg_R"></div>
    <div style="clear: both;"> </div>
    <ul class="productCate">
        <asp:Repeater ID="rptProCate" runat="server">
            <ItemTemplate>
                <li><a href="ProductList.aspx?Id=<%# Eval("Id")%>">
                    <%# Eval("Name")%>
                </a></li>
            </ItemTemplate>
        </asp:Repeater>
    </ul>
    <div><img src="/images/dline.jpg" alt=""/></div>
</div>
```

5. 后台代码 CtrlProCate.ascx.cs

在后台代码的 Page_Load()方法中，创建 BLL.ProCate 的业务对象，调用 GetList()方法获取顶级分类的数据（DataSet），绑定到 rptProCate 中。

```
protected void Page_Load(object sender, EventArgs e)
{
    BLL.ProCate bll=new BLL.ProCate();
    rptProCate.DataSource=bll.GetList("parid=0");
    rptProCate.DataBind();
}
```

13.3 首　　页

首页一般都是一个网站域名默认的第一个页面，此页面集中地体现本网站的主要信息，快速导航访客最需要的信息，完成在线订购。

本页由头部（CtrlHead.ascx）、会员(CtrlMemberMenu.ascx)、产品分类(CtrlProCate.ascx)、底部(CtrlFoot.ascx)等用户控件，再加上需要显示的 Flash 广告，最新产品、指定产品分类的 DataList 组成，如图 13-14 所示。

1. 前端代码

将首页切换到“设计”界面，将解决方案管理器中的 CtrlHead.ascx、CtrlFoot.ascx、CtrlProCate.ascx、CtrlMemberMenu.ascx 用户控件拖拉到首页指定的位置，Visual Studio 开发工具会自动调用 Register，把用户组件注册到页面。

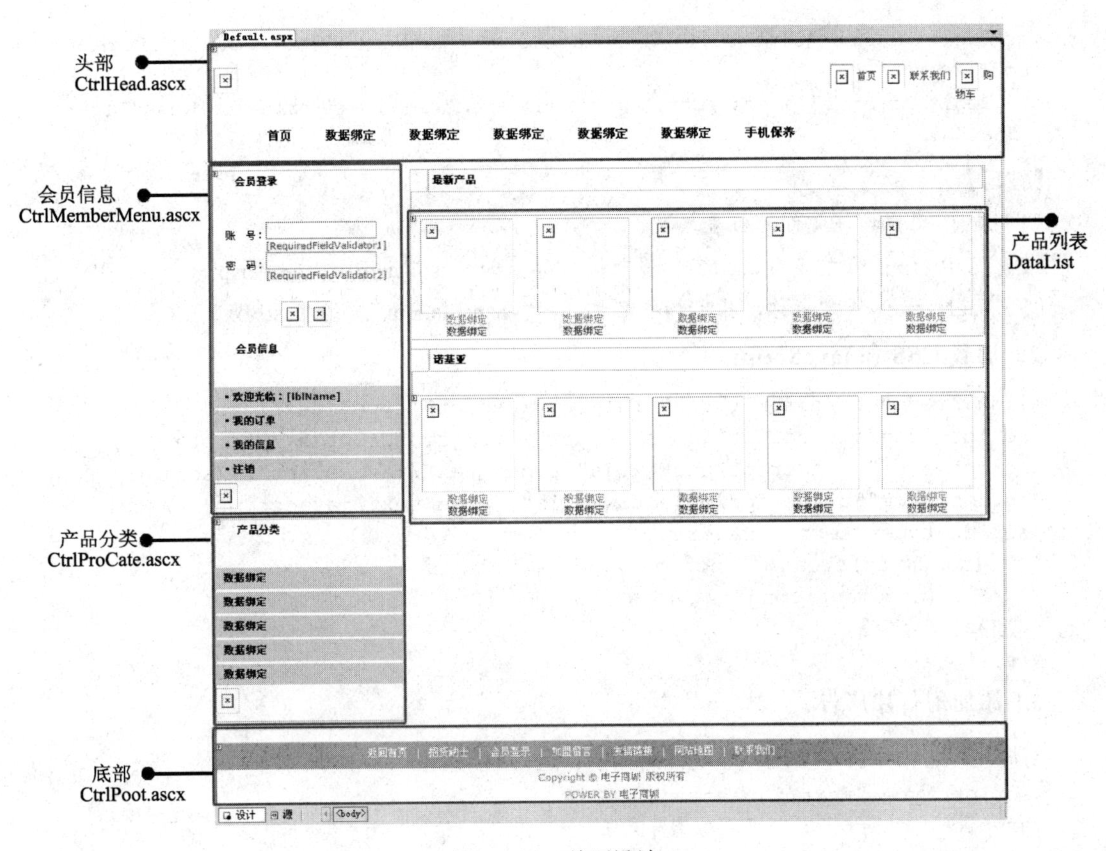

图 13-14　首页设计

相关代码如下：

```
<form id="forml"runat="server">
   <ucl: Ctrlhesd ID="Ctrlheadl" runat="server"/>
   <div class="warp">
      <div class="warpContent">
         <div id="laft">
            <uc4:CtrlMenderMenu ID="CtrlMenderMenu1" runat="server"/>
            <uc3:CtrlProCate ID="CtrlProCatel" runat="server"/>
         </div>
         </div id="middle">...</div>
         </div style="clear:both; ">
         </div>
      </div>
   </div>

   <uc2: CtrlFoot ID="CtrlFoot 1" runat="server"/>
<form>
<%@ Register Src="Control/CtrlHead.ascx" TagName="CtrlHead" TagPrefix=
"ucl"%>
<%@ Register Src="Control/CtrlFoot.ascx" TagName="CtrlFoot" TagPrefix=
"uc2"%>
```

```
<%@ Register Src="Control/CtrlProCate.ascx" TagName="CtrlProCate" TagPrefix=
"uc3" %>
<%@ Register Src="Control/CtrlMemberMenu.ascx"TagName="CtrlMemberMenu"TagPrefix
= "uc4" %>
```

【技巧】

（1）Src：用户控件文件的位置

（2）TagPrefix：任意名称，指定标签前缀名称，如“<asp:ListBox”中的“asp”

（3）TagName：任意名称，指定标签名称，如“<asp:ListBox”中的“ListBox”

2．加载CSS和JavaScript

```
<link href="css/default.css" rel="stylesheet" type="text/css" />
<script src="javascript/jq.js" type="text/javascript"></script>
<script src="javascript/pngFix.js" type="text/javascript"></script>
<script src="javascript/objectSwap.js" type="text/javascript"></script>
<script type="text/javascript">
   $(document).ready(function(){
       $(document).pngFix();
   });
</script>
```

3．添加幻灯片广告

幻灯片广告采用脚本实现，显现代码如下，运行效果如图13-15所示。

```
<script type="text/javascript">
var pic_width=685;        //图片宽度
var pic_height=176;       //图片高度
var button_pos=4;         //按钮位置 1左 2右 3上 4下
var stop_time=3000;       //图片停留时间(1000为1s)
var show_text=0;          //是否显示文字标签 1显示 0不显示
var txtcolor="000000";    //文字色
var bgcolor="DDDDDD";     //背景色
var imag=new Array();
var link=new Array();
var text=new Array();
imag[1]="images/01.jpg";
link[1]="http://localhost/";
text[1]="标题 1";
imag[2]="images/02.jpg";
link[2]="http://localhost/";
text[2]="标题 2";
imag[3]="images/03.jpg";
link[3]="http://localhost/";
text[3]="标题 3";
//可编辑内容结束
var swf_height=show_text==1?pic_height+20:pic_height;
var pics="", links="", texts="";
for(var i=1; i<imag.length; i++){
    pics=pics+("|"+imag[i]);
    links=links+("|"+link[i]);
    texts=texts+("|"+text[i]);
```

```
}
pics=pics.substring(1);
links=links.substring(1);
texts=texts.substring(1);
document.write('<object
classid="clsid:d27cdb6e-ae6d-11cf-96b8-444553540000"
codebase="http://fpdownload.macromedia.com/pub/shockwave/cabs/flash/swflash.
cabversion=6,0,0,0" width="'+ pic_width +'" height="'+ swf_height +'">');
document.write('<param name="movie" value="images/focus.swf">');
document.write('<param name="quality" value="high">
<param name="wmode" value="opaque">');
document.write('<param name="FlashVars"
value="pics='+pics+'&links='+links+'&texts='+texts+'&pic_width='+pic_width+'
&pic_height='+pic_height+'&show_text='+show_text+'&txtcolor='+txtcolor+'&b
gcolor='+bgcolor+'&button_pos='+button_pos+'&stop_time='+stop_time+'">');
document.write('<embed src="images/focus.swf"
FlashVars="pics='+pics+'&links='+links+'&texts='+texts+'&pic_width='+pic_w
idth+'&pic_height='+pic_height+'&show_text='+show_text+'&txtcolor='+txtcol
or+'&bgcolor='+bgcolor+'&button_pos='+button_pos+'&stop_time='+stop_time+'
" quality="high" width="'+ pic_width +'" height="'+swf_height +'"allowScript
Access="sameDomain"
type="application/x-shockwave-flash"
pluginspage="http://www.macromedia.com/go/getflashplayer" />');
document.write('</object>');
</script>
```

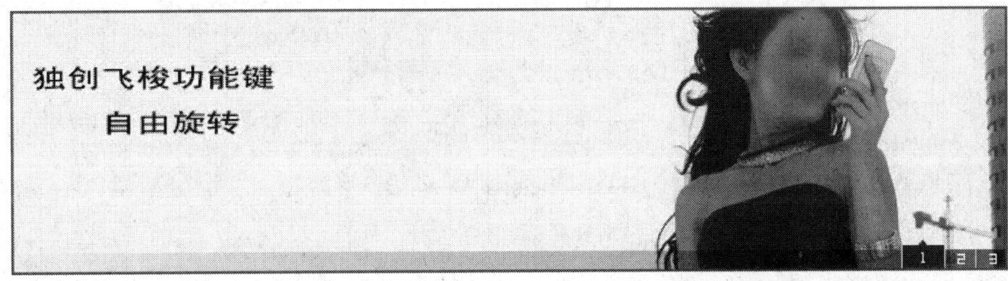

图 13-15　幻灯片广告

4. 最新产品

最新产品是列出所有新增的产品中的前 5 个产品，代码如下：

```
<div class="item">
    <div class="titlebg_L"></div>
    <div class="titlebg_M2">最新产品</div>
    <div class="titlebg_R"></div>
    <div style="clear: both;"> </div>
    <div style="clear: both;">
        <asp:DataList ID="DataList1" runat="server" Width="100%"
            ShowHeader="false" RepeatColumns="5">
            <ItemTemplate>
                <div style="padding: 3px 0px;">
                    <div class="picLeft">
                        <table cellpadding="0" cellspacing="0">
```

```
                    <tr align="center">
                        <td>
                            <a href="ProductShow.aspx?Id=
                            <%# Eval("Id")%>">
                                <img alt="" src="<%# Eval("ProPic")%>"
                                width="110" height="110" border="0" />
                            </a>
                        </td>
                    </tr>
                    <tr align="center">
                        <td>
                            <a href="ProductShow.aspx?id=
                              <%# Eval("Id") %>">
                              <%# Eval("ProName") %>
                            </a>
                        </td>
                    </tr>
                    <tr align="center">
                        <td>
                            <span style="color: Red">
                                <%#
                                Convert.ToDecimal(Eval("mallprice"))
                                .ToString("C")%>
                            </span>
                        </td>
                    </tr>
                </table>
            </div>
        </div>
        <div style="clear: both;"> </div>
    </ItemTemplate>
  </asp:DataList>
</div>
</div>
```

运行效果如图 13-16 所示。

图 13-16 最新产品

5. 后台代码

在后台代码，Page_Load 事件中，创建 BLL.Product 对象，并调用 GetList(int TopNum,string strWhere)方法，获取前 N 条数据，绑定到 DataList 组件。

```
protected void Page_Load(object sender, EventArgs e)
{
    BLL.Product bll=new BLL.Product();
    DataSet ds=bll.GetList(5, "");
    DataList1.DataSource=ds;
    DataList1.DataBind();
    ds=bll.GetList(5, "procateid=1");
    DataList2.DataSource=ds;
    DataList2.DataBind();
}
```

13.4　产 品 列 表

产品列表页的头部、会员信息、产品分类、底部信息都不变，只需从“解决方案资源管理器”中找到复用，这就是用户组件的好处。右边变成产品列表和分页。产品列表页 ProductList.aspx，以参数的方式传递产品分类编号，根据此编号获取该分类的所有产品，展示到前台。每页展示 10 个产品，超过 10 个自动分页，点击分页，进入该产品分类的页面，如图 13-17 所示。

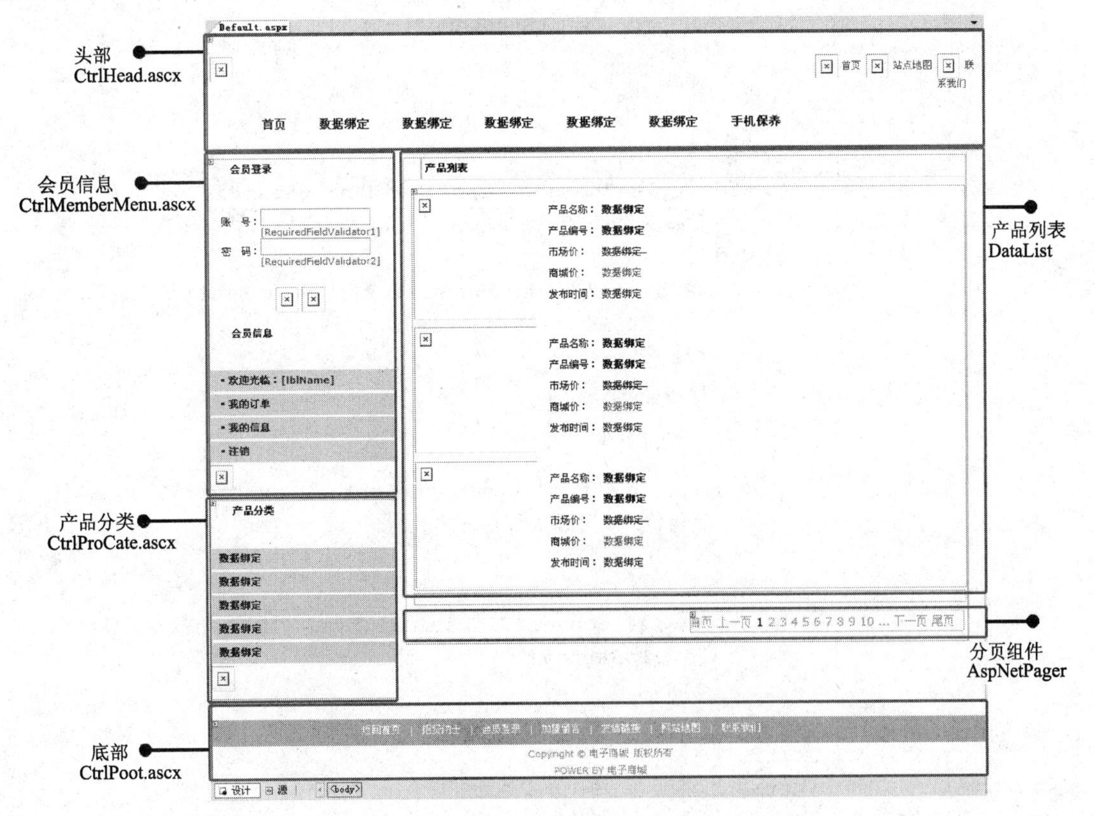

图 13-17　产品列表页设计

1. 产品列表

```
<asp:DataList ID="DataList1" runat="server" Width="100%" ShowHeader="false">
    <ItemTemplate>
        <div style="padding: 5px 0px;">
            <div class="picLeft">
                <table cellpadding="0" cellspacing="0">
                    <tr align="center">
                        <td>
                            <a href="ProductShow.aspx?Id=<%# Eval("Id")%>">
                                <img alt="" src="<%# Eval("ProPic")%>"
                                width="150" height="150" border="0" />
                            </a>
                        </td>
                    </tr>
                </table>
            </div>
            <div class="alignleft" style="padding: 10px; color: Black;">
                <table>
                    <tr>
                        <td style="height: 25px; width: 65px;">产品名称: </td>
                        <td>
                            <a href="ProductShow.aspx?id=<%# Eval("Id") %>">
                                <%# Eval("ProName") %>
                            </a>
                        </td>
                    </tr>
                    <tr>
                        <td style="height: 25px; width: 65px;">
                            产品编号: </td>
                        <td>
                            <a href="ProductShow.aspx?id=<%# Eval("Id") %>">
                                <%# Eval("ProSerialNum")%>
                            </a>
                        </td>
                    </tr>
                    <tr>
                        <td valign="top" style="height: 25px;">
                            市场价: </td>
                        <td>
                            <s>
                                <%# Convert.ToDecimal(Eval("MarketPrice"))
                                .ToString("C")%>
                            </s>
                        </td>
                    </tr>
                    <tr>
                        <td style="height: 25px;" valign="top">
                            商城价: </td>
```

```
                    <td>
                        <span style="color: Red">
                            <%# Convert.ToDecimal(Eval("mallprice"))
                            .ToString("C")%>
                        </span>
                    </td>
                </tr>
                <tr>
                    <td style="height: 25px;">
                        发布时间: </td>
                    <td>
                        <%# Convert.ToDateTime(Eval("addtime"))
                        .ToString("yyyy-MM-dd")%>
                    </td>
                </tr>
            </table>
        </div>
    </div>
    <div style="clear: both;">
    </div>
  </ItemTemplate>
</asp:DataList>
```

2. 产品分页

将 AspNetPager 注册并添加到产品列表页

```
<%@ Register Assembly="AspNetPager" Namespace="Wuqi.Webdiyer"TagPrefix=
"webdiyer" %>

<webdiyer:AspNetPager ID="AspNetPager1" AlwaysShow="true" runat="server"
  OnPageChanging="AspNetPager1_PageChanging" FirstPageText="首页"
  LastPageText="尾页" PrevPageText="上一页"
  NextPageText="下一页"
  NumericButtonTextFormatString="{0}"
  CurrentPageButtonTextFormatString="{0}"
  ShowNavigationToolTip="True"
  CurrentPageButtonClass="pageCurrent">
</webdiyer:AspNetPager>
```

3. 后台代码

进入产品列表页，默认进入该分类的第 1 页，并接收产品分类编号，根据编号获取该分类的所有产品，绑定到 DataList 中，并获取总行数，根据每页显示的行数，计算出一共多少页，进行分页，把数据初始化到 AspNetPager 的 PageSize、RecordCount 属性。

- 初始化页面：

```
private int PageIndex=0; // 点击翻页时临时保存
protected void Page_Load(object sender, EventArgs e)
{
    if (!IsPostBack)
        databind();
}
```

- 绑定数据：在非页面 IsPostBack 事件中，调用 databind()方法，创建产品业务层对象，并获取数据，获取该产品分类的总记录数，用 PagedDataSource 对象进行分页，设置每页显示数量，计算总页数，如果第一次进入产品列表页，默认为首页，否则获取最后访问的页数，绑定到 DataList，并把记录总数、分页数赋给 AspNetPager1。

```
private void databind()
{
    string procateid=Request.QueryString["id"] + "";
    string strWhere="procateid=" + procateid;
    int PageSize=10;
    BLL.Product bll=new BLL.Product();
    DataSet ds=bll.GetList(strWhere);
    // 获取总记录数
    int rowcount=ds.Tables[0].Rows.Count;
    int currentpage=0;//当前页
    // 设置当前页
    if (PageIndex==0)
        currentpage=0;
    else
        currentpage=PageIndex - 1;
    // 创建 PagedDataSource 对象，并设置 PagedDataSource 的所需属性
    PagedDataSource pds=new PagedDataSource();
    pds.AllowPaging=true;
    pds.PageSize=PageSize;
    pds.CurrentPageIndex=currentpage;
    pds.DataSource=ds.Tables[0].DefaultView;
    // 将 pds 绑定到 GridView
    DataList1.DataSource=pds;
    DataList1.DataBind();
    // AspNetPager 分页组件
    AspNetPager1.PageSize=PageSize;
    AspNetPager1.RecordCount=rowcount;
}
```

- 分页事件：点击分页后，触发 AspNetPager1_PageChanging()方法，需添加 using Wuqi.Webdiyer; 命名空间，把触发事件时的页码赋给 PageIndex 变量，之后重新绑定数据。

```
protected void AspNetPager1_PageChanging(object src, PageChangingEventArgs e)
{
    PageIndex=e.NewPageIndex;
    databind();
}
```

13.5 产品详细信息

产品的详细页（ProductShow.aspx）和产品列表页大致相似，头部、会员信息、产品分类、底部信息都不变，只是产品详细介绍信息发生变化，如图 13-18 所示。

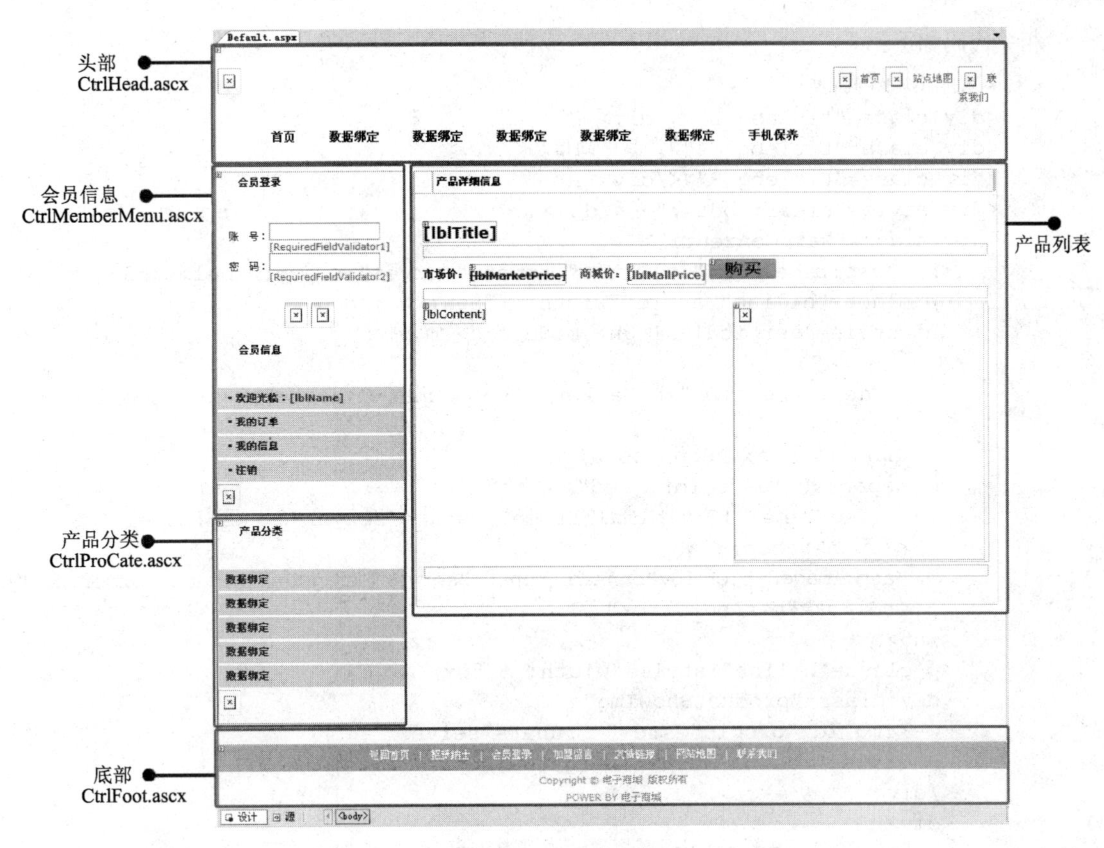

图 13-18　产品详细页设计

1. 前台代码

前台代码控件类型及属性如表 13-3 所示。

表 13-3　前台代码控件类型及属性

控件类型	属　性	值	说　明
Label	ID	lblMarketPrice	显示市场价
Label	ID	lblMallPrice	显示商城价
ImageButton	ID	btnAdd	加入购物车按钮
	ImageUrl	images/order.gif	
	OnClick	btnAdd_Click	
img	ID	propic	显示产品图片
	src		
	runat	server	
	style	width: 300px; height: 300px;	
Label	ID	lblContent	显示产品详细介绍
	CssClass		
	runat	server	

相关代码如下：

```
<div class="item">
    <div class="titlebg_L"></div>
    <div class="titlebg_M4">产品详细信息</div>
    <div class="titlebg_R"></div>
    <div style="clear: both;"> </div>
    <div class="warpContent1">
        <h3><asp:Label ID="lblTitle" runat="server"></asp:Label></h3>
        <p class="hrline" style="width: 675px;"> </p>
        <h5 style="vertical-align: middle;"> 市场价:
            <s>
              <asp:Label ID="lblMarketPrice" runat="server"></asp:Label>
            </s>
                
            <span style="color: Red">商城价:
              <asp:Label ID="lblMallPrice" runat="server"></asp:Label>
            </span> 
            <asp:ImageButton ID="btnAdd" runat="server" ImageUrl="images/order.gif"
            OnClick="btnAdd_Click" />
        </h5>
        <p class="hrline" style="width: 675px;"></p>
        <div class="productShowImg">
            <img id="propic" src="" runat="server"
            style="width: 300px; height: 300px;" alt="" />
        </div>
        <div>
          <asp:Label ID="lblContent" runat="server" CssClass=""></asp:Label>
        </div>
        <div style="clear: both;"> </div>
        <p class="hrline" style="width: 675px;"></p>
    </div>
</div>
```

2. 后台代码

进入产品详细页面，获取“ProductShow.aspx?id=”的参数，创建产品的业务层对象，获取该编号的产品对象，把产品对象的值赋到前端用户控件，最后更新一下浏览次数。

```
protected void Page_Load(object sender, EventArgs e)
{
    string id=Request.QueryString["id"] + "";
    BLL.Product bll=new BLL.Product();
    Model.Product model=bll.GetModel(int.Parse(id));
    lblTitle.Text=model.ProName;
    propic.Src=model.ProPic;
    lblContent.Text=model.Content;
    lblMallPrice.Text=model.MallPrice.ToString("C");
    lblMarketPrice.Text=model.MarketPrice.ToString("c");
    Title=model.ProName;
    model.ViewCount=model.ViewCount + 1;
    bll.Update(model);
}
```

3．放入购物车

在 Model 层，添加一个 ShopCart 实体类，拥有 ProId（产品编号）、Count（数量）、UnitPrice（单价）、ProName（产品名称）4 个属性，如图 13-19 所示。

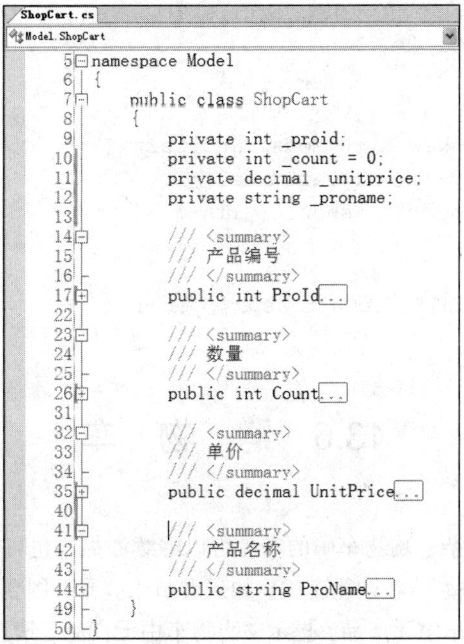

```
ShopCart.cs
Model.ShopCart
 5 namespace Model
 6 {
 7     public class ShopCart
 8     {
 9         private int _proid;
10         private int _count = 0;
11         private decimal _unitprice;
12         private string _proname;
13
14         /// <summary>
15         /// 产品编号
16         /// </summary>
17         public int ProId...
22
23         /// <summary>
24         /// 数量
25         /// </summary>
26         public int Count...
31
32         /// <summary>
33         /// 单价
34         /// </summary>
35         public decimal UnitPrice...
40
41         /// <summary>
42         /// 产品名称
43         /// </summary>
44         public string ProName...
49     }
50 }
```

图 13-19　购物车对象

单击“购买车”按钮后，创建业务层，获取该产品对象，同时创建一个购物车对象，把购物车所需属性从产品对象中获取，数量默认为 1 个。因为购物车可装载多个产品，可采用 List 泛型的方式添加更多的产品。购物车信息是用 Session 保存，先从 Session 中获取购物车信息，如果购物车为空，就创建新的 Session 对象，把购物车信息添加到 Session 对象中。否则，把 Session 对象转换为 List 泛型，再加到 List 泛型中，最后跳转到购物车页面。

相关代码如下：

```
protected void btnAdd_Click(object sender, ImageClickEventArgs e)
{
    string id=Request.QueryString["id"]+"";
    BLL.Product bll=new BLL.Product();
    Model.Product model=bll.GetModel(int.Parse(id));

    Model.ShopCart shopcartmodel=new Model.ShopCart();
    shopcartmodel.Count=1;
    shopcartmodel.ProId=model.ID;
    shopcartmodel.UnitPrice=model.MallPrice;
    shopcartmodel.ProName=model.ProName;

    object shopcart=Session["shopcart"];

    List<Model.ShopCart> shopcartlist=null;
```

```
        if (shopcart!=null)
        {
            shopcartlist=(List<Model.ShopCart>)shopcart;
            shopcartlist.Add(shopcartmodel);
            Session["shopcart"]=shopcartlist;
        }
        else
        {
            shopcartlist=new List<Model.ShopCart>();
            shopcartlist.Add(shopcartmodel);
            Session["shopcart"]=shopcartlist;
        }

        Response.Redirect("ShopCart.aspx", true);
    }
```

13.6 购 物 车

购物车业务逻辑比较复杂，购物车中的产品可以继续添加，也可以删除，甚至可以修改产品数量（本功能留给读者做实验）。在购物车中，如果会员未登录，则要求会员登录，未注册的会员可注册成为会员。如果购物车中无产品，提示“购物车中无产品，请选择产品放入购物车”。如果购物车中有产品，则显示运费、计算购物车中的产品总价、计算订单总价，需要会员填写收件人、收件地址、联系电话等信息。最后单击“确定下订单”按钮，把订单提交到后台，由管理员处理。

购物车的界面设计和前面的首页、产品列表页、产品详细页相似，可复用用户自定义控件，控件类型及属性如表 13-4 所示，购物车设计页面如图 13-20 所示。

表 13-4 购物车控件类型及属性

控件类型	属性	值	说明
Panel	ID	pnlOrder	显示会员登录后填写确认下订单表单
	Width	100%	
	Visible	false	
Repeater	ID	Repeater1	列出购物车中的产品
Label	ID	lblProductPrice	产品总价
Label	ID	lblFreight	运费
Label	ID	lblOrderMoney	订单总价
TextBox	ID	txtReName	收件人
TextBox	ID	txtAddress	收件地址
TextBox	ID	txtTel	联系电话
TextBox	ID	txtPostCode	邮政编码
RadioButtonList	ID	rblPayType	选择支付方式
	RepeatDirection	Horizontal	

续表

组件类型	属　性	值	说　明
RadioButtonList	ListItem	Text="支付宝" Value="1" Selected="true"	
		Text="银联" Value="2"	
Button	ID	btnConfirm	点击确认提交订单
	Text	确定下订单	
	OnClick	btnConfirm_Click	
Panel	ID	pnlLogin	会员未登录显示提示
	Visible	false	
	ForeColor	red	

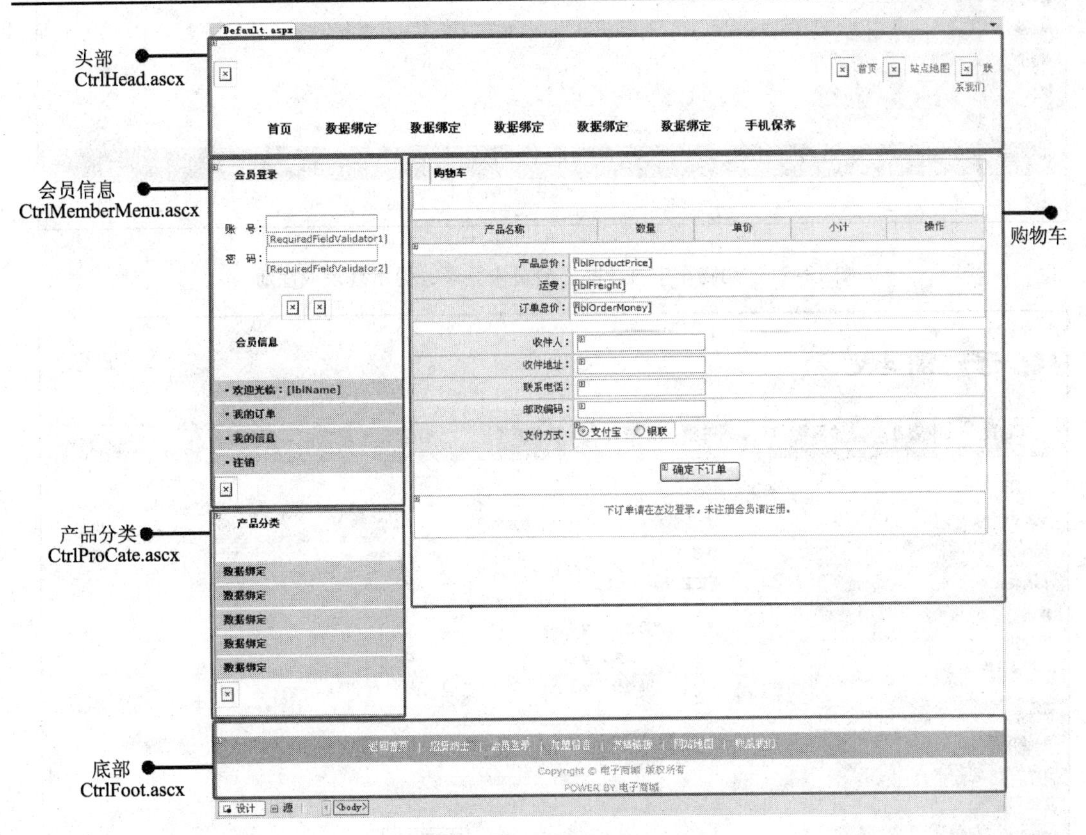

图 13-20　购物车设计页面

列出购物车中的所有产品，包括产品的名称、数量、单价、小计、操作，可删除购物车中的产品，如果用户未登录，提示用户登录或注册，显示效果如图 13-21 所示；如用户已登录，且购物车中有产品，则“确定下订单”按钮有效，可以下订单，如图 13-22 所示；若无产品，则“确定下订单”按钮无效，显示效果如图 13-23 所示；如果用户将购物车中的产品全部删除，又提示

“购物车中无产品，请选择产品放入购物车”。详细请看源代码与注释。

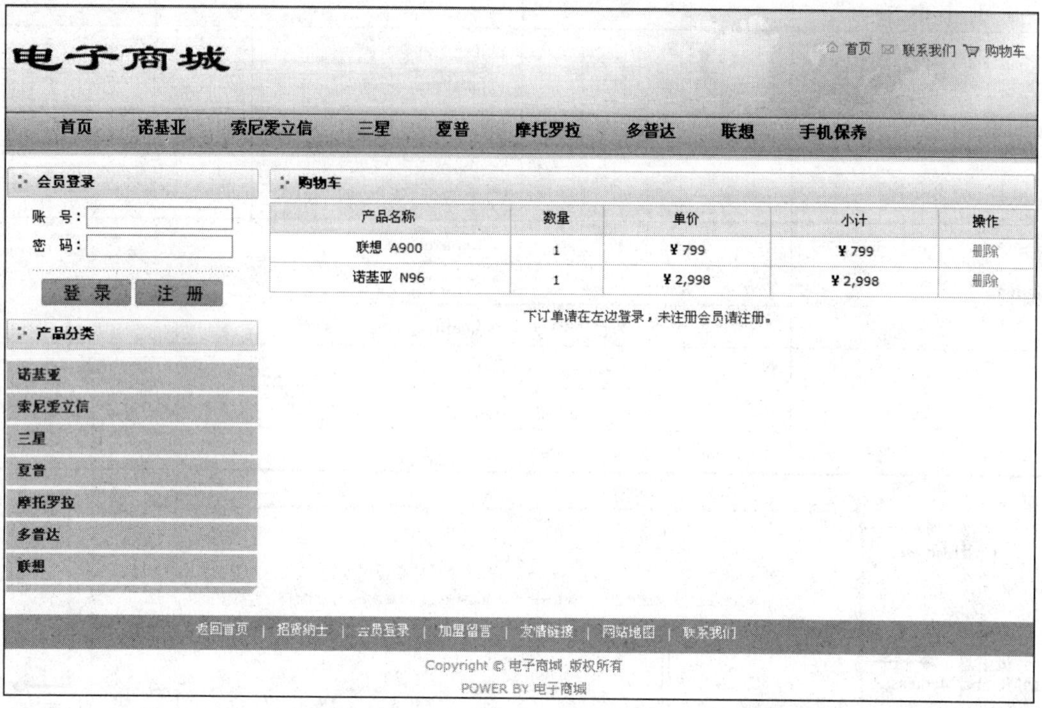

图 13-21 购物车中有产品，会员未登录，提示登录或注册

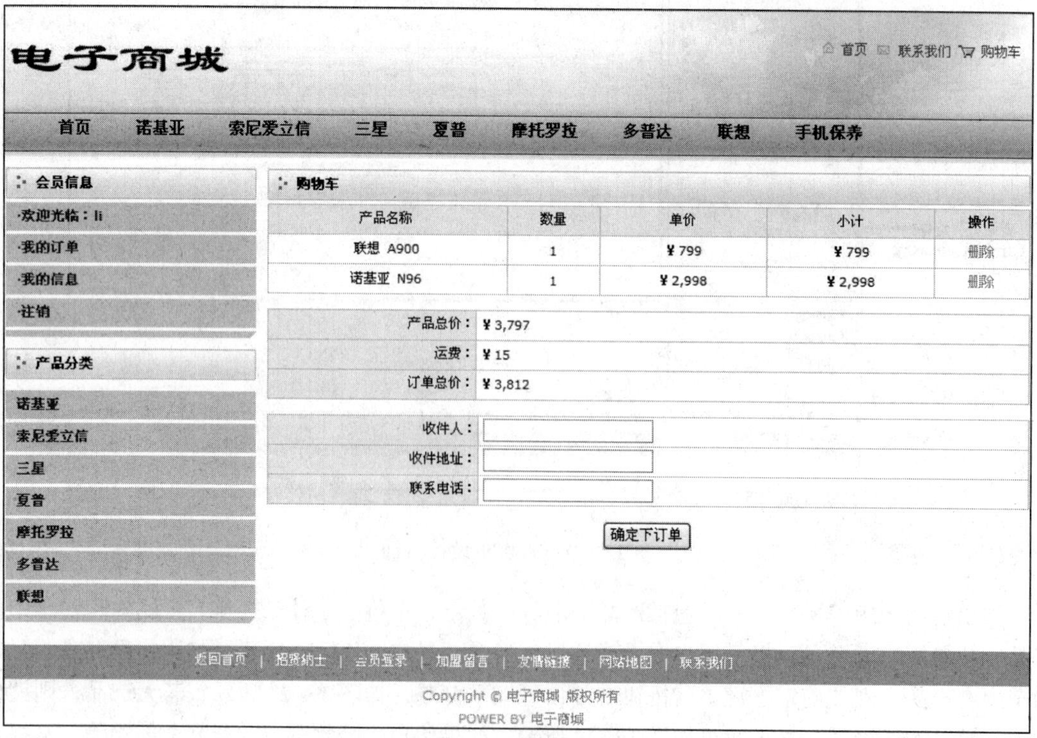

图 13-22 购物车中有产品，会员已登录

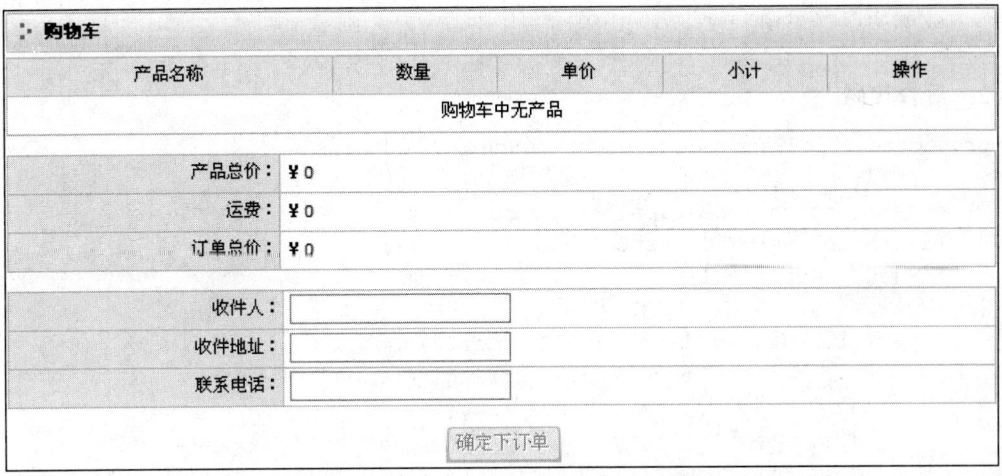

购物车

产品名称	数量	单价	小计	操作
购物车中无产品				

产品总价：	¥0
运费：	¥0
订单总价：	¥0

收件人：	
收件地址：	
联系电话：	

确定下订单

图 13-23　会员已登录，购物车中无产品，不可提交订单

1. 前台代码

```
<table cellpadding="0" cellspacing="0" border="1" bordercolor="#cccccc"
style="border-collapse: collapse" width="100%">
    <tr style="text-align: center; background-color: #eeeeee; height: 25px;">
        <td>产品名称</td>
        <td>数量</td>
        <td>单价</td>
        <td>小计</td>
        <td>操作</td>
    </tr>
    <asp:Repeater ID="Repeater1" runat="server">
        <ItemTemplate>
            <tr style="text-align: center; height: 25px;">
                <td><%#Eval("ProName")%></td>
                <td><%#Eval("Count") %></td>
                <td><%#Convert.ToDecimal(Eval("UnitPrice")).ToString("c")
                %></td>
                <td><%#Convert.ToDecimal(Convert.ToDecimal(Eval("Count"))*
                    Convert.ToDecimal(Eval("UnitPrice"))).ToString("c") %>
                </td>
                <td>
                    <a href="ShopCart.aspx?action=delete&ProId=
                    <%#Eval("ProId") %>">删除</a>
                </td>
            </tr>
        </ItemTemplate>
        <FooterTemplate>
            <%--判断购物车中是否有产品--%>
            <%#Repeater1.Items.Count==0 ?
            "<tr style=\"text-align: center; height: 25px;\"><td colspan=\"5\">
            购物车中无产品，请选择产品放入购物车</td></tr>" : ""%>
        </FooterTemplate>
```

```
    </asp:Repeater>
</table>
```

2. 后台代码

```
protected void Page_Load(object sender, EventArgs e)
{
    object shopcart=Session["shopcart"];
    List<Model.ShopCart> shopcartlist = null;
    if (shopcart!=null)
    {
        shopcartlist=(List<Model.ShopCart>)shopcart;
        string action=Request.QueryString["action"] + "";
        string ProId=Request.QueryString["ProId"] + "";
        // 删除购物车产品
        if (action.ToLower()=="delete" && ProId != "")
        {
            // 获取需删除产品
            for (int i=0;i<shopcartlist.Count; i++)
            {
                Model.ShopCart shopcartmodel=shopcartlist[i];
                if (ProId==shopcartmodel.ProId.ToString())
                {
                    // 从List中移除
                    shopcartlist.RemoveAt(i);
                    // 保存回Session
                    Session["shopcart"]=shopcartlist;
                    Response.Redirect("ShopCart.aspx", true);
                }
            }
        }
    }

    if (!IsPostBack)
    {
        decimal carriage=0;                         // 运费
        decimal productprice=0;                     // 产品总价
        // 判断会员是否有登录，如果没有登录，就显示提示登录信息
        // 否则，显示提交订单信息
        if (BLL.Member.GetMemberId()==0)
        {
            pnlLogin.Visible=true;
        }
        else
        {
            pnlOrder.Visible=true;
        }
        Repeater1.DataSource=shopcartlist;      // 把购物车信息绑定到购物车列表
        Repeater1.DataBind();
        if (Repeater1.Items.Count==0)           // 判断购物车中是否有产品
```

```
        {
            btnConfirm.Enabled=false;
        }
        else
        {
            carriage=15;       // 固定 15 元，可在 web.config、数据库中配置
        }
        if (shopcartlist!=null)
        {                      // 遍历购物车产品，计算产品总价
            for (int i=0; i<shopcartlist.Count; i++)          {
                Model.ShopCart shopcartmodel=shopcartlist[i];
                productprice+=shopcartmodel.UnitPrice * shopcartmodel.Count;
            }
            // 显示购物车产品信息
            lblProductPrice.Text=productprice.ToString("c");
            lblFreight.Text=carriage.ToString("c");
            lblOrderMoney.Text=(productprice + carriage).ToString("c");
        }
    }
}
```

单击“确定下订单”按钮，先判断购物车中是否有产品，如果没有，直接转回购物车页面。如果有产品，把 Session 对象转换为 List< Model.ShopCart >对象，创建订单对象，把购物车的信息、会员收件的信息赋给订单对象的相应属性，之后订单先入库。循环订单产品信息，逐一入库，并计算产品总价，最后更新订单信息。完成下单，跳转到支付页面。

```
protected void btnConfirm_Click(object sender, EventArgs e)
{
    object shopcart=Session["shopcart"];
    if (shopcart!=null)
    {
        List<Model.ShopCart> shopcartlist=(List<Model.ShopCart>)shopcart;
        Model.SysOrder ordermodel=new Model.SysOrder();// 创建订单对象
        // 订单信息赋值
        ordermodel.Address=txtAddress.Text.Trim();
        ordermodel.AddTime=DateTime.Now;
        ordermodel.Carriage=15;
        ordermodel.IPAddress=Request.UserHostAddress;
        ordermodel.MemID=BLL.Member.GetMemberId();
        ordermodel.PayType=rblPayType.SelectedItem.Value;
        ordermodel.PostCode=txtPostCode.Text;
        ordermodel.Remarks="";
        ordermodel.ReName=txtReName.Text.Trim();
        ordermodel.State="0";
        ordermodel.Tel=txtTel.Text.Trim();
        ordermodel.TotalMoney=0;

        BLL.SysOrder sysorderbll=new BLL.SysOrder();  // 创建产品订单业务对象
        int orderid=sysorderbll.Add(ordermodel);      // 下订单信息
        if (orderid>0)
        {
```

```
                // 创建产品订单业务对象，在此建议用用存储过程或事务处理，
                // 以防数据出错，可回滚
                BLL.ProOrder proorderbll=new BLL.ProOrder();
                // 逐一添加产品信息
                foreach (Model.ShopCart shopcartmodel in shopcartlist)
                {
                    Model.ProOrder proordermodel=new Model.ProOrder();
                    proordermodel.Amount=shopcartmodel.Count;
                    proordermodel.OrderId=orderid;
                    proordermodel.ProId=shopcartmodel.ProId;
                    proordermodel.ProName=shopcartmodel.ProName;
                    proordermodel.UnitPrice=shopcartmodel.UnitPrice;
                    proorderbll.Add(proordermodel);

                    ordermodel.TotalMoney+=shopcartmodel.UnitPrice*
                    shopcartmodel.Count;                          // 计算订单产品总价
                }
                ordermodel.ID=orderid;
                sysorderbll.Update(ordermodel);                   //更新订单总价信息
                //下订单成功，跳转到支付页面
                Response.Redirect("/Pay.aspx?id="+orderid, true);
            }
            else
            {
                Response.Redirect("/ShopCart.aspx", true);// 如果购物车为空，返回
            }
        }
    }
```

13.7 订单支付页面

进入订单页面，获取订单编号，创建订单业务对象，根据订单编号获取订单信息，判断该订单是否存在，再判断该订单是否已支付过，做出相应的提示。如果有未支付的正常订单，则显示订单的产品总价、运费、总计，并让会员确认支付，转到支付页面，如图 13-24 所示。

图 13-24 订单支付页面

1. 订单支付页面前台代码

```
<table cellpadding="0" cellspacing="0" border="1" bordercolor="#cccccc"
style="border-collapse: collapse">
    <tr style="text-align: center; height: 25px;">
```

```
        <td bgcolor="#eeeeee" style="text-align: right; width: 187px;">产品总
        价: </td>
        <td align="left">
             <asp:Label ID="lblProductPrice" runat="server"></asp:Label>
        </td>
    </tr>
    <tr style="text-align: center; height: 25px;">
        <td bgcolor="#eeeeee" style="text-align: right;">运费: </td>
        <td align="left">
             <asp:Label ID="lblCarriage" runat="server"></asp:Label>
        </td>
    </tr>
    <tr style="text-align: center; height: 25px;">
        <td bgcolor="#eeeeee" style="text-align: right;">订单总价: </td>
        <td align="left">
             <asp:Label ID="lblTotalMoney" runat="server"></asp:Label>
        </td>
    </tr>
    <tr style="text-align: center; height: 25px;">
        <td></td>
        <td align="left">
             <asp:Button ID="btnPay" Text="确认支付" runat="server"
            OnClick="btnPay_Click"></asp:Button>
        </td>
    </tr>
</table>
```

2. 订单支付页初始代码

进入支付页面，获取订单编号，创建业务对象，获取订单信息，判断订单是否存在，再判断订单是否已支付过的，最后计算并显示订单的金额。否则，提示订单不存在，或已支付。

```
protected void Page_Load(object sender, EventArgs e)
{
    if (!IsPostBack)
    {
        string id=Request.QueryString["id"] + "";
        BLL.SysOrder bll=new BLL.SysOrder();
        Model.SysOrder model=bll.GetModel(int.Parse(id));
        if (model!=null)          // 判断订单是否存在
        {
            if (model.State=="0") // 判断订单是否未支付
            {
                lblCarriage.Text=model.Carriage.ToString("c");
                lblProductPrice.Text=model.TotalMoney.ToString("c");
                lblTotalMoney.Text=Convert.ToDecimal(model.Carriage +
                model.TotalMoney).ToString("c");
            }
            else
            {
                ClientScript.RegisterStartupScript(this.GetType(), "fail",
                "alert('您好，此订单已支付！');", true);
```

```
            }
        }
        else
        {
            ClientScript.RegisterStartupScript(this.GetType(), "fail",
            "alert('您好，无此订单！');", true);
        }
    }
}
```

3. 订单支付确定支付代码

单击“确定支付”的时候，一样要重新获取订单信息，以免订单信息被篡改，根据下订单时选择的支付方式选择支付平台的接口。根据文档，或支付接口提供的实例及说明、备注，组织 GET 的请求地址，最后用 Response.Redirect()方法，跳转到支付平台进行支付，因为支付接口会发生变动，所以，本项目中不再具体实现支付功能。

```
protected void btnPay_Click(object sender, EventArgs e)
{
    string id=Request.QueryString["id"] + "";
    BLL.SysOrder bll=new BLL.SysOrder();
    Model.SysOrder model=bll.GetModel(int.Parse(id));
    if (model!=null)          // 判断订单是否存在
    {
        if (model.State=="0") // 判断订单是否未支付
        {
            string PayType=model.PayType;
            string allmoney=Convert.ToDecimal(model.Carriage +
            model.TotalMoney).ToString("c");
            switch (PayType)
            {
                case "1":
                    // 支付宝接口，按照帮助文档编写相应代码

                    //Response.Redirect(aliay_url);//跳转到支付宝平台
                    break;
                case "2":
                    // 银联接口
                    break;
                case "3":
                    // 其他接口
                    break;
            }
        }
        else
        {
            ClientScript.RegisterStartupScript(this.GetType(), "fail",
            "alert('您好，此订单已支付！');", true);
        }
    }
    else
```

```
    {
        ClientScript.RegisterStartupScript(this.GetType(), "fail",
        "alert('您好，无此订单！');", true);
    }
}
```

小　　结

本章主要描述了商城前台功能的实现过程。前台界面因为直接面对用户，而且涉及的功能较多，为了保障用户浏览的一致性，有许多模块会在多个页面中共用。在本章将共用的模块封装成用户控件的形式，方便的实现了代码的复用。

为了方便管理，在Web层新建Control文件夹，主要存放用户控件，如CtrlHead.ascx、CtrlFoot.ascx、CtrlFool.ascx、CtrlArticleLeft.ascx、CtrlProCate.ascx 和 CtrlMemberMenu.ascx（见图 13-6）。

练　　习

在 Web 层添加 Member 文件夹，添加会员所需的功能页面、会员订单、文章详细、会员注册、会员信息编辑、找回密码、投诉建议。